云南大学非洲研究丛书

中非科技发展合作的战略背景研究

A Study on the Strategic Background of China-Africa Scientific and Technological Cooperation

张永宏 王涛 武涛 等 著

中国社会科学出版社

图书在版编目（CIP）数据

中非科技发展合作的战略背景研究/张永宏等著. —北京：中国社会科学出版社，2019.9

（云南大学非洲研究丛书）

ISBN 978-7-5203-4726-6

Ⅰ.①中… Ⅱ.①张… Ⅲ.①科学技术合作—国际合作—研究—中国、非洲 Ⅳ.①G321.5

中国版本图书馆 CIP 数据核字（2019）第 146822 号

出 版 人	赵剑英	
责任编辑	马　明	
责任校对	任晓晓	
责任印制	王　超	

出　　版	中国社会科学出版社	
社　　址	北京鼓楼西大街甲158号	
邮　　编	100720	
网　　址	http://www.csspw.cn	
发 行 部	010-84083685	
门 市 部	010-84029450	
经　　销	新华书店及其他书店	
印　　刷	北京明恒达印务有限公司	
装　　订	廊坊市广阳区广增装订厂	
版　　次	2019年9月第1版	
印　　次	2019年9月第1次印刷	
开　　本	710×1000　1/16	
印　　张	17	
字　　数	270千字	
定　　价	89.00元	

凡购买中国社会科学出版社图书，如有质量问题请与本社营销中心联系调换
电话：010-84083683
版权所有　侵权必究

前　言

中非科技合作具有深厚的历史、现实基础和广阔的前景。二战结束以来，相同的命运、共同的诉求把中国与非洲紧密联系在一起，中非科技交流日益广泛、深入。从埃及与新中国建交伊始，中埃即签订技术交流协定，科技合作关系从一开始就是中非关系的重要组成部分。之后，中国与越来越多的非洲国家建交，在中非关系的发展历程中，科技合作一直扮演着不可或缺的角色。中非科技交往关系经历了自发向自觉、援助向合作的转型，并逐渐形成了系统的机制架构，显示出旺盛的生命力。中非合作论坛开启以来，中非科技合作内容丰富，涉及农业、医药、卫生、环境、能源、交通、信息技术、生物技术、新材料、空间开发等，是双方摆脱贫困、提高自主发展能力、保持经济持续增长的有力手段，日益成为新时期深化中非关系的实质性内涵。2009年11月，温家宝总理在中非合作论坛第四届部长级会议上倡议启动"中非科技伙伴计划"，进一步凸显了中非科技合作在中非关系中的作用和地位。今天，中非之间资源禀赋、发展阶段、技术差异存在显著的互补性，使双方加强科技合作的需求面不断扩大，有着广泛的契合度和可对接性，发展潜力巨大。当前，中非科技合作正处在加快发展、提质增效的机遇期。一方面，科技是第一生产力，是国际合作的核心要素；另一方面，中国和非洲都处在发展转型的关键时期，中国步入重塑"中国制造"、创新立国阶段，非洲需要一步跨入农业现代化、工业化、城市化等多种发展形态，因此，在中非关系进入全面战略合作伙伴关系的新阶段，中非协同崛起的内在需求为中非科技合作提供了难得的战略机遇。

中非科技合作是深化南南合作、撬动南北关系的战略支点。南北关系是当今世界的主要矛盾之一，南北关系的实质是存在于南北之间的贫富差异问题和知识鸿沟问题。随着中国综合国力的不断增强，中国在全球的地位和身份定位正在发生质的变化，引领南南合作、重建国际新秩序，是中国在崛起进程中的重要使命。发展中国家迫切需要通过国际科技合作寻求应对经济全球化挑战、实现跨越式发展的有效途径，但是，南北间存在的知识、技术壁垒抬高了发展中国家与发达国家开展科技合作的门槛和成本。在这样的背景下，南南合作中的科技合作扮演着越来越突出的角色，逐渐成为南方国家间建立互惠互利、合作共赢伙伴关系的重要支撑。中国在南南技术转移链环上，起着集成、创新、传递的关键作用，需要把双边、多边科技合作与国内科技发展战略、创新体系建设有机地连接起来，努力发挥自身优势，大力加强国际科技合作，引领全球知识生产和创新，为全球的发展不断做出新的贡献。因此，从国际战略层面来看，加强中非科技合作，不仅是推进中非关系转型升级的抓手，而且是中国深化南南合作、撬动南北关系的关键支点。

中非科技合作取得了丰富的成就，但也要看到，中非科技合作的深度和广度还有待拓展，面临诸多的问题，例如，如何不断拓宽合作领域、提高合作质量，如何更好地与非洲发展的条件和现实需要相衔接，如何引导、管理双方多元化的合作主体，如何建构可持续的合作机制特别是技术转移的市场机制，如何与我国的科技发展战略、"走出去"战略、外交战略等相协调，等等。同时，从全球角度看，中非科技合作面临来自美欧日印的挑战。后冷战时代，发展转型成为国际格局演进的动力。随着非洲发展能力不断增强，非洲的重要性凸显，引发大国在非角逐日益激烈。在这样的背景下，美欧日印在继续加强对非发展援助的同时，不约而同地重视把自身的科技植入非洲，以获取决胜未来的战略资源。美欧日印对非科技合作各有优缺点，单向比较不见得绝对优于中国，但组合起来在多方面取得显著成效，形成优于中国的"软实力"。与之相比，如何定位并适时调整中非科技合作的战略和策略，以不断突出优势和特点，进一步提升我国在非的合作实力和影响力，也是一个不容忽视的问题。对这些问题的研究，有助于系统把握中非科技合作的基本面貌，为政策制定者、合作主体提供参考咨询和指导，同时，也有利于丰富非洲研究、国际关系学、科学学及科技管理学的学科内涵。

本书主要包括四个方面的内容。第一，中非科技合作的现状和问题。在总体呈现中非科技合作历程的基础上，以我国国家政府、地方政府、高校、科研机构、医疗卫生机构、企业界、民间组织等为重点对象，按农业、医疗、能源、交通、信息技术、资源开发、环境保护、高新技术等类别，调查中非科技合作的现状，包括政策、协议和项目，分析相关的执行措施、进展趋势和问题。具体内容包括：中非科技关系进程、特点，约翰内斯堡峰会以来的进展，存在的主要问题等。第二，大国对非开展科技合作的过程、内容和特点。以美国、英国、法国、德国、日本、印度为重点，搜集其与非洲开展科技合作的战略文件、重要协议、重大项目计划等，分析相关的背景、目的、侧重点、制度安排、运行机制等。主要内容包括：美非科技合作的历史和主要领域，欧盟框架下的英非科技合作，欧盟与非洲在清洁能源和气候变化领域的合作，欧盟主要成员国与非洲的科技合作，日非科技部长会议机制及合作的趋势，印非科技合作的重点领域、运行机制及战略取向等。第三，中非科技合作面临的机遇和挑战。通过对中非科技合作、大国对非科技交往关系的历史、现状、特点、问题的综合分析，联系南北关系、南南合作、"中非合作论坛"的内涵和走向，综合分析中非全面战略合作伙伴关系、中非协同崛起所带来的战略机遇和来自美欧日印的挑战。第四，新时期中非科技合作的战略定位。重点分析基于势位差、发展合作、管理效率的南南技术转移链环结构，探讨中国在南南技术转移链环中的角色、战略定位和中非共建知识共同体的使命。

目前，我国对中非科技合作的研究十分薄弱，基本状况是消息报道多，深度分析少。本书尝试着对中非科技合作相关的一系列基本问题进行系统整理，跟踪、梳理合作现状和国际背景，分析存在的问题，探究推进合作的战略与策略，为决策层、合作主体、研究者提供把握中非科技合作的基本参考资讯。

目 录

第一章 中非科技合作的历程与现状 …………………………… (1)
  一 中非科技关系的发展历程 ………………………………… (1)
    （一）中非科技交往考源 ………………………………… (1)
    （二）中非科技关系的流变 ……………………………… (4)
  二 中非科技合作的现状 ……………………………………… (12)
    （一）中非科技伙伴计划 ………………………………… (12)
    （二）中非科技合作的特点 ……………………………… (20)
    （三）约翰内斯堡峰会以来的进展 ……………………… (76)
    （四）北京峰会擘画新时代中非科技合作的广阔前景 …… (98)

第二章 美、欧、日、印与非洲开展科技合作的
        特点与走势 ………………………………………… (101)
  一 美国与非洲的科技合作 …………………………………… (101)
    （一）美非科技合作的历史回顾 ………………………… (101)
    （二）美非科技合作的主要领域 ………………………… (116)
  二 欧洲与非洲的科技合作 …………………………………… (134)
    （一）欧盟与非洲在清洁能源、气候变化领域的合作 …… (134)
    （二）欧盟主要成员国与非洲的科技合作 ……………… (143)
  三 日本与非洲的科技合作 …………………………………… (162)
    （一）日非科技部长会议 ………………………………… (162)
    （二）日非科技合作的走势 ……………………………… (172)
  四 印度与非洲的科技合作 …………………………………… (177)
    （一）印非开展科技合作的进程 ………………………… (177)

（二）印非科技合作的重点领域和运行机制 ………………（181）
　　（三）印度对非科技合作的战略取向 …………………………（193）

第三章　新时期中非科技合作的前景 ……………………………（200）
　一　中非科技合作面临的机遇和挑战 ………………………………（200）
　　（一）中非科技合作的可持续动力 ……………………………（200）
　　（二）深化中非科技合作的战略机遇和外部挑战 ……………（208）
　二　走向未来的中非科技合作 ………………………………………（248）
　　（一）中非知识生产与创新共同体的双向建构 ………………（249）
　　（二）中国在南南技术转移链环中的角色和使命 ……………（255）

参考文献 ………………………………………………………………（261）

后　记 …………………………………………………………………（265）

第一章

中非科技合作的历程与现状

一 中非科技关系的发展历程

(一) 中非科技交往考源①

古代中国作为世界文明的中心之一,经济和文化成就处于世界领先水平,科技成就同样为天下翘楚。伴随陆上和海上丝绸之路的"凿通",中国的科技成就陆续传往欧非地区。同时,非洲的技术也进入古代中国,相互借鉴,交相辉映。

在西汉开辟丝绸之路后,东汉时期的亚欧大陆形成汉、贵霜、波斯、罗马四大帝国东西纵列的格局,丝绸之路沿线的安全得到了极大的保障,丝绸之路上的商贸逐渐发展繁荣起来。② 当时北非处于罗马帝国的统治之下,汉朝和罗马的科技交往成为中非科技交往的肇始,其标志为中国的药材和非洲的香药为对方知晓并使用,促进了双方医学技术的发展。③ 中国的丝绸和瓷器也传入非洲,北非和东非一些地方开始学习中国的丝织技术和制瓷技术。魏晋南北朝时期,世界局势大变,亚欧大陆北方的游牧民族大迁徙浪潮摧垮了汉、贵霜、罗马等帝国,陆上丝绸之路也被阻断。这一时期,中非科技交流主要通过海上丝绸之路开展。

---

① 王涛:《论中非科技合作的发展历程及特点》,《国际展望》2011 年第 2 期。
② 何芳川、宁骚:《非洲通史(古代卷)》,华东师范大学出版社 1995 年版,第 474—480 页。
③ 朱德明:《古代中国和非洲的医药交流》,《中华医学杂志》1997 年第 2 期。

那时中国的商船只能抵达印度，中非科技交流主要以间接的方式进行。印度河口的巴巴里加和坎贝湾的巴里格柴成了中非贸易交往的中转站，中非科技交流不绝如缕。① 隋唐时期的亚欧大陆重新形成了四大帝国的格局，唐、阿拉伯、拜占庭和查理曼四大帝国的出现使东西商路恢复通畅，世界技术的进步使东西交往的层次得到提升，② 中非科技交流进一步发展。中国的造纸术在8世纪以后传入北非地区，③ 中药在这个时期受到埃及医生的欢迎。正如斯塔夫里阿诺斯所说，技术交流成为中世纪东西方世界发展的重要特征之一。④

从两宋到明初是中非古代科技交往的发展时期，在这一时期，中非科技交往伴随着经贸往来呈较快发展的趋势。9世纪以后，世界经历了一个纷争的混乱年代，十字军东征和柔然、突厥、蒙古人的相继西侵使陆上丝绸之路时断时续，在一定程度上阻滞了中非交往。海洋于是成为双方交流的桥梁。随着宋朝在经济和文化上的大繁荣，其与东非的科技交往也得到发展。这一时期中国输入非洲的药材达60多种，其中牛黄最受非洲医生的重视。⑤ 中国的三大发明：印刷术、指南针、火药也在这个时期传到北非和东非地区。⑥ 中国还大量进口非洲的香料、犀角等药材，甚至因进口量过大而引起中国铜钱的大量外流，间接促使中国发明纸币。后来在东非挖掘出12世纪的中国铜钱印证了这个说法。⑦ 在宋人赵汝适撰《诸蕃志》中，对中国进口的非洲药材还有专门的记录。⑧ 13世纪后，横扫欧亚的蒙古帝国使东西方陆地商道重获通畅，"海上贸

---

① 朱德明：《古代中国和非洲的医药交流》，《中华医学杂志》1997年第2期。
② [美] 斯塔夫里阿诺斯：《全球通史（上）》，吴象婴等译，北京大学出版社2006年版，第83—87页。
③ [美] 斯塔夫里阿诺斯：《全球通史（古代卷）》，吴象婴等译，北京大学出版社2006年版，第204页。
④ [美] 斯塔夫里阿诺斯：《全球通史（上）》，吴象婴等译，北京大学出版社2006年版，第205页。
⑤ 朱德明：《古代中国和非洲的医药交流》，《中华医学杂志》1997年第2期。
⑥ [美] 斯塔夫里阿诺斯：《全球通史（上）》，吴象婴等译，北京大学出版社2006年版，第204—205页。
⑦ [英] 巴兹尔·戴维逊：《古老非洲的再发现》，屠佶译，生活·读书·新知三联书店1973年版，第274—276页。
⑧ 杨人楩：《非洲通史简编》，人民出版社1984年版，第117页。

易变得不怎么重要了"①。蒙古伊儿汗对埃及马穆鲁克王朝的军事进攻使中国先进的军事技术传入北非，途经中东的商路是中非在这一时期技术交往的主要通道，马可·波罗和伊本·巴图塔在他们的游记中对此均有记载。② 明朝郑和下西洋是中非交往史上的一段佳话。到达东非的郑和船队收集了大量的非洲药材，并带回长颈鹿等非洲动物，而中国掌握的丰富的地理知识和优秀的造船技术也传到了东非。③

中非古代科技交往突出表现在三个方面：第一，医学和药品的相互交流借鉴。中医的解剖学、脉学等传入了非洲，埃及的防腐技术、脑外科技术等也传入中国。④ 双方大量药材的交易，推动了双方医药技术的发展。第二，中国传统科技传入非洲。在中非古代交往中，通过商贸往来，中国的丝织技术、制瓷技术传入北非和东非地区。3—7世纪，中国的提花机传入埃及，使埃及成为中世纪地中海沿岸重要的纺织中心。元朝时，中国的丝织技术也传入了东非沿海城邦。⑤ 在9—10世纪以后，中国的制瓷技术传入了北非和东非地区。⑥ 埃及法蒂玛王朝烧制的瓷器可以与中国的原产瓷器媲美，达到以假乱真的程度。⑦ 中国的四大发明也传入非洲，促进了当地的经济发展和文化繁荣。第三，非洲传统科技传入中国。埃及人发明的玻璃生产技术于公元前2世纪、炼糖术于3世纪相继传入中国。⑧ 北非的天文学知识传入中国后，对元朝郭守敬制定《授时历》产生巨大影响。⑨

中非古代科技交往历时一千多年，不绝如缕，取得许多成果，可谓

---

① ［英］巴兹尔·戴维逊：《古老非洲的再发现》，屠偌译，生活·读书·新知三联书店1973年版，第276页。
② 杨人楩：《非洲通史简编》，人民出版社1984年版，第117—121页。
③ ［塞内加尔］D. T. 尼昂主编：《非洲通史：十二至十六世纪的非洲》，中国对外翻译出版公司1992年版，第538—539页。
④ 朱德明：《古代中国和非洲的医药交流》，《中华医学杂志》1997年第2期。
⑤ 艾周昌、沐涛编：《中非关系史》，华东师范大学出版社1996年版，第90—91页。
⑥ 同上书，第94—96页。
⑦ 何芳川、宁骚：《非洲通史（古代卷）》，华东师范大学出版社1995年版，第490页。
⑧ 玻璃生产技术参见（晋）葛洪《抱朴子·内篇》，炼糖术参见（晋）陈寿《三国志·吴志》，转引自艾周昌、沐涛编《中非关系史》，华东师范大学出版社1996年版，第105页。
⑨ 艾周昌、沐涛编：《中非关系史》，华东师范大学出版社1996年版，第112页。

源远流长、生生不息。但由于双方并未将对方视为自己重要的贸易伙伴,中非科技交往也只是"互通有无",因此在古代,中非科技交往并未发展繁荣。16世纪以后,中国国力衰微,奉行"锁国"政策,非洲也沦为欧洲各国的殖民地,中非科技交往逐渐衰落。

但即使是在近代西方资本主义称霸世界的几个世纪里,中非科技交往也仍然存在。17世纪后,不少华人被贩卖到北非、南非和东非地区,这些人及其子孙逐渐定居在非洲,从事中医、工程、农业等行业。他们中不少人促进了中非医学技术的交流;还有一些华人在南非、留尼旺等地从事茶叶种植,将中国的茶叶栽培技术传到了非洲。①

(二) 中非科技关系的流变

1. 中非科技关系从自发走向自觉②

新中国成立以前,中非科技关系没有形成必要的合作政策与机制,中非科技交往总体上处于自发状态。而在1949年后,中非科技关系逐渐从自发走向自觉,进入一个新阶段。

1949年新中国成立以后,遭遇了一个国际环境极度恶化的时期。当时在美苏两极格局的世界体系下,中国遭到了以美国为首的西方国家的政治和经济封锁,在中国周边还相继爆发了朝鲜战争、越南战争;20世纪60年代后期,中苏关系恶化,苏联在中苏、中蒙边界陈兵百万。中国一度同时与美苏两大国对抗,国际形势十分严峻。③ 在此背景下,中国基于独立自主的和平外交政策,积极发展与非洲国家的关系,努力拓展自身的外交空间;并站在第三世界的立场上,一方面揭露不平等的南北关系,另一方面探索建立新型南南友好合作关系的途径。中非科技关系作为发展现代中非关系的重要组成,被中国领导人有意识地加以鼓励和推动。

现代中非科技关系发端于1955年的亚非万隆会议。这次会议通过了关于文化合作的决议,促进了亚非各国之间文化合作与交流的开展,

---

① 艾周昌、沐涛编:《中非关系史》,华东师范大学出版社1996年版,第158页。
② 王涛:《论中非科技合作的发展历程及特点》,《国际展望》2011年第2期。
③ 谢益显:《中国当代外交史(1949—2001)》,中国青年出版社2002年版。

并提出"在实际可行的最大程度上互相提供技术援助"①。随后,中国逐渐有意识地开始同非洲国家建立科技合作关系。1956年,中国和埃及签署了"文化合作协议",双方开始互换教授、青年学生和科学家。②

在1963—1965年周恩来总理三次访问非洲期间,中方先后提出了"中国处理非洲和阿拉伯国家关系的五项原则"和"外援八原则",其中涉及中国对非技术援助的内容,③明确了对非技术援助的四个基本原则:第一,平等互利的原则;第二,符合实际需要的原则;第三,鼓励技术转移的原则;第四,科技人员待遇不搞特殊化的原则。④这为中非科技合作提供了原则基础,是中国开展与非洲科技关系的主动尝试,中非科技关系从自发走向了自觉。

从自发到自觉的中非科技关系建构有三个显著特点。第一,中非科技合作的建构服务于中非政治利益上的共同诉求。中非关系发展初期,中国既积极声援非洲的民族解放运动,又向非洲独立国家提供力所能及的援助,给予实际的支持。从万隆会议到之后与非洲一些国家签署技术援助、合作协议,都体现出鲜明的政治色彩——服务于亚非团结和联合反帝的政治诉求,几乎丝毫不做利益考量。第二,中非科技关系的原则体现出鲜明的平等色彩。非洲国家独立后,欧美的技术人员在非洲进行科技援助工作。这些人享受着比黑人更好的待遇,提出的技术方案多以西方经验为准绳,脱离了非洲的实际情况。周恩来在访非期间提出的"外援八原则",吸取了西方的经验教训,明确提出中方技术人员不搞特殊待遇,保证让非洲人学会技术,中非平等合作等原则,这些原则将中非双方置于平等的位置上,摒弃了高高在上的西方"老爷"心态,赢得了非洲国家和民众的心。⑤第三,中国积极发展对非科技援助,加

---

① 《亚非会议最后公报》,1955年4月,http://www.fmprc.gov.cn/chn/pds/ziliao/1179/t191828.htm。

② Zhang Yonghong, "Sino-African Cooperation in Science and Technology: History and Prospect", in Liu Hongwu and Yang Jiemian eds., *Fifty Years of Sino-African Cooperation: Background, Progress and Significance*, Yunnan University Press, 2009, p. 212.

③ 艾周昌、沐涛编:《中非关系史》,华东师范大学出版社1996年版,第242—243页。

④ 谢益显:《中国当代外交史(1949—2001)》,中国青年出版社2002年版,第169页。

⑤ 张永宏、王涛、李洪香:《论中非科技合作:战略意义、政策导向和机制架构》,《国际展望》2012年第5期。

强南南合作。从1949—1979年的三十年间,中非科技关系主要表现为中国对非洲的科技援助,多是中国对非洲的科技输出和人员培训。这三十年里,中非农业科技合作有180多项,包括中国帮助非洲国家建设农业技术试验站、农业技术推广站和农业加工项目等,把中国的水稻、棉花、茶叶、蚕桑、烟草种植技术传播到非洲。这些项目多是中国无偿援助,不附带任何条件的单方面技术输出。①

2. 中非科技关系从援助到合作的转型②

在20世纪80年代以前,中非科技关系主要表现为中国对非洲的科技援助。这些援助的核心目的,一是支持非洲国家在独立后摆脱新老殖民主义的控制,巩固新生国家的政治和经济独立;二是增强非洲国家的科技努力,以利于经济发展,利于它们反对帝国主义的侵略政策和战争政策。因此,这一时期中国对非科技援助,是基于对第三世界友好国家的国际主义精神而进行的无条件单方面技术输出。

中国对非科技援助根据受援国的需要来开展,其形式一般是签订经济技术合作协定,给予长期无息贷款,并进一步确定技术合作项目,由中国提供技术援助。③ 在合作项目中,也有一些是由中国提供实物。合作形式多种多样,有的是帮助农业、手工业开发项目及技术培训。中国从1963年起一直向非洲国家派遣医疗队,不仅救死扶伤,还广泛服务于非洲国家的建设。④

这种中非科技关系产生了正负两方面影响:一方面,通过无私的对非科技援助,中非之间建立起亲密的伙伴关系。尤其是中国帮助坦桑尼亚和赞比亚修建的坦赞铁路,成为中国对非科技援助的标志性工程,加强了中非友谊,产生了巨大的国际影响。赞比亚前总统卡翁达就表示,

---

① 李嘉莉:《对加强中非农业合作的若干思考》,《世界农业》2005年第5期。
② 王涛:《论中非科技合作的发展历程及特点》,《国际展望》2011年第2期。
③ 唐露萍:《发展中国家对外援助及其发展方向》,硕士学位论文,厦门大学,2014年。
④ 谢益显:《中国当代外交史(1949—2009)》,中国青年出版社2009年版,第218—219页。

"多亏中国的决定性支持,才使赞比亚在那一阶段得以生存和获得安全"①。他还开创性地提出中国是非洲的"全天候朋友"②,这一说法现在已为广大非洲国家所接受。另一方面,中国对非科技援助不计成本,加重了中国的负担;同时,科技援助后期管理不善,往往效益低下。1954 年以后平均每年中国的对外援助额超过 1 亿美元,1970 年增至 3 亿多美元,1971 年后更是增至 5 亿多美元,③ 明显加重了中国的负担。而科技援助项目缺乏科学有效的管理,往往是中国工程师一离开,项目的使用和管理就出现问题。以坦赞铁路为例,开始运营后由于非洲人无法解决技术问题,加之管理不善,导致长期亏损,只能靠中国持续不断注入资金来维持。④

1980 年以后,中国实行改革开放政策,逐步对中非科技关系的体制进行调整,试行援助项目责任承包制、加强科技责任管理,中非科技关系逐渐形成了援助与合作并举的特征。在 1980—1995 年,中国虽然继续推进对非科技援助,但在 1983 年,中国确立了中非经济科技合作的四原则:"平等互利、讲求实效、形式多样、共同发展"⑤,更加强调援助项目管理、实现责权利统一、注重项目的经济效益、强化双方受益的观念。⑥ 同时,中国逐渐推动对非科技援助体制与国际接轨,强化双向合作的观念。⑦

这一时期的中非科技关系有五个特点:第一,项目选择注重经济效益和示范效果;第二,项目实施采取包干制和承包制,注重责权利统一;第三,项目管理从完工移交到持续合作,长期跟进;第四,加强技

---

① 谢益显:《中国当代外交史(1949—2009)》,中国青年出版社 2009 年版,第 282 页。
② 《卡翁达:中国的全天候朋友》,《浙江日报》2007 年 2 月 7 日第 9 版。
③ 谢益显:《中国当代外交史(1949—2009)》,中国青年出版社 2009 年版,第 220 页。
④ Zhao Shulan, "Reflection of China's Assistance to Zambia", in Liu Hongwu and Yang Jiemian eds., *Fifty Years of Sino-African Cooperation: Background, Progress and Significance*, Yunnan University Press, 2009, pp. 384–385.
⑤ 安春英:《南南合作框架下的中国对非援助》,《国际瞭望》2009 年第 2 期。
⑥ 李嘉莉:《对加强中非农业合作的若干思考》,《世界农业》2005 年第 5 期。
⑦ 蒋和平:《中非农业合作的思路与政策建议》,《农业科技管理》2008 年第 6 期。

术与管理合作，巩固科技援助成果；第五，开辟科技合作新领域。① 据不完全统计，从1978—1990年，中非实施了2000多个科技合作项目，涉及石油、化工、纺织、农业、畜牧业、医药等领域。②

20世纪90年代以后，随着非洲经济结构调整政策的实施和中国市场经济体制改革的拓展与深化，中非科技关系的形式日益明晰。1995年，中国政府明确了互利合作的对非科技关系，积极推行政府优惠贴息贷款援助的新方式，鼓励对非科技援助与发展经贸合作相结合，引导援助资金流向非洲有资源、有市场的开发性项目上，并强调了企业在中非科技关系中的主体地位。③ 至此，中非科技关系逐渐改变了以援助为主的形式，建立了"互利、互赢"的合作新形式，完成了中非科技关系的转型与可持续发展。

1995年后，中非科技合作在农业、林业、能源、机械、环保、通信、卫星等领域继续拓展深化。④ 如在1998年中国—埃及科技合作联委会第三次会议上，中埃双方将合作扩展到计量、环保、生物、信息等高技术领域和资源勘探、开发等领域，技术含量不断提高，合作更加深入。1999年，中国与南非正式签署科技合作协定，建立了科技合作联委会，拓展双边科技合作领域，内容涉及基础科学、应用技术和高技术领域，如农业、生物、化学、医学、矿产、信息、传统医药、空间技术等。⑤

3. 中非科技合作从原则、政策到机制的提升⑥

20世纪80年代以前，中非科技关系的发展只有基本原则，而无明

---

① 贺文萍：《关于加强中非全方位合作的若干思考》，《社会科学》2006年第8期；励文聚：《21世纪的中非农业合作》，《社会科学》2000年第5期；蒋和平：《中非农业合作的思路与政策建议》，《农业科技管理》2008年第6期。

② 任宵鹏：《中非科技合作空间巨大》，《科学时报》2006年11月2日第A1版。

③ 李嘉莉：《对加强中非农业合作的若干思考》，《世界农业》2005年第5期。

④ 温翠苹：《21世纪中国与印度援助非洲对比研究》，硕士学位论文，外交学院，2014年。

⑤ Zhang Yonghong, "Sino-African Cooperation in Science and Technology: History and Prospect", in Liu Hongwu and Yang Jiemian eds., *Fifty Years of Sino-African Cooperation: Background, Progress and Significance*, Yunnan University Press, 2009, p. 215.

⑥ 王涛：《论中非科技合作的发展历程及特点》，《国际展望》2011年第2期。

确的政策。虽然"外援八原则"等的提出在一定程度上促进了中非科技关系的发展,无论是中非经济关系还是文化关系,都无法忽视科技因素在其中发挥的作用,要想使经济、文化合作取得成效,也都必须在科技层面开展合作;但长期以来,中非科技关系除"外援八原则"外,再没有明确的政策指导,科技关系的具体实践内容、方式、目标都缺乏清晰的政策定位。① 这表明中非双方加强科技关系的意识还比较欠缺,也反映出那一时期发展中非科技关系并未成为中非合作的主要需求。

20世纪90年代以后,中非科技关系在中非关系中的地位日益上升,仅有原则基础而无政策指导的中非科技关系现状已经无法满足中非间日益增长的科技合作需求了。1996年江泽民访问非洲六国时,提出"中国愿意在和平共处五项原则的基础上巩固和发展同非洲各国面向21世纪的长期稳定、全面合作的国家关系",并提出彼此信任、政治平等、经济互惠、国际合作、面向未来的"五点建议"。② 这为中非科技关系的发展提供了更为广阔的平台,③ 中非科技关系政策的制定势在必行。

2000年中非合作论坛建立后,中非科技关系在总体规划和具体政策制定上逐步发展完善。在2000年第一届中非合作论坛上,明确了中非科技合作的领域不仅涉及传统的农业、交通、医疗卫生,还应包括信息技术等高端领域;④ 并指出科技合作的方式既可以是工程项目合作,也可以是管理合作;同时强调加强中非基础性、应用性科技合作,目标是推动非洲当地技术升级,并促进经济发展。⑤ 在2003年,中方进一步提出加强在中非科技互补领域的合作,加强对非洲的技术转让;⑥ 并推

---

① 黄军英、李喜英:《让科技成为中非友谊的桥梁》,《科技日报》2013年2月8日。
② 中国外交部政策研究室:《中国外交》,世界知识出版社1997年版,第205页。
③ Zhang Yonghong, "Sino-African Cooperation in Science and Technology: History and Prospect", in Liu Hongwu and Yang Jiemian eds., *Fifty Years of Sino-African Cooperation: Background, Progress and Significance*, Yunnan University Press, 2009, p.215.
④ 刘青海、刘鸿武:《中非技术合作的回顾与反思》,《浙江师范大学学报》(社会科学版)2011年第1期。
⑤ 《中非经济和社会发展合作纲领》,2000年1月,http://www.gov.cn/ztzl/zflt/content_428691.htm。
⑥ 《王光亚副部长在"不结盟运动南南合作商业论坛"部长级会议上的讲话》,2003年2月,http://www.fmprc.gov.cn/chn/pds/ziliao/zyjh/t5245.htm。

行科技培训班等科技合作新形式。① 中非科技合作的政策思路日益成熟。

2006年《中国对非洲政策文件》确立了中非科技合作政策的基本框架：(1) 中非科技合作的原则是相互尊重、优势互补、利益共享；(2) 中非科技合作的领域包括农业生物技术、太阳能利用技术、地质勘查和采矿技术、新药品研发等；(3) 中非科技合作的形式可涵盖应用研究、技术开发、成果转让等方面，也可开创新的形式，如为非洲国家举办实用技术培训班、开展技术援助示范项目等；(4) 中非科技合作的目标是"积极推动中国科技成果和先进适用技术在非洲的推广和应用"②，践行"真诚友好、平等相待；互利互惠、共同繁荣；相互支持、密切配合；相互学习、共谋发展"③ 的对非关系原则。至此，中非科技关系初步形成了一套政策体系。

随着科技合作政策体系的初步形成，中非科技合作日益发展繁荣。2006年后，中国同多个非洲国家签署了科技合作协议，支持先进适用技术在非洲的推广、应用。④ 中国还积极响应"连通非洲"倡议，并出席了2007年的"连通非洲"峰会，鼓励有实力的中国通信企业参与非洲国家相关基础设施建设，有力支持了非洲国家建设信息社会、缩小数字鸿沟的努力。2007年5月，中国还帮助尼日利亚成功发射通信卫星，实现了与非洲国家在航天科技领域的合作。⑤ 从2006—2009年，中国向非洲国家提供26.47亿美元优惠贷款用于支持28国54个项目，20亿美元优惠出口买方信贷用于支持10国11个项目，涉及交通、能源、电力、建筑、航空、矿产等十多个行业领域。⑥ 在人员培训领域，截至2009年底，中国为非洲培养经贸、教育、卫生、科技、文化、农业、

---

① 李肇星：《在中非合作论坛第二届部长级会议上的报告》，2003年12月，http://www.fmprc.gov.cn/chn/pds/ziliao/zyjh/t56303.htm。

② 中国外交部：《中国对非洲政策文件》，2006年1月，第15页。

③ 同上书，第7—8页。

④ 郑先武：《构建区域间合作"中国模式"——中非合作论坛进程评析》，《社会科学》2010年第6期。

⑤ 黄琦：《首开中非航天合作之门》，《中国航天报》2007年5月16日第1版。

⑥ 杜文龙：《中国对非洲贸易政策演变及其效果评价》，硕士学位论文，天津财经大学，2013年。

减贫等领域人才 15000 多人；在华非洲留学生总数达 4000 多人。从 2006—2009 年，中国还在非洲建立了 30 个疟疾防治中心，派遣医疗人员 1200 人次。①《国家中长期科学与技术发展规划纲要》实施后，中国企业逐渐成为中非科技合作的主体。② 截至 2009 年底，中国在非企业近 2000 家，涵盖资源开发、农业及农产品综合开发、生产加工、交通运输等领域。③ 中国对非援助涉及非洲发展基础设施、提高农业生产、改善医疗和教育条件的科技援助项目，促进了当地经济社会的发展。至 2009 年，中国援非项目九百多个，④ 其中民生项目占半数以上。⑤

中非科技合作日益发展对促进非洲科技水平提升和中非关系的友好发挥了积极作用。但中非科技合作起点较低，尤其是合作项目执行率偏低、管理质量不高、与非洲的技术需求脱节。⑥ 同时，国际竞争也带给中非科技合作新的挑战。欧盟、美国、日本等发达国家以及印度等发展中国家越来越重视对非科技交流与合作。欧盟和非洲相继确立了整体对话机制、合作政策框架、"欧盟—非洲共同战略"以及《非洲—欧盟战略伙伴关系——非欧联合战略》，在能源、气候变化、科学、信息与空间技术等领域广泛开展合作。美国通过了《非洲增长与机遇草案》，积极着手构筑 21 世纪"美非新型伙伴关系"，对非技术援助的比重不断提升。日本和非洲的科技合作开展已久，2008 年召开了第一次日本非洲科学技术部长会议，进一步确立了日本全面开展对非科技合作的路线。印度也大大增加了对非经济技术援助的力度，先后发起了"聚焦非

---

① 以上情况参见《中非合作论坛北京峰会后续行动落实情况》，2009 年 11 月，http://www.focac.org/chn/dsjbzjhy/bzhyhywj/t627503.htm。

② 李艳、朴淑瑜：《中非科技合作的新契机》，《科技日报》2006 年 11 月 3 日第 1 版。

③ 陈一鸣：《温家宝将访问埃及并出席中非合作论坛第四届部长级会议开幕式》，《人民日报》2009 年 11 月 3 日第 3 版。

④ 王涛、李泽华：《论中国对非软权力外交的体系及内容》，《贵州大学学报》（社会科学版）2011 年第 1 期。

⑤ 陈一鸣：《温家宝将访问埃及并出席中非合作论坛第四届部长级会议开幕式》，《人民日报》2009 年 11 月 3 日第 3 版。

⑥ Zhang Yonghong, "Sino-African Cooperation in Science and Technology: History and Prospect", in Liu Hongwu and Yang Jiemian eds., *Fifty Years of Sino-African Cooperation: Background, Progress and Significance*, Yunnan University Press, 2009, p. 223.

洲计划"、"印非技术经济协作运动"、泛非洲电子网络连接计划，与非洲国家深入开展科技合作。① 中非科技合作面对自身不足和外部竞争，迫切需要从政策层面的合作提升到机制层面的合作上来。

2009年4月，在中非科技政策交流会上，中非双方就《非洲科技整体行动计划》与中国科技政策的对接进行了讨论，旨在增进对双方科技政策的相互了解和深入合作。② 这次会议为中非科技合作机制的建立做了前期准备。

在2009年底召开的第四次中非合作论坛上，中非双方同意召开"中非合作论坛——科技论坛"，并启动"中非科技伙伴计划"。③ "中非科技伙伴计划"的出现，标志着中非科技合作从原则、政策阶段提升到了机制建设阶段。④ "中非科技伙伴计划"的启动有利于促进中非科技合作的可持续、系统化发展，有利于科技合作在中非关系中扮演更加重要的角色，发挥更为重要的影响。⑤ 至此，中非科技合作专门机制形成，中非科技关系进入一个发展的新时期。

二 中非科技合作的现状

（一）中非科技伙伴计划

2009年11月，"中非科技伙伴计划"启动。该计划确立了未来中非科技关系发展的宗旨、原则、领域、机构设置和实施方式等，目的是增强非洲国家科技能力建设，实现中非共同发展。"中非科技伙伴计划"是中非关系不断拓展与深化的重要举措，也是中国对世界各国加强

---

① Zhang Yonghong, "Sino-African Cooperation in Science and Technology: History and Prospect", in Liu Hongwu and Yang Jiemian eds., *Fifty Years of Sino-African Cooperation: Background, Progress and Significance*, Yunnan University Press, 2009, p. 224.

② 《中非科技政策交流会在京召开》，2009年4月，http://www.most.gov.cn/kjbgz/200904/t20090416_68666.htm。

③ 温家宝：《全面推进中非新型战略伙伴关系》，《人民日报》2009年11月9日第2版。

④ 张永宏、王涛、李洪香：《论中非科技合作：战略意义、政策导向和机制架构》，《国际展望》2012年第5期。

⑤ 黄军英、李喜英：《让科技成为中非友谊的桥梁》，《科技日报》2013年2月8日。

与非洲发展科技关系的回应。"中非科技伙伴计划"立足于中国和非洲科技的发展现实，对非洲科技发展有较强的针对性和适用性。①

"中非科技伙伴计划"文件内容包括"背景""宗旨""原则""重点领域""主要内容""组织与管理"六个部分，是引领中非科技合作的专门方案和机制。②

1. "中非科技伙伴计划"的宗旨和原则③

"中非科技伙伴计划"的首要宗旨是"增强非洲国家科技能力建设"。在选择适合非洲国家需求并对发展有重要推动作用的科技领域的基础上，通过中非双方的合作，增强非洲国家的科技自生能力。而非洲国家科技能力的增强，根本上是为了促进非洲国家的发展。④ 因此，"中非科技伙伴计划"在阐明宗旨后，进一步强调通过增强科技能力建设，发挥科技支撑经济和社会可持续发展的重要作用。⑤ 可见，"中非科技伙伴计划"的基本思路是通过发展中非科技关系，增强非洲的科技能力，进而促进非洲经济和社会的可持续发展。⑥

"中非科技伙伴计划"的第二个宗旨是"通过合作，共享经验，共促发展，为加强南南合作和实现联合国千年发展目标做出应有的贡献，最终达到共同造福中非人民的目的"。⑦ 这表明中国发展对非科技关系，是支撑南南合作、联合国千年发展目标的手段和方式，中国愿意把中非科技关系的发展纳入合理的国际体系框架中，并成为这个体系有益的参与者。

---

① 张永宏、王涛、李洪香：《论中非科技合作：战略意义、政策导向和机制架构》，《国际展望》2012年第5期。

② 中国科技部：《中非科技伙伴计划》，2009年11月，http://swedenembassy.fmprc.gov.cn/chn/gxh/wzb/ywcf/P020091126496314749396.pdf。

③ 王涛、张伊川：《论中非关系新的增长点——"中非科技伙伴计划"述评》，《西南石油大学学报》（社会科学版）2012年第2期。

④ 王晓：《科技合作的形势分析与政策建议》，《中国科技论坛》2013年第8期。

⑤ 中国科技部：《中非科技伙伴计划》，2009年11月，http://swedenembassy.fmprc.gov.cn/chn/gxh/wzb/ywcf/P020091126496314749396.pdf。

⑥ 张永宏、王涛、李洪香：《论中非科技合作：战略意义、政策导向和机制架构》，《国际展望》2012年第5期。

⑦ 中国科技部：《中非科技伙伴计划》，2009年11月，http://swedenembassy.fmprc.gov.cn/chn/gxh/wzb/ywcf/P020091126496314749396.pdf。

"中非科技伙伴计划"在明确宗旨的基础上，提出指导中非科技合作的四个原则：互利共赢、需求导向、突出重点、政府引导。

第一是互利共赢原则。互利共赢就是要谋求中非共同发展与进步，通过共享科技发展的经验、信息、知识以及其他有形和无形资源，共同提升科技创新能力，实现经济社会可持续发展。① 当前，中国和非洲都面临着加快经济发展、改善人民生活的繁重任务。② "中非科技伙伴计划"是实现这些任务、促进共同发展的重要方式。在发展中非科技关系中秉持互利共赢原则，一方面可以促进非洲发展，提高非洲的自主发展能力；另一方面，中国的发展也离不开非洲的支持与帮助。③ 中国既需要在发展同非洲的科技关系中谋求自身的发展，也需要从中学习非洲特有的智慧、知识和文化，为中国发展问题的解决提供新的视角与维度。④ 互利共赢原则是"中非科技伙伴计划"的基石。

第二是需求导向原则。需求导向是指要关注和尊重非洲国家的需求，结合中国科技发展的特点和优势，围绕民生领域和可持续发展领域的相关适用技术，开展双边和多边科技合作。⑤ 这个原则强调了对非洲国家需求的重视，以非洲国家的需求为出发点，不将中国的意愿强加给非洲。唯有如此，才能真正从非洲的实际出发，针对非洲存在的问题提出实事求是的对策；也唯有以需求作为促进双方合作的起点，才能有效推动中非科技关系健康发展。这种从对方角度考虑问题的态度早在1964年就形成了。那时，周恩来总理提出的对外经济技术援助八原则中，就强调从受援国的需要出发开展援助活动。这种"从受援国角度考虑问题的态度在其他国家的援助过程中大概从未有过"⑥。需求导向原则是"中非科技伙伴计划"的必要条件。

---

① 中国科技部：《中非科技伙伴计划》，2009年11月，http://swedenembassy.fmprc.gov.cn/chn/gxh/wzb/ywcf/P020091126496314749396.pdf。
② 张永宏、王涛、李洪香：《论中非科技合作：战略意义、政策导向和机制架构》，《国际展望》2012年第5期。
③ 贾庆林：《让中非友谊之花更加绚烂》，《人民日报》2010年3月25日第2版。
④ 刘鸿武：《初论建构有特色之"中国非洲学"》，《西亚非洲》2010年第1期。
⑤ 中国科技部：《中非科技伙伴计划》，2009年11月，http://swedenembassy.fmprc.gov.cn/chn/gxh/wzb/ywcf/P020091126496314749396.pdf。
⑥ 李安山：《全球化视野中的非洲：发展、援助与合作》，《西亚非洲》2007年第7期。

第三是突出重点原则。突出重点是指根据非洲国家的特点和要求，选择对经济和社会发展有重要推动作用的科技领域，分清主次和轻重缓急，有步骤地分阶段予以实施。[①] 非洲科技发展水平普遍较低，这既表现为绝大多数非洲国家的科技水平落后，也表现为绝大多数科技领域在非洲的发展滞后。在非洲，从粮食安全、生活日用品生产到环境保护、信息技术，各个领域都有开展合作的必要，但不能将有限的资金不加区别地投入到每个领域。那样做既不现实，也不可能给非洲真正带来好处。因此，要兼顾有利于非洲整体发展的重点科技领域和促进不同国家发展的重点科技领域。在非洲整体层面上，要选准对非洲发展最具影响的科技领域加以推动，以取得事半功倍的效果，如粮食安全、艾滋病防控等领域。在非洲国家层面上，每个非洲国家分别有着不同的科技发展重点领域，如尼日利亚、苏丹、安哥拉等国的重点领域是石油科技，赞比亚、几内亚、纳米比亚等国的重点领域是矿石开采与加工科技，肯尼亚、坦桑尼亚、马里等国是农业科技，等等。突出重点原则是"中非科技伙伴计划"的关键。

第四是政府引导原则。这里提到的"政府"专指中国政府。通过中国政府的引导，刺激和鼓励企业、高等院校和科研机构多方参与到对非科技关系中，形成合力，推动中非科技关系的发展。[②] 同普通商品贸易和投资相比，科技项目需要较雄厚的资金支持，承担的风险也较大，所以政府需要制定政策和提供资金以发挥引导作用，吸引企业的参与；有些基础科技领域的赢利空间有限，但关系到民生改善的根本，如果没有政府引导，将不会有企业愿意参与其中，这更需要政府通过政策倾斜和资金方面的大力扶持来组织企业、高校、科研机构等的参与。政府引导一方面表明发展中非科技关系不能由政府一手包办，而要尊重市场规律的原则，发挥市场行为主体的积极性；另一方面也表明作为中非关系发展战略组成部分的科技关系，不单纯是市场行为，其中更关涉到中非友谊和非洲发展等问题，所以政府也必须发挥引导和调控的作用。政府

[①] 中国科技部：《中非科技伙伴计划》，2009年11月，http://swedenembassy.fmprc.gov.cn/chn/gxh/wzb/ywcf/P020091126496314749396.pdf。

[②] 同上。

引导原则是"中非科技伙伴计划"的保障。①

2. "中非科技伙伴计划"的合作领域②

2005年制订的《非洲科技整体行动计划》，规划出一套促进非洲科技发展的内容和保障机制，涉及科技项目规划、政策机制建设等多方面内容，是非洲国家21世纪科技发展的战略性文件。③"中非科技伙伴计划"在吸收借鉴《非洲科技整体行动计划》的基础上，围绕"增强非洲国家科技能力建设"这一宗旨，从以下几个领域推进中非科技关系的发展。

第一个领域是科技政策和管理能力领域。《非洲科技整体行动计划》中为改善非洲国家和非盟的科技决策能力和创新机制，提出了四大任务，即建设非洲科技评价与创新体系；促进地区科技合作，共享科技发展经验、资料、基础设施等；增强公众对科技的认识；提高科技政策能力，④为非洲国家科技政策的制定与科技管理提出了明确的目标和发展方向。目前，非洲国家正在逐渐朝这些方向努力，在具体的科技发展领域如农业、能源等领域已形成非盟层面上的一些政策机制；乌干达、南非等国也制定了基于本土知识的国家科技发展战略。⑤"中非科技伙伴计划"与《非洲科技整体行动计划》提出的这些目标相对接，规划在国家科技创新政策研究、重大科技规划和计划的编制与实施、科技统计与科技评估等方面开展合作，以期提升非洲国家在科技政策制定与科技管理领域的能力。⑥

第二个领域是科技产业发展能力领域。《非洲科技整体行动计划》中规划了非洲建设共同的生物技术战略、促进发展等项目，但

---

① 张永宏、王涛、李洪香：《论中非科技合作：战略意义、政策导向和机制架构》，《国际展望》2012年第5期。
② 王涛、张伊川：《论中非关系新的增长点——"中非科技伙伴计划"述评》，《西南石油大学学报》（社会科学版）2012年第2期。
③ 参见张永宏《非洲发展视域中的本土知识》，中国社会科学出版社2010年版，第178—184页；刘鸿武、张永宏《面向21世纪的非洲科学技术发展》，《西亚非洲》2006年第2期。
④ 刘鸿武、张永宏：《面向21世纪的非洲科学技术发展》，《西亚非洲》2006年第2期。
⑤ 张永宏：《非洲发展视域中的本土知识》，中国社会科学出版社2010年版，第184—200页。
⑥ 中国科技部：《中非科技伙伴计划》，2009年11月，http://swedenembassy.fmprc.gov.cn/chn/gxh/wzb/ywcf/P020091126496314749396.pdf。

除南非在这些方面取得一些进展外，其他非洲国家的落实效果并不乐观。这既受限于资金条件，也是非洲国家科技能力不足所致。① 因此，在这些方面，"中非科技伙伴计划"提出要在以下三方面开展中非合作：产学研相结合的科技产业发展战略的制定和实施，科技园区和企业孵化器的设计和规划，科技促进农村经济发展和摆脱贫困的政策设计。通过在这三方面实施合作，促进非洲国家科技产业发展的能力。②

第三个领域是改善民生的服务能力领域。制约非洲发展的根本问题是贫困问题。要想真正促进非洲发展，就必须在改善民生的服务能力领域如粮食、能源、健康等方面加大科技投入力度。在《非洲科技整体行动计划》中，③ 就这些领域的发展做出了规划，④ 非洲国家也已着手推动在这些领域的科技发展。在粮食领域，2009年7月召开的第十三届非盟首脑会议集中探讨非洲粮食安全与农业发展问题，提出了增加农业投资和促进农业现代化的任务，表示要在非洲进行一场"绿色革命"，其中强调了发展农业科技的重要性。⑤ 在能源领域，撒哈拉地区的非洲国家如突尼斯已经制定出详细的太阳能科技利用规划；⑥ 继南非、尼日利亚、埃及和肯尼亚之后，乌干达也成立原子能委员会，正式加入发展核电的行列，非洲国家利用核能的步伐加快；⑦ 非洲产油国大力推进石油科技的发展，加大对石油冶炼和加工的投入。⑧ 在健康领域，作为世

---

① 张永宏、王涛、李洪香：《论中非科技合作：战略意义、政策导向和机制架构》，《国际展望》2012年第5期。
② 中国科技部：《中非科技伙伴计划》，2009年11月，http://swedenembassy.fmprc.gov.cn/chn/gxh/wzb/ywcf/P020091126496314749396.pdf。
③ 王晓：《中非科技合作的形势分析与政策建议》，《中国科技论坛》2013年第8期。
④ 《非洲科技整体行动计划》针对非洲的现实和条件，并着眼于世界科技发展的前沿趋势，按项目的内在关联性，规划了四大类科技发展项目：第一，生物多样性、生物技术和本土知识；第二，能源、水和沙漠化问题；第三，材料科学、制造业、激光和粮食加工技术；第四，信息和通信技术、空间科学和技术。参见张永宏《非洲发展视域中的本土知识》，中国社会科学出版社2010年版，第180—183页。
⑤ 吴文斌：《非洲一体化进程迈新步》，《人民日报》2009年7月5日第3版。
⑥ 吴文斌：《中东北非大力开发太阳能》，《人民日报》2009年10月26日第14版。
⑦ 舒运国：《非洲的核电之梦》，《人民日报》2009年7月27日第3版。
⑧ 王南：《中苏合作创共赢》，《人民日报》2009年8月11日第14版。

界上受艾滋病影响最严重的地区，非洲国家利用新的治疗技术积极抗击艾滋病，2008年艾滋病新感染人数比1995年高峰期大约下降了25%，到2008年底，撒哈拉以南非洲得到药物治疗的人数比例达到44%，而五年前这一数字只有2%。① 虽然取得了大量进展，但非洲民生领域的科技发展空间还很大。"中非科技伙伴计划"② 将在水资源（水资源管理、水的清洁利用、节约用水）、粮食（育种和栽培、储存和加工、食品安全）、健康（应对大型流感、疟疾、艾滋病等重大传染性疾病防治的医药、远程医疗、医疗器械）、能源（传统能源、可再生能源和新能源的勘探、开发和利用）、环境（环保、沙漠化治理）等领域开展合作，以消除贫困，改善非洲民生条件，促进非洲发展。③

3."中非科技伙伴计划"的合作方式④

"中非科技伙伴计划"由中国科技部等中国政府部门牵头，资金也主要由中国政府提供。"中非科技伙伴计划"设有秘书处和咨询委员会，分别负责管理日常工作、协调和推动计划的实施，对中非科技合作的政策、内容、方法等提出意见和建议。⑤ "中非科技伙伴计划"提出了七种开展中非科技关系的方式：第一，政策研究。与非洲国家在国家科技创新体系建设的政策研究方面开展合作，完善非洲国家的科技政策体系、科技管理体系和科技服务体系，提高科技政策在调控和激励科技发展方面的作用。⑥ 第二，技术服务。派遣中国科学家、工程师到非洲进行技术指导与服务，鼓励发挥退休科学家、工程师和科技志愿者的积

---

① 吴志华、裴广江：《全球艾滋病疫情趋于稳定》，《人民日报》2010年3月5日第19版。

② 中国科技部：《中非科技伙伴计划》，2009年11月，http://swedenembassy.fmprc.gov.cn/chn/gxh/wzb/ywcf/P020091126496314749396.pdf。

③ 张永宏、王涛、李洪香：《论中非科技合作：战略意义、政策导向和机制架构》，《国际展望》2012年第5期。

④ 王涛、张伊川：《论中非关系新的增长点——"中非科技伙伴计划"述评》，《西南石油大学学报》（社会科学版）2012年第2期。

⑤ 中国科技部：《中非科技伙伴计划》，2009年11月，http://swedenembassy.fmprc.gov.cn/chn/gxh/wzb/ywcf/P020091126496314749396.pdf。

⑥ 同上。

极作用，到非洲国家传授经验。① 第三，人力资源开发。围绕非洲国家的需求和特点，帮助开办各种针对非洲国家科技人员的培训班和研讨会，支持、鼓励非洲科研人员来华开展博士后研究，鼓励非洲国家科技人员到中国科技园、研究机构和企业参观或短期工作，鼓励中国科技园区与非洲国家结成长期合作伙伴关系，促进非洲国家科技人才建设。② 第四，合作研究。鼓励中国的大学、科研机构和企业与非洲国家合作，共同开展项目研究，合作培养和指导非洲国家科研人员，鼓励共同建立联合实验室或联合研究中心，通过合作研究提高双方科研水平。③ 2010年3月底，"中非联合研究交流计划"正式启动，这将促进未来中非间学者、智库的交往合作，交流发展经验。④⑤ 第五，技术示范。将政策、技术、管理、服务和市场有机结合起来，在非洲国家开展全面的适用技术示范。通过办展、建立中非科技伙伴示范基地等形式，支持中国先进适用技术在非洲国家开展技术转移、示范推广和应用。⑥ 从2010年开始，中国将实施100个中非联合科技研究示范项目，增加建设20个农业示范中心、30个疟疾防治中心等示范项目。⑦ 第六，实物捐赠。向非洲国家捐赠适用技术产品、科学仪器、实验设备、示范装置等，支持非洲国家提高科研能力。⑧ 第七，加强与联合国对非合作项目的连接。推动与联合国相关机构共同制订对非合作计划，共同开展对非合作项目。⑨

---

① 《中非合作论坛——沙姆沙伊赫行动计划（2010—2012）》，2010年7月，http://www.fmprc.gov.cn/zflt/chn/zxxx/t626385.htm。

② 中国科技部：《中非科技伙伴计划》，2009年11月，http://swedenembassy.fmprc.gov.cn/chn/gxh/wzb/ywcf/P020091126496314749396.pdf。

③ 赵刚：《新形势下中非科技合作展望》，《高科技与产业化》2010年第4期。

④ 吴刚：《"中非联合研究交流计划"启动仪式举行》，《人民日报》2010年3月31日第2版。

⑤ 中国科技部：《中非科技伙伴计划》，2009年11月，http://swedenembassy.fmprc.gov.cn/chn/gxh/wzb/ywcf/P020091126496314749396.pdf。

⑥ 温家宝：《全面推进中非新型战略伙伴关系》，《人民日报》2009年11月9日第2版。

⑦ 同上。

⑧ 同上。

⑨ 张永宏、王涛、李洪香：《论中非科技合作：战略意义、政策导向和机制架构》，《国际展望》2012年第5期。

(二) 中非科技合作的特点

1. 政策导向明确

从周总理提出四个基本原则到"中非科技伙伴计划"的实施,中非科技合作形成了系统的指导思想和政策体系,其基本的导向包括以下几个方面。

(1) 以增强非洲国家科技能力建设为要务①

中非科技合作一直是中国对非援助总盘子中的一项主要内容。相对于中国而言,非洲的科技发展条件和水平存在一定的差距,因此,中方一贯坚持给予非方不附加任何条件的援助。在相当长的一段时期里,中国以提供设备、技术、人才为主,有力地支援了非洲科技基础条件的建设。近年来,随着中方科技能力的不断增强,结合非方科技整体行动计划的需要,中方更加重视科技能力输出。"中非科技伙伴计划"明确指出,中非科技合作的核心宗旨就是"增强非洲国家科技能力建设",通过扩大在科技政策和管理、科技产业发展、民生改善等领域的合作,把"授人以鱼"与"授人以渔"有机结合起来。这是非洲急切的期待,也是中非关系中中方负责任大国形象诉求的具体体现。一是通过中非科技合作,促进非洲国家科技政策和管理能力的提高。② 二是通过中非科技合作,促进非洲国家的科技产业发展能力。③ 三是通过中非科技合作,促进非方科技在改善民生方面的服务能力。④

(2) 以互利共赢为原则

互利一直是中非关系的一条指导原则;共赢是在长时段意义上对互利的进一步发展。只有互利才能合作,只有共赢才能使合作具有可持续性。这是中非合作历久弥新的经验。虽然中非双方在互利共赢上还存在着局部不平衡的现象,但是,总体成效显著,努力方向是正确

---

① 张永宏、王涛、李洪香:《论中非科技合作:战略意义、政策导向和机制架构》,《国际展望》2012 年第 5 期。
② 刘鸿武、张永宏:《面向 21 世纪的非洲科学技术发展》,《西亚非洲》2006 年第 2 期。
③ 张永宏、王涛、李洪香:《论中非科技合作:战略意义、政策导向和机制架构》,《国际展望》2012 年第 5 期。
④ 干晓:《中非科技合作的形势分析与政策建议》,《中国科技论坛》2013 年第 8 期。

的，因为中非科技合作的目标是要实现共同发展。中非科技合作领域里的互利共赢，就是要通过共享科技发展的经验、信息、知识以及其他有形和无形资源，共同提升科技创新能力，实现经济社会可持续发展。①

（3）以现实需求为出发点

以现实需求为出发点，就是从非洲的实际需要出发，从非洲的现实条件出发，从中非双方发展的重点环节出发，结合中国科技发展的优势和特点，围绕民生领域和可持续发展领域里相关的适用技术，开展与非洲国家的多边和双边科技合作。② 这种以现实需求为出发点的政策导向，有三层含义。一是对非洲国家需求的尊重和重视，不将中国的意志强加给非洲。二是注重合作的针对性和适用性。例如，中国有一大批经济实惠、效用明显、易于掌握和应用的科技项目，通过"中非科技伙伴计划"将其推广到非洲，既能与非洲科技发展水平相适应，又不耗费过多的资金，还能在一定程度上满足未来非洲科技发展的需求。南非金山大学（University of Witwatersrand）东亚项目主任卡斯·谢尔顿（Garth Shelton）就认为，中国低成本的技术对非洲而言是非常有用的，"中国在非洲的科技项目将会受到欢迎，因为中国向非洲提供的是适合非洲的、非洲负担得起的科技"③。三是突出重点，分清主次和轻重缓急，有步骤、分阶段地予以实施。④ 在非洲，从粮食安全、生活日用品生产到环境保护、信息技术，各个领域都有开展合作的必要，但不能将有限的资金不加区别地投入到每个领域中。因此，要兼顾有利于非洲整体发展的关键科技领域和促进每个国家发展的核心科技领域，选准需求重点开展合作。在非洲整体层面上，要突出对非洲发展最具影响

---

① 张永宏、王涛、李洪香：《论中非科技合作：战略意义、政策导向和机制架构》，《国际展望》2012年第5期。

② 中国科技部：《中非科技伙伴计划》，2009年11月，http：//swedenembassy.fmprc.gov.cn/chn/gxh/wzb/ywcf/P020091126496314749396.pdf。

③ Wu Ni, "China Sets Its Sights on African Research Cooperation", *All Africa*, December 4, 2009, http：//allafrica.com/stories/200912040700.html.

④ 中国科技部：《中非科技伙伴计划》，2009年11月，http：//swedenembassy.fmprc.gov.cn/chn/gxh/wzb/ywcf/P020091126496314749396.pdf。

的科技领域加以推动，以取得事半功倍的效果，如粮食安全、艾滋病防控等领域。在非洲国家层面上，每个非洲国家分别有着不同的科技发展重点领域，如尼日利亚、苏丹、安哥拉等国的重点领域是石油科技，赞比亚、几内亚、纳米比亚等国的重点领域是矿石开采与加工科技，肯尼亚、坦桑尼亚、马里等国是农业科技，等等，需要有针对性地筛选合作项目。①

（4）以政府引导为保障②

同普通商品贸易和投资相比，科技发展通常具有投入大、周期长、见效慢的特点，相应地，国际科技合作项目需要较雄厚的资金支持，承担的风险也较大，一般需要政府在启动阶段给以强力扶持。同时，有些基础科技合作领域的赢利空间有限，但关系到民生改善的根本，如果没有政府引导，通过政策倾斜、资金方面的支持来鼓励企业、高校、科研机构等的参与，将难以推动。政府引导一方面表明作为中非关系发展战略组成部分的科技关系，不单纯是市场行为，其中更关涉到中非友谊和非洲发展等问题，政府必须发挥扶持和调控的作用。另一方面也表明发展中非科技关系不能由政府一手包办，而要坚持尊重市场规律的原则，发挥市场行为主体的积极性。在非洲许多国家政府治理能力多处在建设初期的实际条件下，政府引导是中非科技合作有效展开的必要保障。特别是对中方而言，中国政府有条件发挥制度优势，统筹国内多方力量的投入，确保中非科技合作得到强有力的推进，并使其充分发挥出应有的效力。

2. 形成系统的机制架构③

科技渗透在各个领域，因此，中非关系的很多层面都涉及科技合作。从中非关系的发展历史来看，中非合作大致经历了三个阶段，新中国成立初期至20世纪70年代末为第一阶段，20世纪80年代初至20世纪90年代末为第二阶段，21世纪初为第三阶段。第一阶段以政治合作

---

① 张永宏、王涛、李洪香：《论中非科技合作：战略意义、政策导向和机制架构》，《国际展望》2012年第5期。
② 同上。
③ 同上。

为主，第二阶段以经济合作为主，第三阶段的特征是全面合作。三个阶段历时半个多世纪，倾注了中非几代人的心血和智慧。虽然，这三个阶段侧重点不同，但中非科技合作都嵌生在其中，比重不断上升，并在第三阶段发展成为独立的一项战略计划——"中非科技合作伙伴计划"。伴随着中非政治、经济交往的整个历程，中非双方建立了一系列的合作机制，如双边合作机制、多边论坛机制、领导人会晤机制、部长级会议机制、高官委员会机制、其他各领域合作机制和日常联络机制等，都在为中非科技合作铺路搭桥。总的来看，中非科技合作的机制包括多边、双边、专门三种类型，并在多部门层面交叉展开，形成系统多元架构的格局。

（1）多边机制[①]

中非科技合作所依托的多边机制，主要有中非合作论坛、中阿合作论坛、南南合作框架等。

中非合作论坛是中国和非洲国家在南南合作范畴内的集体对话平台，自创立以来，一直是中非科技合作领域拓展、层次提升的重要推手。2000年中非合作论坛第一届部长会议明确指出，要大力推动中非在科技领域的合作，促进中非共同发展。[②] 这次会议把中非科技合作的领域从农业、交通、医疗卫生拓展到信息技术等高端领域，并强调加强中非基础性、应用性科技合作，以推动非洲当地技术升级，促进经济发展。[③] 2003年中非合作论坛第二届部长会议，双方进一步提出加强在中非科技互补领域的合作，加强对非洲的技术转让；[④] 特别要在粮食安全领域加强合作，全面开展农业实用技术交流和转让，包括技术援助、技能转让、农用机械生产、农副产品加工等，支持和鼓励有实力的中国企

[①] 张永宏、王涛、李洪香：《论中非科技合作：战略意义、政策导向和机制架构》，《国际展望》2012年第5期。

[②] 《中非合作论坛第一届部长会议》，2000年10月10日至12日，http://www.focac.org/chn/ltda/dyjbzjhy/hywj12009/t155560.htm。

[③] 《中非经济和社会发展合作纲领》，2000年1月，http://www.gov.cn/ztzl/zflt/content_428691.htm。

[④] 《王光亚副部长在不结盟运动南南合作商业论坛部长级会议上的讲话》，2003年2月，http://www.fmprc.gov.cn/chn/pds/ziliao/zyjh/t5245.htm。

业在非洲开展农业合作项目;① 并推行科技培训班等科技合作新形式。②
2006年初，中国政府公布了《中国对非洲政策文件》，较为系统地阐明
了中非科技合作政策的基本思路：以相互尊重、优势互补、利益共享为
指导，涵盖应用研究、技术开发、成果转让等方面，创新合作形式，为
非洲国家举办实用技术培训班、开展技术援助示范项目等，"积极推动
中国科技成果和先进适用技术在非洲的推广和应用"③，以践行"真诚
友好、平等相待；互利互惠、共同繁荣；相互支持、密切配合；相互学
习、共谋发展"的对非关系原则。④ 同年底召开的中非合作论坛第三届
部长会议，即大力推动中非科技合作，出台了一揽子计划：第一，双方
本着相互尊重、优势互补、互利共赢的原则，促进技术应用、技术开
发、成果转让合作。第二，中方利用为非洲举办实用技术培训班、开展
技术援助示范项目等举措，积极推动中方科技成果和先进适用技术在非
洲的推广和应用。第三，加强在共同感兴趣的农业生物技术、太阳能利
用技术、地质勘查、采矿技术和新药研发等领域的科技合作。第四，在
信息基础设施建设、信息技术应用、电信普遍服务、网络与信息安全、
电信人力资源开发等方面加强合作。⑤ 第五，中国支持非洲国家根据突
尼斯信息峰会的建议推动缩小数字鸿沟、加快信息社会建设的努力。⑥
2009年中非合作论坛第四届部长会议，温家宝总理提出中非合作八项
新举措，加强科技合作、建立"中非科技伙伴计划"，被列为第二项举
措，在其余七项举措中，建立中非应对气候变化伙伴关系、加强农业合
作、深化医疗卫生合作、加强人力资源开发和教育合作、扩大人文交流
五项举措，都直接与科技合作相关。会议通过的《中非合作论坛沙姆沙

---

① 《中非合作论坛亚的斯亚贝巴行动计划（2004—2006）》，2004年12月，http://www.focac.org/chn/ltda/dejbzjhy/hywj22009/。

② 李肇星：《在中非合作论坛第二届部长级会议上的报告》，2003年12月，http://www.fmprc.gov.cn/chn/pds/ziliao/zyjh/t56303.htm。

③ 中国外交部：《中国对非洲政策文件》，2006年1月，第15页。

④ 同上书，第7—8页。

⑤ 《中非双方将加强经济领域合作》，2006年12月，http://big5.xinhuanet.com/gate/big5/news.xinhuanet.com/world/2006-11/05/content_5292723.htm。

⑥ 《中非合作论坛北京行动计划（2007—2009）》，2006年12月，http://www.focac.org/chn/ltda/bjfhbzjhy/hywj32009/t584788.htm。

伊赫行动计划（2010—2012）》，对双方科技合作进行了系统规划：第一，适时召开"中非合作论坛——科技论坛"，倡议启动"中非科技伙伴计划"，帮助非洲国家提高自身科技能力；第二，为便于非洲国家进一步了解中国近年来在高新技术及实用技术领域的科技成果，中方将在开罗与埃及共同举办"中国科技与创新技术及产品展览会"；第三，鉴于技术转让对加强非洲国家能力建设具有重要作用，中方将在各领域合作中鼓励和推动对非技术转让，尤其是饮用水、农业、清洁能源、卫生等对非经济社会发展有重大影响的先进适用技术。[①] 同年底，"中非科技伙伴计划"正式启动，中非科技合作跃上了一个新台阶。

2004年1月30日，中国和阿拉伯国家联盟成立了"中国—阿拉伯国家合作论坛"，即中阿合作论坛。中阿合作论坛有部长会议、高官委员会、企业家大会、文明对话研讨会、友好大会、能源合作大会等机制，为中阿双方在平等互利基础上进行对话与合作提供了一个新的平台，巩固和拓展了双方在政治、经贸、科技、文化、教育、卫生、能源、环保、林业、农业、旅游、人力资源开发和新闻出版等诸多领域内的互利合作。中阿合作论坛建立以来，以相互尊重为基础，增进政治关系；以共同发展为目标，密切经贸往来；以相互借鉴为内容，扩大文化交流；以维护世界和平、促进共同发展为宗旨，加强在国际事务中的合作，[②] 取得了丰硕的成果。依托中阿合作论坛，中国每年为阿拉伯国家培训上千名高官和技术人员。[③] 其中即包括非洲的阿盟成员国。

南南合作是广大发展中国家基于共同的历史遭遇和独立后面临的共同任务而开展的相互之间的合作，其主要内容之一就是推动发展中国家间的技术合作，确保发展中国家有效融入和参与世界经济。中国和广大非洲国家同属于发展中国家行列，是南南合作的主力军。长期以来，中

---

① 《中非合作论坛沙姆沙伊赫行动计划（2010—2012）》，2010年7月，http://www.focac.org/chn/dsjbzjhy/bzhyhywj/t626385.htm。

② 2004年1月30日，胡锦涛主席访问埃及，在会见阿盟秘书长穆萨和阿盟22个成员国代表时，提出建立中阿新型伙伴关系四项原则。参见2004年12月，中阿合作论坛网（http://www.cascf.org/chn/gylt/）。

③ 常华：《中阿合作论坛的成长之路》，《阿拉伯世界研究》2011年第6期。

国本着"平等互利、注重实效、长期合作、共同发展"的原则,积极支持并参与南南合作。近年来,中国不断探索深化南南合作的有效途径,高度重视与联合国粮农组织、世界粮食计划署、国际农业发展基金会等国际机构联合推动南南合作。例如,中国与联合国粮农组织、受援国实施三方南南合作,中国向联合国粮农组织捐款3000万美元设立信托基金,帮助非洲提高农业生产力,并为非洲国家输送大量农业技术人才。①

依托上述多边合作机制,中非双方签署了一系列合作协议,出台了若干合作政策,如《中非合作论坛北京宣言》(2000年10月)、《中非经济和社会发展合作纲领》(2000年10月)、《中非合作论坛亚的斯亚贝巴宣言》(2003年12月)、《中非合作论坛亚的斯亚贝巴行动计划(2004—2006年)》(2003年12月)、《中国对非洲政策文件》(2006年1月)、《中非合作论坛北京峰会宣言》(2006年11月)、《中非合作论坛北京行动计划(2007—2009年)》(2006年11月)、《中国—阿拉伯国家合作论坛2008—2010年行动执行计划》(2008年5月)、《中国—阿拉伯国家合作论坛2010—2012年行动执行计划》(2010年5月)、《中非合作论坛沙姆沙伊赫宣言》(2009年11月)、《中非合作论坛沙姆沙伊赫行动计划(2010—2012)》(2009年11月),等等,中非科技合作的丰富内容就包含在其中。

(2) 双边机制②

签署双边合作条约与协定,是中国与非洲国家间开展科技合作的主要机制。自新中国成立以来,中国与绝大多数非洲国家建立了双边合作机制。20世纪50年代,中国、埃及签订了《中埃文化合作协定》,开启双边技术合作。60年代,中国与几内亚、尼日利亚、索马里、肯尼亚、刚果(金)、马里等国签订了《中几经济技术合作协定》《中尼经济技术合作协定》《中索经济技术合作协定》《中肯经济技术合作协定》《中刚经济技术合作协定》《中马经济技术合作协定》

---

① 《深入推进中非农业合作——访农业部长韩长赋》,《中国乡镇企业》2010年第9期。
② 张永宏、王涛、李洪香:《论中非科技合作:战略意义、政策导向和机制架构》,《国际展望》2012年第5期。

等,技术援助、技术出口是重要的内容。20世纪70年代,中国与苏丹、毛里求斯、利比亚等国签订了《中苏政府间文化、科技合作协定》《中毛经济技术合作协定》《中利贸易与经济技术合作协定》,双边科技合作持续不断。80年代,中国与尼日利亚、毛里求斯、阿尔及利亚、摩洛哥等国签署了《中尼政府文化合作协定》《中毛贸易技术合作协定》《中阿经济技术合作协定》《中摩经济技术合作协定》,科技交流广泛得到开展。90年代,中国与摩洛哥、马里、莱索托、尼日利亚、安提瓜和巴布达、阿尔及利亚、埃及等国签署了《中国国家质量技术监督局与摩标准化和质量促进局合作协议》《中马经济技术合作协定》《中莱经济技术合作协定》《中尼贸易、经济、技术合作协定》《中国政府向安提瓜和巴布达政府提供贷款的经济技术合作协定》《中阿经济技术合作协定》《中阿贸易协定》《中埃关于建立战略合作关系的联合公报》等,为缩小南北科技差距而共同努力。2000年以来,中国与南非、莱索托、尼日利亚、阿尔及利亚等国签署了《比勒陀利亚宣言》《中莱经济技术合作协定》《中尼经济技术合作协定》《中阿经济技术合作协定》,不断加强双边科技合作。上述双边协定多以科技合作的面目呈现,可见,这些双边合作协定既以科技合作为主要内容,又为科技合作提供了舞台和机制。

(3) 专门机制①

2009年底,随着"中非科技伙伴计划"开始实施,中非科技合作出现了专门的机制,见前述。事实上,中非科技合作的专门机制还应包括中非农业合作论坛,因为中非农业合作包含丰富的科技合作内容。

中国是农业大国,非洲是全球主要的农业发展区。这两个地区人口总量巨大,农业是发展、稳定的基础。长期以来,中非农业合作一直是中非合作的主要内容,也是中非开展科技合作的主要领域。中非合作论坛开启以来,中国向几十个非洲国家派遣了大量的农业技术专家和农业技术交流团,建立了多个援非农业示范中心,为非洲国家培训了数千名农业管理人才和农业技术人才。2010年8月启动的中非农业合作论坛,

---

① 张永宏、王涛、李洪香:《论中非科技合作:战略意义、政策导向和机制架构》,《国际展望》2012年第5期。

是中非双方在中非合作论坛框架下，通过党际渠道开展的关于农业合作的集体对话机制。中非农业合作论坛发布的《中非农业合作论坛北京宣言》①指出：第一，将在中非合作论坛框架内，在平等互利、共同发展的原则下，全面推进中非农业合作；第二，呼吁进一步完善中非政府间交流合作机制，加强中非双方在农业技术、品种资源、农业信息、农产品加工、销售与贸易以及基础设施建设、人力资源培训等领域的合作；第三，将尝试通过执政党交往渠道，为中非地方政府和企业开展务实合作搭建平台，积极推动农业领域的投资开发；第四，呼吁中非企业加强在农业发展领域的互利合作，中非双方政府将为企业间合作提供良好的投资环境，并将设立专门基金为农业合作项目提供必要的资金支持；第五，将继续深化与联合国粮食和农业组织、世界粮食计划署、国际农业发展基金会的合作；第六，将采取后续行动，落实论坛成果，使中非农业合作不断发展。②中非农业合作论坛体现了中非双方对粮食安全问题的高度重视，为大农业领域中的中非科技合作，创建了又一专门的平台。

3. 合作主体多元化

（1）国家政府主导

中非科技合作从一开始就是在中国政府和非洲国家政府主导下开展起来的。

埃及在中非科技合作历史上有着特殊而又重要的地位。埃及是第一个承认中国并同中国建交的非洲国家。1956 年 5 月 30 日，埃及同中国建交，这是两国新时期友好交往的开端，开启了新中国同非洲国家外交关系的新纪元，同时新中国政府与非洲国家在科技领域内的合作也随之开展起来。1965 年初，中国与埃及政府签订了中埃两国政府科学文化合作协定，涉及信息交换和种子交换。改革开放初期，中国科学院与埃及科学技术研究院签订了科技合作协定，开展共同研究、人员交流、情

---

① 《中非农业合作论坛北京宣言》，2010 年 8 月，http://news.xinhuanet.com/world/2010-08/12/c_12439928_3.htm。

② 何晨青：《政党外交搭建中非农业合作之桥——中非农业合作论坛侧记》，《政党交往》2010 年第 9 期。

报资料互换等。1983年,中埃双方重新签订了中埃两国政府科学技术合作协定,中埃科技合作跃上了一个新台阶,① 这个协定直到现在仍然是两国政府间科技合作的基本依据。②

进入21世纪,在中国政府和非盟、非洲国家政府的主导下,中非关系发展迅速,中非科技合作所涵盖的领域更加广泛,所涉及的内容也更加丰富。例如,①农业技术合作。1959年,中非开启农业合作,向几内亚政府无偿提供粮食援助。长期以来,我国先后帮助非洲国家建设了数百个农业项目,包括农业技术试验站、农业技术推广站、农业技术示范中心和一些现代农场。我国援助的农业项目为促进非洲受援国农业经济的发展、农业生产技术水平和农产品产量的提高、改善当地农业产品供需状况,发挥了重要作用。此外,中国政府为非洲国家培养了一大批农业技术人员。例如,2007年6月,来自非洲突尼斯、尼日利亚、纳米比亚、埃及、乌干达、坦桑尼亚、津巴布韦、埃塞俄比亚、加纳、肯尼亚、喀麦隆、布基纳法索、莱索托共13个国家的19名学员参加了由中国科技部国际合作司和联合国贸易发展委员会联合主办、中国国家农业信息化工程技术研究中心承办的农业信息技术非洲培训班,培训内容包括农业专家系统、数字节水技术、精准农业技术三部分,培训形式包括现场授课、研讨、参观、实际操作等。③ ②教育合作。中非教育合作始于1956年中国和埃及签署的"文化合作协议"。之后,互派教师、交换学生、互认文凭和学位、互换专家教授、组织代表团互访等,频繁开展起来。如中方接收了14名非洲学生,其中埃及4名,撒哈拉沙漠以南非洲国家(包括喀麦隆、肯尼亚、乌干达、马拉维等国)10名。④ 从20世纪50年代至2006年底,已有2万多人次的非洲学生享受中国

---

① 张群生:《中国和埃及农业合作研究》,硕士学位论文,西南大学,2008年。
② 《中埃科技交流概况》,2011年12月,中国驻埃及大使馆网站(http://eg.china-embassy.org/chn/zaigx/kjhz/46416464/)。
③ 《农业信息技术非洲培训班在京圆满结束》,2007年12月,http://www.most.gov.cn/hzs/gzdt/200707/t20070727_53006.htm。
④ [埃塞]卡塔玛·玛斯卡拉、徐家玲、李强:《探究中国与非洲教育合作:以非洲视角》,《外国教育研究》2009年第1期。

政府奖学金来华学习，与此同时，近万名中国青年到非洲学习深造。①近年来，中国在非洲近 20 个国家建立了几十所孔子学院或孔子课堂。②此外，中国政府还积极推进教育援非战略，向四十个非洲国家派遣专业教师，向三十多个非洲国家开展援助项目，建立了数十个先进实验室，涉及生物、计算机、分析化学、食品保鲜加工、园艺、土木工程等专业，教育部还与埃塞俄比亚成功开展了职业技术教育合作，按照中国模式在亚的斯亚贝巴合作建设高等职教学院，为其培养高质量的实用性技术人才。③ ③医疗卫生合作。非洲是我国派遣援外医疗队的主要地区，自 1963 年中国向非洲派出第一支医疗队以来，中国向近五十个非洲国家派出了约 2 万名医务工作者，救助非洲民众数亿人次。④ 援非医疗队在非洲各国不仅救治病人，还致力于完善当地的医疗卫生体系，努力提高当地的医护水平。⑤ ④环境技术合作。中非在环保领域内的合作是中非科技合作当中的一个重要的组成部分。2006 年 5 月，中国政府捐资成立"中非环境保护中心"，中非环境合作迈上了一个新的台阶。同年，商务部、国家环保总局共同主办"非洲国家水污染和水资源管理研修班"，来自博茨瓦纳、布隆迪、佛得角、吉布提、厄立特里亚、埃塞俄比亚和埃及等 14 个非洲国家的 24 位环境管理高级官员开始接受为期三周的专业化培训，培训的主要内容是关于中国的水污染防治、水污染防治法律与管理制度、饮用水水源地保护、水处理技术与工艺、环境影响评价制度、中国环境质量监测与管理等。⑥ 之后，中非双方共同举办中非流域水土保持研讨会，来自 11 个非洲国家政府和世行、英国发展

---

① 《胡锦涛在南非比勒陀利亚大学发表的演讲》，2007 年 12 月，http://www.fmprc.gov.cn/zflt/chn/zt/hff2007/t296078.htm。
② 参见 2012 年 1 月，教育部网站"交流概况"栏目（http://www.moe.gov.cn/edoas/website18/67/info12167.htm）。
③ 《教育援外工作》，参见 2012 年 12 月，教育部网站（http://www.moe.gov.cn/edoas/website18/53/info1243992823587253.htm）。
④ 《温家宝在中南商务合作论坛开幕式上的演讲》，2012 年 12 月，http://www1.www.gov.cn/ldhd/2006-06/23/content_317676.htm。
⑤ 李安山：《中国援外医疗队的历史、规模及其影响》，《外交评论》2009 年第 1 期。
⑥ 《国际司领导出席非洲国家水污染和水资源管理研修班开幕式》，2011 年 12 月，http://www.zhb.gov.cn/inte/qyhz/200601/t20060111_73295.htm。

部，以及国内有关单位的 70 余名代表，共同围绕"中非流域水土保持"这一主题，交流中国和非洲国家在水土保持与生态建设工作领域的技术、理念和经验，探讨水土资源保护与利用的思路与对策。①

（2）中国地方政府积极参与

随着中国整体国力的不断增强，中国各省市的实力也随之不断壮大，在"走出去"战略的推动下，一些省市特别是一些大省、强省，纷纷凭借各自的资源优势或技术优势进入非洲，在农业、矿业、医疗等领域与非洲国家开展技术合作。例如：

农业科技合作。中国地方政府与非洲国家的技术合作涉及农业示范园区、种子研发和推广、农业机械的利用和推广、农业灌溉技术和栽培技术的研发、农业病虫害预防和治理、农业技术人员培训等。河北省即是与非洲开展农业科技合作的大省，完成了众多与非洲的农业科技合作项目。1998 年以来，河北省在 27 个非洲国家建立了 28 个保定村，采取以农业为切入点的方针，让村民有地可种粮，有菜可进食，有养殖可吃肉，有加工业可发展，取得了良好的经济效益和社会效益。② 在推广先进农业作物方面，河北省在埃塞俄比亚等国培育杂交谷子"张杂谷"，并推广种植，亩产达 300 公斤，比当地苔麸、手指谷等主要农作物增产 1 倍以上，这大大缓解了埃塞俄比亚的粮食问题。③ 在对农业技术人员培训方面，河北省农林科学院"发展中国家棉花新品种新技术培训班"、河北农业大学"发展中国家旱作农艺技术培训班"为非洲国家培训了大量农业科技人才，为非洲农业的可持续发展注入了新鲜血液。④ 河北省农业产业协会与几个非洲国家签订了多项农业技术合作协议，包括《中国河北省农业产业协会与埃塞俄比亚农业部技术推广部关于建立农业示范中心的协议》《中国河北省农业产业协会与几内亚农业部关于

---

① 《中非流域水土保持研讨会在京召开》，2011 年 12 月，http：//www. pearlwater. gov. cn/slyw/t20081013_ 27000. htm。

② 《保定村：宽阔的创业平台》，2007 年 8 月，http：//www. hebei. gov. cn/article/20070831/502888. htm。

③ 《张家口"张杂谷"非洲试种成功》，《中国农业信息》2008 年第 12 期。

④ 《我省获援外项目 6 个成为对外援助工作的新亮点》，2008 年 5 月，http：//www. hebei. gov. cn/article/20080512/974255. htm。

开展农业交流与合作的协议》《中国张家口市农科院谷子研究所与埃塞俄比亚农业部技术推广部关于进行杂交谷子、杂交玉米试验试种的协议》等。① 湖北省与非洲国家之间的科技合作成果尤为突出，从1973年开始，湖北省几十年来向非洲大陆先后派出农业专家2000余人次，向刚果（金）发运各类车辆、农机超过数千台（套），建成18个农技推广站、170多公顷示范田，提供优质良种数百吨，培训农民超过10万人，直接指导农民种植水稻6000多公顷。在湖北专家指导下，以前以木薯和果实为主要食物的刚果（金）农民，学会了水稻等农作物的栽培，水稻产量从每公顷2.91吨增长到每公顷7吨以上，翻了1倍多。由湖北农业专家从国内直接引入非洲的蔬菜品种多达20多类50多个，湖北专家援建的卢本巴希项目点的蔬菜基地常年提供上市蔬菜二十多万公斤。事实上，与非洲国家开展农业技术合作的省市还很多。江苏省为非洲国家开办"园艺产品质量与安全高级培训班"，湖北省在塞内加尔首都达喀尔远郊桑加勒卡姆镇建立中国蔬菜种植示范园，海南农垦与南非西伐利亚股份有限公司共同经营芒果产业，海南热带农业科学院在非洲国家开展腰果、木薯等技术培训和示范工作，甘肃省为非洲培训滴管技术人才，等等。浙江援赞比亚农业专家组先后从国内引进9个杂交水稻组合，9个组合平均每公顷产量10.5吨，比当地推广的灌溉稻常规品种"IITA302"和"卡富西五号"增产50%—60%，其中的"威优77"产量达每公顷13.1吨，赞比亚农业部为这一合作项目拨给专项试验经费60万克瓦查新建网室和装备实验室。②

矿业科技合作。中国与非洲国家矿业科技合作的内容涉及帮助非洲国家勘探、开发、加工利用矿产、能源，矿业设备的输入和应用，对非矿业技术人员培训等。以云南省为例，云南省是中国有色金属资源极其丰富的省份，铝、锌、锡的保有储量居全国第一位，铜、镍、铊、镉等矿产的储量也很大，依托丰富的矿产资源，云南形成了一批以有色金属

---

① 《河北省农业产业协会赴埃塞俄比亚、几内亚考察团取得丰硕成果》，2008年5月，http://www.hebei.gov.cn/article/20080527/986256.htm。

② 徐迪新：《中国杂交稻在非洲获高产》，《农民日报》2001年7月19日。

为主的，具有一定规模的矿产资源采、选、冶工业，① 拥有先进的矿业科技，尤其是铜矿的开采和冶炼技术比较先进。赞比亚是一个资源丰富的国家，位于中北部的铜带省，拥有储量丰富的铜矿资源。云南省与赞比亚开展的矿业科技合作项目，就因地制宜将云南先进的湿法炼铜技术传到了赞比亚，极大地促进了赞比亚铜矿的冶炼。同时云南省在赞比亚的铜矿企业还注意为赞比亚培训铜矿技工、开发赞比亚本土矿业人力资源。在此基础上，2007 年中国政府进一步建立了谦比西经济特区。这个特区以铜矿为依托，为中国企业投资铜矿及相关产业提供便利条件，吸引了数十家中国企业落户，为赞比亚提供了大量的就业岗位，也带给了赞比亚先进的技术。②

医疗科技合作。医疗科技合作是中国地方政府与非洲国家开展最早、成果最多的合作项目之一。据统计，中国向 45 个非洲国家或地区派遣过医疗队。③ 这些医疗队的派出，基本上是由中国省一级的地方政府承担的。以湖北省医疗队为例，湖北医疗队从 1963 年开始为阿尔及利亚建立普外、脑外、骨科、妇产、心内、整形、眼科、麻醉、针灸、护理等十多个专业，建立医疗点近二十个，成为人数最多、规模最大、影响最好的医疗队。④ 它们最大的优势是中医和针灸疗法，通过这些疗法制造了一个个医学奇迹。因其疗效好，在阿尔及利亚及周边，乃至整个阿拉伯世界，都掀起了一股针灸热。⑤ 中国地方政府与非洲的医疗科技合作除派遣赴非医疗队以外，还帮助完善非洲各国医疗卫生体系，提高非洲当地医护水平，进行医疗医学体制创新、对非医疗技术和医疗设备的输入和应用、对非医疗人员的培训等。⑥ 天津市对非医疗科技合作的国家是刚果共和国，双方合作持续几十年，因 1997 年刚果内战被迫

---

① 冉凌旭、陆亚琴：《发挥云南的区域优势与"桥"、"堡"一体化建设》，《云南财经大学学报》（社会科学版）2010 年第 12 期。

② Inyambo Mwanawina, "China-Africa Economic Relations: The Case of Zambia", The African Economic Research Consortium, February 4, 2008, p.8.

③ 李安山：《中国援外医疗队的历史、规模及其影响》，《外交评论》2009 年第 1 期。

④ 同上。

⑤ 湖北省卫生厅编：《名医风流在北非》，新华出版社 1993 年版，第 33—34 页。

⑥ 李安山：《中国援外医疗队的历史、规模及其影响》，《外交评论》2009 年第 1 期。

中止，2000年12月又恢复合作。天津市在与刚果共和国合作的这几十年里，帮助刚果完善了其医疗卫生体系，还援助了大批的医疗设备，并帮助刚果建立新的医院。①

近年来，随着一些大省市经济实力不断增强，中国地方政府与非洲开展合作的层次、规模在显著提升和扩大，有效带动了地方政府与非洲的科技合作。例如，广东省全面开展对非合作，增强系统性，大力提高贸易、投资的技术含量。截至2015年，广东与非洲的进出口贸易额已经从2003年的28亿美元增加到432亿美元，增长近15倍，占中非贸易总额的1/4。在此基础上，2016年8—9月，广东凭借技术和资金优势，分别在南非、肯尼亚举办中国（广东）—南非经贸合作交流会、中国（广东）—肯尼亚经贸合作交流会，期间，广东企业与南非企业现场签订8个合作项目和协议，项目金额达1.98亿美元；与肯尼亚企业签订8个贸易投资合作项目和协议，总金额达2.4亿美元。2016年9月，广东省人民政府联合国家开发银行和世界银行携手主办第二届对非投资论坛，粤非两地政府官员、企业代表、专家学者深入交流，从政策措施、投资实践、金融支持等多维度分享了双方的发展历程和发展经验，形成了抢抓"一带一路"建设机遇、落实中非合作论坛约翰内斯堡峰会成果和G20杭州峰会精神、务实深入推进粤非投资合作的强烈共识。论坛期间，广东组织开展《广东对非投资合作背景、重点和对策建议》课题研究，深入研究非洲市场，提出了合作重点和相关政策建议，广东对非投资合作的政策体系、金融支持、平台建设等框架进一步明晰。② 同年，安徽省举办"中非产能合作·安徽聚焦马拉维·产能合作与投资论坛"，组织安徽省和马拉维的300多名企业家共同探讨中马产能合作路径。马拉维政府认为，马拉维正处于"从援助到贸易"的转型期，正在农业、能源、矿产、信息技术、旅游、基础设施建设和制造业等领域吸引投资，以期从一个消费型、进口型国家转变成一个生产型、出口型国家，特别需要中方提供技术和资金支持。③ 尤其是，一些

---

① 李安山：《中国援外医疗队的历史、规模及其影响》，《外交评论》2009年第1期。
② 新华非洲，2016年9月3日。中非基金：《非洲动态》2016年9月。
③ 新华非洲，2016年6月23日。中非基金：《非洲动态》2016年6月。

省市大步迈入非洲高端制造和高技术领域。如 2016 年 10 月一个月里，北汽集团、山东广电、重庆三圣特材就大手笔进入非洲。北京汽车集团有限公司和南非工业发展公司共同投资在南非曼德拉湾市库哈工业区建立北汽南非汽车制造有限公司。北汽南非公司是一个整车企业，规模为每年 10 万辆，总投资达 8 亿美元，是非洲技术先进、本地化程度最高的汽车制造厂。① 山东广电和浪潮集团有限公司与尼日利亚 Innoson 集团合作，开拓尼数字电视市场。浪潮集团为尼国家广播公司（NBC）的模转数字化工程融资，并注资在尼建设非洲数字媒体科技研发中心，完善全球数字媒体业务的全面技术覆盖。山东广电认为，尼是非洲第一人口大国，有广阔的市场前景，从广播电视覆盖的角度看，尼大部分是模拟信号，技术比较落后，双方有很大的合作空间。三圣特材公司全资子公司三圣埃塞（重庆）实业有限公司与张家港市中悦冶金设备科技有限公司联合，共同投资 8500 万美元在埃塞俄比亚设立制药企业，开展原料药、制剂、注射剂等的研发和生产、销售。②

总体上看，中国省一级的地方政府在数量上接近非洲国家的数量，地方政府发挥自己的优势科技与非洲国家开展合作，前景广阔。目前，从合作项目的广度上看，中国地方政府与非洲国家的科技合作项目涉及领域不够广泛，主要集中在农业、医疗、科技培训等传统合作项目上，合作的深度也有待挖掘，但这种局面正在发生变化，中国地方政府与非洲开展技术合作的需求和潜力正在显现。

（3）中国高等院校、科研机构广泛开展对非合作

新中国与非洲国家开启外交关系 60 年来，中非友好合作的内容逐渐从政治、经济合作扩展到文化、教育、科技、卫生等各领域的合作。科技合作是中非全面友好合作的重要组成部分，其中，中国高等院校、科研机构以及民间机构与非洲的科技合作也在不断发展。③

20 世纪 50 年代，中非科技合作与交流主要方式是互换科技资料和动植物优良品种、派遣技术援助专家、互派专家考察团和实习生等，交

---

① 网易新网，2016 年 8 月 31 日。中非基金：《非洲动态》2016 年 8 月。
② 新华非洲，2016 年 10 月 26 日。中非基金：《非洲动态》2016 年 10 月。
③ 赵刚：《中非科技合作前景广阔》，《人民日报》2006 年 8 月 30 日。

流项目不多。① 80年代，中国改革开放不断提速，推动中方经贸往来和科技合作快速发展。中非领导人互访活动日益频繁。1983年初，中国提出中非经济技术合作四项原则，中方关系开始从援助为主转向互利合作，这对中非经济技术合作产生深远影响，中非科技合作在项目、规模、内容、专业涉及面等方面更加广泛，合作形式也越来越多样化。② 进入21世纪以来，在中非合作论坛的推动下，中非科技合作向多层次、宽领域、全方位发展，显示出巨大潜力和广阔前景。③ 尤其是在实用技术方面，中国技术经济、适用、易掌握，适合非洲广大农村地区。目前，中国已和三十多个非洲国家建立科技合作与交流关系，与多个非洲国家签订了科技合作协定，合作项目数百项，④ 中国高等院校、科研机构及民间组织广泛参与其中。

一方面，中国高等院校积极开展与非洲国家的科技合作。

中国高等院校与非洲的科技合作大致从20世纪50年代起步，开始主要局限于中国单方面接收非洲留学生，且规模不大，效果也并不显著。进入90年代，教育交流向多层次、多领域和多形式发展。90年代以来，我国教育部组织官方代表团出访近三十个非洲国家，向中国派遣留学生的非洲国家近五十个，非洲来华研究生数量逐年增加；中国与非洲国家广泛开展职业技术教育合作，涉及三十余个非洲国家；在二十多个非洲国家实施了近百期高教与科研项目，开办非洲国家急需的学科，援建实验室近三十个。中国高校还成立了多个培训基地，如天津工程师范学院在非开办职业技术学院，浙江师范大学设立非洲商学院，浙江师范大学非洲研究院举办"非洲高等教育管理研修班""非洲英语国家大学校长研修班"和"非洲法语国家大学校长研修班"等，东北师范大学、吉林大学对非洲教育官员进行教育管理和远程教育培训；中国农业大学、南京农业大学长期为非洲培养农业技术人才，促进技术项目在非洲的推广；天津中医学院等中医院校先后为非洲培养了一批专业中医药

---

① 《当代中国科学技术》，2011年12月，中国国际科技合作网（http://www.cistc.gov.cn/introduction/info_4.asp?column=243&id=30295）。
② 张春：《中非科技合作谱新篇》，《国际商报》2006年5月12日。
③ 赵刚：《中非科技合作前景广阔》，《人民日报》2006年8月30日。
④ 张春：《中非科技合作谱新篇》，《国际商报》2006年5月12日。

技术人才。① 随着越来越多的高校加入中非合作行列，技术含量高的专题教育合作也不断增多，例如，天津工程师范学院提供电子专业和机械专业培训，吉林大学提供汽车、农业机械及清洁汽车技术、汽车排放与控制技术等研修课程，南京农业大学开设"园艺产品质量与安全高级培训班"、中国农业（村）改革与发展经验交流讲座，天津中医药大学开办中医药技术、产业管理研修班、发展中国家传统医药发展与管理高级研修班、药用植物研究和开发高级培训班，南方中医药大学开设非洲国家热带病防治技术培训班、非洲国家护理技术培训班，云南大学开设亚非生物多样性保护、合理开发与生态管理研修班，中国农业大学开设非洲国家农业应用生物技术培训班、农业装备培训班、农村能源与农业机械培训班、畜禽养殖管理官员研修班，河北科技大学开设环境污染控制技术培训班，中国刑事警察学院开设亚非刑侦技术培训班，公安海警高等专科学校开设亚非国家海上执法研修班，等等。

另一方面，中国科研机构与非洲国家的科技合作也不断得到推进。

中国科研机构与非洲的合作主要集中在农业、能源、医药和空间科学等领域。

农业方面与非洲的科技合作，主要是以中国农科院以及各省级农科院为中心展开，涉及领域主要有杂交水稻、木薯以及水果等非洲常见农作物苗种的推广，合作形式主要以技术移植和合作开发为主。例如，① 中国农业科学院与非洲各国的农业科研机构开展广泛合作。重点是共同建设植物种质资源交流成果展示平台、田间示范区（农场）、科研联合实验展示平台，宽领域、深层次、全方位向非洲国家推广中国的先进、成熟农业技术和产品，包括玉米生产技术、畜牧生产技术、设施园艺技术、农业机械化技术、农村能源技术、植物病虫害综合防治技术等。② 中国农科院在非洲建设第一个中国援建的中非合作农业技术示范中心。中国的第一个援非农业技术示范中心由中国中谷粮油集团公司、中国农科院、华南农业大学共同承建和管理，重点开展种苗、种植（大豆、玉米及其他作物）、养殖、加工示范、培训、科研，通过示范和技术推广，向非洲教授中国农业技术，为非洲培养农业技术人才，带动非洲的农业

---

① 李安山：《论中国对非洲政策的调适与转变》，《西亚非洲》2006年第8期。

生产发展。① ③中国农科院"绿色超级稻"远嫁非洲。"绿色超级稻"由中国农业科学院牵头,参加单位包括中国科学院遗传与发育研究所和国际水稻研究所等多个境内外科研机构。该项目进入非洲,通过示范和推广,凸显杂交稻种子的生产能力,并为黑非洲国家水稻分子育种建立一个高效水稻基因型分析技术平台。② ④四川省农业机械研究设计院实施中埃秸秆气化项目。中埃秸秆气化项目是中埃两国大型的环境科技合作项目,该项目由中国四川省农业机械研究设计院与埃及环境部共同完成,四川省农业机械研究设计院为埃方建造、安装、调试 SR300 工业化秸秆气化设备,将燃气送往 50 余家农户。该项目的实施对于改善埃及环境,具有重要的社会意义。⑤广西农垦局与尼日利亚开展木薯科研和开发合作。广西农垦拥有较为完整的亚洲木薯品系,其下设的明阳生化公司与菲律宾、印度尼西亚、越南、缅甸、柬埔寨等国建立了木薯产业种植与加工合作,在此基础上,与尼日利亚开展木薯品种资源开发与繁育、木薯科学种植、木薯深加工等合作,前景广阔。⑥陕西省农垦局与喀麦隆开展农业开发合作。该项目由喀方政府提供面积为 5000 公顷使用期为 90 年的土地,供中方开展水稻种植、木薯加工、鸵鸟养殖等,陕西农垦局则为喀麦隆引入成套农业机械设备和技术。⑦湖北省农科院与莫桑比克农科院开展合作。湖北省农科院与莫桑比克国家农科院签署《莫桑比克国家农科院与中国湖北省农科院科技合作协议》,在蔬菜和其他农作物的品种资源交换、农作物新品种筛选与配套栽培技术、主办学术会议和学者互访、合作研究与技术培训等方面进行合作。

在能源产业方面,中国国家发展和改革委员会、中国科技部和中国科学院以及各省市科科院所等科研机构积极开展与非洲国家的科技合作。例如,①发改委与加蓬开展能源合作。发改委与加蓬矿产、能源、石油和水资源部签署了《中华人民共和国国家发展和改革委员会与加蓬共和国矿产、能源、石油和水资源部关于在能源、矿产领域开展合作的

---

① 赵龙跃、游宏炳:《科学利用国际资源 确保中国粮食安全》,《中国乡镇企业》2011 年第 6 期。

② 周铮:《中国超级稻"远嫁"非洲》,《农民日报》2009 年 5 月 18 日。

框架协议》，根据该项协议，中国与加蓬将加强密切合作，重点是推动两国企业在矿产资源开发、能源领域深入开展投资合作与技术交流。①②浙江能源所与津巴布韦开展太阳能合作。由浙江省能源研究所负责实施的中国与津巴布韦政府间科技合作项目——MASASA太阳能热利用示范工程，将中国太阳能成熟技术移植到非洲。③中国科学院半导体研究所与加纳合作。双方在平等、互惠和互利的基础上，以适合于双方利益的方式，着重在现代离网节能照明技术及应用领域展开合作，内容包括交流节能环保政策和信息、促进可再生能源和绿色照明的应用、建立离网照明产品质量检测标准制定及检测中心、培训人力资源等。④农业部成都沼气科研所与非洲多国开展合作。在"南南合作"框架下，自20世纪80年代以来，我国政府经常派出沼气专家前往非洲国家推广中国沼气技术，其中农业部成都沼气科研所派出的多批专家组曾先后到莱索托、贝宁、埃塞俄比亚、突尼斯、卢旺达、几内亚比绍等国家实施由联合国组织、中国政府援助以及双边合作的沼气项目，包括农村户用沼气、大中型沼气工程、沼气发电、城镇生活污水处理、建立国家沼气实验室、沼气资源调查和制定国家沼气发展战略规划，以及举办各类管理和技术人员培训班等，如援突尼斯沼气技术合作项目，援助卢旺达沼气技术培训项目和输出中国户用玻璃钢沼气池等，内容涉及技术培训、建立国家沼气实验室、制定国家沼气发展战略规划等。⑤甘肃省能源所开办"非洲太阳能适用技术培训班"。培训班除开设太阳能光热、光电、太阳灶等应用技术专业外，还为非洲学员举办关于中国和世界太阳能技术应用现状与发展趋势的专题报告会。

医药领域合作方面，涉及面较为广泛，成果较为突出的是中国中医研究院与非洲国家在艾滋病防治方面开展的研究合作。例如，在中国与非洲国家达成的艾滋病合作研究的框架下，中国与坦桑尼亚深入开展传统医药防治艾滋病研究。中国中医研究院从1987年开始与坦桑尼亚莫西比利国立医院合作开展中医药防治艾滋病的临床研究，已经进行了多个阶段，联合成立传统医药医疗中心，利用中医药技术协助坦桑尼亚发掘当地的传统医药，为民众提供更好的医疗服务。同时，中国国家商务

---

① 张宝华：《石油经济大事（2004年5月）》，《国际石油经济》2004年第6期。

部、中国中医科学院还举办援外人力资源开发合作项目"非洲国家艾滋病防治研修班",为摩洛哥、马里等十几个非洲国家培训高级官员。[①]

在空间科学领域,最突出的成绩是中国为尼日利亚发射首颗卫星,开启中非航天合作之门。2007年5月14日,中国在西昌卫星发射中心利用"长征三号乙"运载火箭帮助尼日利亚发射通信卫星,首创运用高技术体系为国际用户提供整体商业卫星服务的道路,[②] 也是首次为非洲国家发射卫星。此外,中国与非洲国家还开展宽领域的空间技术合作,如中国为阿尔及利亚天文学、天体物理学和地球物理学研究中心建设探测地震的数字地震台网等。[③]

近年来,中国科研机构与非洲的合作在层次和深度上都有显著提升,一项标志性的成果就是在肯尼亚成立中国科学院中非联合研究中心。2016年9月,中国政府在肯尼亚援建的中非联合研究中心项目在肯尼亚乔莫·肯雅塔农业科技大学正式移交。中非联合研究中心是中非双方共同建设的首个综合性科研和教育基础设施,位于乔莫·肯雅塔农业科技大学校园内,其主体建筑和附属植物园的建设费用全部由中方援助。该机构是中国与肯尼亚乃至与整个非洲大陆在生物多样性保护、生态环境监测、微生物及现代农业应用等领域开展科技合作和人才培养的重要平台。移交后,由乔莫·肯雅塔农业科技大学负责管理,中国科学院提供技术支持。此外,在科技管理领域的交流合作也较频繁,如中国电力科学院举办科技园区及孵化器规划建设与管理国际培训班,为博茨瓦纳、喀麦隆、埃及、莱索托、埃塞俄比亚、南非、尼日利亚、卢旺达、肯尼亚、塞内加尔、突尼斯、乌干达、毛里求斯、加纳等非洲国家的科技行政主管部门及相关行业主管部门、科技园区和科技创业企业培训高层管理人才。

(4)企业逐渐成为新生力量

随着越来越多的中国企业走进非洲,在非洲各国投资兴业,中国已

[①] 参见2012年12月,中医药治疗艾滋病专栏(http://www.satcm.gov.cn/zhuanti/aids/hz/2%2070727/1135%20.shtml)。

[②] 黄迪、李昌宇:《中国企业在非洲投资的动态分析》,《科技成果纵横》2007年第5期。

[③] 《中国和阿尔及利亚结成科学合作关系》,2012年12月,http://scitech.people.com.cn/GB/6605581.html。

经成为非洲最为重要的投资者之一，投资项目涵盖了能源、采矿、通信以及基础设施建设等领域。2000年中非合作论坛成立以来，中国企业越来越注重以成熟的成套技术及管理经验与非洲国家开展工程项目合作，大项目不断增多，技术含量日益提高，并从政策及经济上支持企业对非投资，为企业在非洲国家的贸易、投资发展及科技研发、应用及推广搭建了更为广阔的平台。中国政府在2006年《中国对非政策文件》中表示，中非将加强在应用研究、技术开发、成果转让等方面的合作，在非洲推广和应用中国科技成果和先进适用技术，中方支持有实力的中国企业到非洲加强技术和管理方面的合作，帮助非洲国家提高自主发展能力。① 为鼓励和支持中国企业到非洲投资，1995年以来，中方先后在非建立了十多个"中国投资开发贸易促进中心"，为中资机构开拓非洲市场、开展科技合作提供信息服务；为企业"走出去"提供政策、法律支持，包括大力提高财政、税收、融资等支持力度，促进对非投资便利化，规范和保护中企在非的合法经营活动等。② 中国政府还设立了中非发展基金，基金于2007年6月开业运营，带动中资企业在非投资。中国政府先后同许多非洲国家签订了《双边贸易协定》《双边鼓励和保障投资协定》《避免双重征税协定》等，③ 使得中国企业可以更为顺利地与非洲国家在更多领域内互利合作。在这样的大背景下，中国企业与非洲国家的科技合作也逐渐走上前台。

对于中国企业来说，企业在对非投资中，加强对非科技合作，开展对非技术输出、技术推广以及技术研发，有利于企业将自身发展和促进非洲国家的社会、经济发展结合起来，扩大中非双方利益的汇合点，在实现中国企业自主发展和创新的同时，也支持和帮助非洲国家增强自主创新能力。同时，企业也可以通过非洲市场持续改进老产品，创造新产品，保持企业竞争力，为企业持续健康发展提供更为持久的动力。与科研院所相比，中国企业较多地掌握着实用技术，正逐渐成为科技创新的

---

① 陈鹤、高义、高潮、熊争艳：《中非人民永做好兄弟好伙伴》，《新华每日电讯》2009年2月17日。
② 刘刚、王彦、章江伟：《遥望非洲 浙商的新猜想》，《浙江日报》2006年1月2日。
③ 黄泽全：《中非风雨同舟50年》，《亚非纵横》2006年第6期。

主体，越来越多的中国企业走进非洲，将在中非科技合作中发挥更加重要的作用。

近年来，中非经贸合作的方式正从以单纯的贸易为主转向贸易、投资、服务、技术、项目承包等多种方式并重发展，与此同时，中国企业与非洲国家的科技合作方式也向多层次、多领域延伸，形式多样，内容丰富。包括以贸易形式进行的技术经济合作，如中非企业间开展的技术、技术产品、成套设备以及技术劳务的引进和输出、专利实施许可、专有技术转让等；中国企业与科研院所配合同非洲国家开展合作研究、合作开发等；中国企业与非洲国家开展科技交流，包括人才交流、人员培训、合作机构、国际学术会议、国际科技展览会、国际科技咨询等。以科技合作与成熟技术的转移来带动市场的扩大逐渐成为中国企业在非洲投资的趋势。特别是一些大型企业和高新技术企业，如石油开采企业、通信企业，正在积极支持非洲国家建立本土产业技术体系，提供技术转移和技术研发平台，培养当地技术人才。非洲国家在能源开发、基础设施建设、农业产业开发、制造业、高新技术等行业投资需求较大，中国企业在这些行业具有较强的竞争实力，可以与非洲国家开展更为深入广泛的科技合作，将技术转移带入非洲经济发展的各个领域中。例如，①基础设施建设。当前，基础设施是非洲经济建设主要的领域之一。非洲国家都认识到落后的基础设施已严重阻碍了经济的发展，因此，许多非洲国家都把交通、供水、供电、通信网络等基础设施建设作为发展的优先领域。[①] 非洲国家在基础设施建设领域的巨大需求，为我国企业的技术、设备和人才进入提供了机会。我国企业在非洲基础设施建设领域的主要投资方式是工程承包和劳务输出，尤其是在大型基础设施工程建设方面，中国凭借成熟、先进的施工技术水平和管理水平，占据了非洲主流市场，涉及面十分广泛，从农田整治到修路架桥，从土木工程到石化、通信，以及高端制造领域，都有中国人的身影。[②] 2008

---

① 潘宏、陈天香：《中国企业对非投资的策略选择》，《商场现代化》2008 年第 7 期。
② 张艳茹：《从产业结构角度浅析中国企业在非洲的投资》，《商场现代化》2007 年第 13 期。

年9月，国务院颁布实施了《对外工程承包管理条例》，① 有力促进了中国基础设施领域产能和技术的外溢，中非工程合作大项目增多，技术含量也不断提高，一大批中国工程企业积极与当地开展技术交流与合作。如中建阿尔及利亚经理部与当地设计公司合作，完成了康斯坦丁大学城的建造项目，并通过合作引入中国的先进技术和设备，突破当地业主只认欧洲标准的局面。② ②能源、矿产资源开发。非洲拥有丰富的能源和矿产资源，开发潜力巨大，但由于资金、技术及专业人才短缺、开采风险和成本较高，其开发利用率总体水平较低。非洲各国急需通过石油出口换取外汇来谋求发展，纷纷以其丰富的资源来吸引外资。中国在20世纪90年代开始与非洲国家在能源领域开展合作，起步较晚，最初的合作方式比较单一，主要是石油贸易。近年来，中国石油公司已跻身于非洲石油勘探开发领域，与苏丹、阿尔及利亚、安哥拉、尼日利亚等十多个非洲国家建立了石油勘探生产合作关系，较大型的油气合作项目近三十个。③ 中国石油企业已形成比较完整的工业和工程技术服务体系，并且掌握了在陆地和复杂地区石油勘探、边际油田开发、老油田提高采收率等方面的关键技术，并具有低成本等西方石油公司所不具备的优势。中非石油贸易，既能有力补充中方能源需求缺口，而且可增加非方石油业投资，带动非洲的自主发展。④ 在非洲的矿产资源国，伴随中资及技术的涌入，工程技术服务、资源国勘探开发、技术合作与培训、社会公益事业进入非洲，拉动非洲发展，实现互利共赢。⑤ 在中国企业与非洲国家能源合作项目中，中国石油天然气总集团公司（CNPC）在苏丹开展的油气合作项目是科技合作的一个范例。中石油在苏丹采油已历时十余年，为苏丹建立起集生产、加工、运输、销售于一身的技术先进、规模配套的石油工业产业链。在矿产资源开发领域，中国有色金属

---

① 黄梅波、范修礼：《中非经贸关系：现状、题与对策》，《国际经济合作》2009年第10期。
② 张国庆、周岚：《非洲工程市场广阔 开拓需要完善管理》，《中国经贸》2008年第2期。
③ 姚桂梅：《中国与非洲的石油合作》，《国际石油经济》2006年第11期。
④ 张晟南：《中非能源矿产合作前景》，《国土资源》2006年第11期。
⑤ 李潇、裴广江：《六部委举行联合发布会》，《人民日报》2006年10月19日。

企业积极到非洲投资开发、贸易、合作办矿，大力实施"走出去"战略等。其中，将资源开发和科技合作相结合较为成功的是中色建设集团与赞比亚合作开发的谦比西（Chambish）铜矿开采项目。其显著特点是把自己的技术设备和资金优势与非洲的资源优势结合起来，把工程承包与专业开发能力结合起来，在生产过程中运用先进的开采技术、管理创新、安全生产技术、过程控制技术、环保技术，优质完成项目任务。此外，中国企业与非洲国家在新能源开发方面也积极展开合作。如在太阳能利用方面，和肯尼亚合作研发适合肯尼亚地区的小型太阳能光伏系统和热水系统，并将之作为示范项目推广到整个非洲地区，共同开拓非洲太阳能产品市场。在沼气利用方面，不断完善沼气和沼肥的利用，将沼气用于做饭、烧锅炉、热水器烧水等，将一部分沼液经稀释后直接用作肥料等。③农业发展合作。中国人民经营农业的历史达数千年，积累了丰富的农田、水利治理经验。今天，中国农业以有限的耕地养活庞大的人口，成功解决了全球1/5人口的粮食安全问题。主要原因是中国政府对农业的高度重视、持续投入和大力创新。中国农业领域的许多技术，如节水技术、地膜覆盖技术、农田管理技术、育种技术、水产养殖技术等，非常适于在非洲推广应用。① 基于这一优势，我国企业带着传统经验和技术元素与非洲在农业领域开展广泛合作。自1990年以来，中国农垦企业与农业科研院所合作，利用在水利灌溉、农田基本建设、农产品加工等方面的成熟技术，② 在非洲投资兴建农场，如中国农垦（集团）总公司、江苏农垦集团先后在非建立中垦坦桑尼亚剑麻项目、赞比亚的中赞友谊农场、中垦产业农场和中垦友谊农场等，③ 大力推广机械化生产，建立规范管理模式。④ 中国企业、科研院所与非洲国家进行的农业合作，既带动了我国农业机械向非洲输出，也有助于我国水利技术

---

① 李学华：《非洲看重中国发展农业的经验》，《科技日报》2009年8月6日。
② 王勇、杨兴礼：《论中国企业向非洲农业投资的增长极战略》，《重庆邮电学院学报》（社会科学版）2004年第5期。
③ 张艳茹：《从产业结构角度浅析中国企业在非洲的投资》，《商场现代化》2007年第13期。
④ 王勇、杨兴礼：《论中国企业向非洲农业投资的增长极战略》，《重庆邮电学院学报》（社会科学版）2004年第5期。

输入非洲。同时，与农业生产相结合，对非实施技术援助。如中国农业大学、浙江农业大学、南京农业大学援助科特迪瓦的亚穆苏克罗农学院、喀麦隆雅温得第一大学、肯尼亚埃格顿大学农学院等建立微生物实验室、园艺室等，传授、推广无土栽培技术，食品储藏、加工技术等。① 中国一些具备产业化条件的科研成果，为企业进入非洲创造了机遇，如一些中国企业借助科研机构的技术在几内亚、加蓬和加纳等国投资建设了杂交水稻实验基地。尤其是在农产品加工领域，非洲十分缺乏相关技术，农工产品剪刀差问题突出，严重制约着非洲的协调发展。我国在农产品加工方面技术成熟，与非洲的条件和需要具有较好的可对接性。② 比如，广东农垦集团在贝宁建立了木薯加工厂和一个3000亩的木薯种植试验农场，主要从事木薯加工成酒精的生产。2004年，木薯加工厂顺利投产，成为贝宁最大的农产品加工企业。③ 该项目的建成与投产带动了国内设备的出口和技术人才的输出，也促进了当地的就业。此外，在农产品包装、营销方面，中资民营企业在资金实力、产品升级研发、销售渠道、国际市场拓展等方面的能力明显优于非洲，具备较好的互补性。④ ④制造业。非洲工业品主要依赖进口，绝大多数国家制造业落后。随着经济的发展和居民生活水平的提高，非洲对生产设备和工业消费品的需求日益增加。与之相比，中国制造业发达、体系完备，是家电、建材、纺织、农业食品加工等行业的生产大国，已成长起一大批技术和管理水平都较为成熟的企业，许多品牌在非洲具有强大的竞争优势。以南非为例，尽管是非洲经济最发达的国家，但轻工产业发展严重不足，日用商品大多依赖进口，中国轻工、化工产品在南非的市场前景十分广阔。⑤ 中国家电行业中的电视、电冰箱、空调和洗衣机等家用电

---

① 王勇、杨兴礼：《论中国企业向非洲农业投资的增长极战略》，《重庆邮电学院学报》（社会科学版）2004年第5期。

② 同上。

③ 杨光、李智彪：《中国企业在西亚非洲直接投资状况考察》，《西亚非洲》2007年第9期。

④ 王勇、杨兴礼：《论中国企业向非洲农业投资的增长极战略》，《重庆邮电学院学报》（社会科学版）2004年第5期。

⑤ 易杳：《非洲：中国企业的市场机会》，《投资与合作》2003年第9期。

器国内市场需求已近饱和,但所有的非洲国家对家电产品需求量都很大。20世纪90年代初,中国轻工企业进入南非,经过十余年的发展,中国的家电产品覆盖了大多数非洲国家。如海信集团,自1996年在南非建立第一个海外生产基地以来,已发展为南非家电市场的知名品牌。海信近年来在南非市场的占有率一直在12%以上。上海广电集团在南非设厂后,开发电视机和洗衣机,快速提升市场占有率,在南部非洲取得了很好的经济效益。① ⑤高新技术产业。与发达国家相比,中国的高新技术产业还存在差距,但具备国际竞争力的技术领域越来越多。近年来,互联网和移动电话技术在非洲大陆迅猛发展,其中就有许多中国企业参与到非洲的通信网络建设中,与数十个非洲国家开展电信合作,包括技术服务、设备输出和运营服务等,凭借价格、质量及技术优势,逐渐打开非洲市场。如华为、中兴通讯帮助利比亚等非洲国家迅速向3G、4G移动通信网络时代跃升;② 中软冠群公司与纳米比亚开展电子文件和档案管理信息系统合作,首次将中国电子政务类管理软件产品出口到非洲;③ 华为公司帮助乌干达建成遍布全国的信息骨干网,并启用了电子政务系统。中国企业在改善非洲电信基础设施、提供新的电信服务等方面发挥了很大的作用。在航空技术领域,中国航天科技集团公司所属的长城工业总公司与尼日利亚宇航局开展发射通信卫星的国际合作。④ 在生物技术、生物能源领域,我国科技部、武汉科诺生物农药有限公司、国际昆虫生理生态研究中心联合与肯尼亚政府合作,创办内罗毕BT生物杀虫剂示范厂,帮助非洲利用本地资源进行生物农药生产;⑤ 中国重型机械总公司承建尼日利亚燃料乙醇项目,采用当地盛产的木薯为原料建设一个日产18万升的燃料乙醇生产厂,这是中国企业第一次同尼方

---

① 孙佳华、葛小瑜:《中国企业在非洲大有可为》,《解放日报》2006年11月5日。
② 《中国公司帮助非洲国家建起移动通信网》,2010年12月,http://news.xinhuanet.com/world/2006-10/10/content_ 5186494.htm。
③ 《中国电子政务管理软件首次出口到非洲》,《中国计算机用户》2008年第1期。
④ 杨光、李智彪:《中国企业在西亚非洲直接投资状况考察》,《西亚非洲》2007年第9期。
⑤ 《中非合作生物农药示范厂在肯尼亚建成投产》,http://www.china.com.cn/chinese/zhuanti/zf/463536.htm。

在新兴生物燃料加工领域展开工程技术合作。⑥医疗业。非洲是流行性疾病多发地区，其中艾滋病和疟疾是危害最重的疾病。以疟疾为例，世界卫生组织材料显示，全球90%疟疾感染者分布在非洲。① 非洲疟疾治疗药品一直依赖进口，非洲40%的公共卫生开支用于疟疾治疗，疟疾使非洲的GDP每年损失1.3个百分点。中国传统中医药是一个有待深入发掘的宝库，著名的青蒿素就是一个典型的例子。青蒿素是治疗疟疾的特效药，优于传统药抗疟药物奎宁，是非洲民众抵抗疟疾的主要药品。20世纪90年代前期，北京华立科泰公司研发出拥有自主知识产权、被世界卫生组织确认为目前全球治疗疟疾特别有效的疟疾防治更新换代产品——双氢青蒿素，②到非洲肯尼亚、刚果（布）、卢旺达、加蓬、安哥拉、科特迪瓦、尼日利亚、莫桑比克、坦桑尼亚、埃塞俄比亚等40多个国家注册经营，成功打开了非洲疟疾防治药品市场。从此"科泰新"在非洲成为影响广泛的知名品牌。③ 在"科泰新"的带动下，近年来，中国医药企业纷纷进入非洲，如中国医药集团、桂林南药、昆明制药等先后在非洲投资建厂，设立营销办事处。桂林南药生产的青蒿琥酯片已在非洲近40个国家进行注册销售，市场份额不断提高。④ 此外，随着中非医药企业交流合作的进一步加强，双方合作的形式更加广泛。如北京协和药厂与埃及金字塔医药与医疗设备公司合作，推动两国在肝病药物领域的合作。北京协和药厂生产的联苯双酯滴丸在埃及有着"黄色神丸"的美誉，为埃及肝病患者带去了福音。南非约翰内斯堡市政府公共卫生安全厅、南非天然医药专业委员会、中国现代中药企业天力士集团联合举办"中医药走进非洲"研讨会，为中国与非洲医药合作搭建交流平台，推广中国中医药企业的现代科技、现代管理和国际化经验，促进中药与非洲当地草药结合，拓展现代化中药研发的国际空间。⑦技术人才培训。中国企业在非洲发展的同时，本着互利共赢的理念，帮助当地提高自身发展能力。中兴通讯在向非洲提供技术、设备的

---

① 李锋：《"科泰新"：非洲疟疾克星》，《人民日报》2005年6月22日。
② 青蒿素衍生物，1992年通过中国卫生部新药评审委员会鉴定，医药注册名称为"科泰新"。
③ 李锋：《"科泰新"：非洲疟疾克星》，《人民日报》2005年6月22日。
④ 方剑春：《中国医药企业的非洲机遇》，《中国医药报》2006年10月31日。

同时，重视贴身服务、培训、技术转让、本地化和可持续，① 在南非、安哥拉、埃塞俄比亚、尼日利亚、阿尔及利亚等国建立了十几个培训基地，年培训专业人才数千名，本地员工占70%左右。② 这样的例子很多。例如，中石油在技术"走出去"的过程中，通过建立培训基地、举办技术培训班、每年选送优秀雇员到中国和其他国家学习等方式，为项目国培养了大批人才。1998年至今中石油为当地培养的石油勘探开发、炼油化工生产、物探、钻井、工程施工等各类专业人才，为非洲各国石油工业的发展奠定了坚实的基础。上海建工（集团）总公司举办"发展中国家工程项目管理技术培训班""非洲国家建筑工程管理研修班""城市基础设施建设培训班"，为埃及、南非、肯尼亚、尼日利亚等二十多个国家培训专业人才，内容涉及工程经济、项目管理、隧道与地下工程、城市轨道交通、道路设计与施工、水厂和污水处理厂建设等，以及中国建筑市场的政府监管和基本法律制度、中国建筑工程总承包管理、中国市政工程建设管理。北京华立科泰医药有限公司举办"疟疾综合防治官员研修班（法语）"，为非洲提供疟疾病原生物学和流行病学、疟疾诊断与治疗、中国疟疾综合防治经验、疟疾防治规划和应急处理、全球基金项目管理、抗疟药的临床前研发、临床研究等课程。山西天利经济合作交流中心（有限公司）举办"棉纺技术培训班"，培训课程包括中国国情与改革开放成就、纺织材料学、棉纺技术、新型纺纱棉纺织厂设计、机织概论、中国纺织业发展前沿动态及其相关专题，提升非洲产棉国棉纺织生产、工艺设计和生产管理等方面的基本能力。中国对外承包工程商会举办"非洲国家工程承包研修班"，向马里、毛里塔尼亚、马达加斯加、塞内加尔、刚果（金）、贝宁、科摩罗、几内亚、赤道几内亚、几内亚比绍、尼日尔、喀麦隆、中非、多哥、科特迪瓦、布隆迪、乍得17个非洲法语国家高层管理人员介绍中国基本国情与改革开放、"走出去"战略的实施和相关政策、中国出口信贷政策及

---

① 《中国高新技术项目落户非洲》，2014年12月，http://scitech.people.com.cn/GB/4942811.html。
② 《中国公司帮助非洲国家建起移动通信网》，2014年12月，http://news.xinhuanet.com/world/2006-10/10/content_5186494.htm。

运作程序、中国国出口信用保险政策及运作程序、国际承包合同基本特点及合同范本、FIDIC 合同及国际工程其他合同、国际招投标通行规则、工程融资主要方式及国际金融组织贷款、项目投标与咨询、PPP/BOT 项目融资、国际工程财务管理与外汇风险管理、承包商项目成本管理等专门知识和技能。中国体育国际经济技术合作公司开设"非洲国家奥委会反兴奋剂研修班",研修内容包括兴奋剂的概念与发展、国际反兴奋剂斗争的历史及动态、兴奋剂检测的最新进展、兴奋剂检查程序、反兴奋剂道德教育和兴奋剂防范、中国兴奋剂控制技术;开设"中国援建体育设施项目管理研修班",为博茨瓦纳、厄立特里亚、加纳、肯尼亚、利比里亚、塞拉利昂、坦桑尼亚、赞比亚、贝宁、卢旺达、吉布提、中非、马里、多哥、巴布亚新几内亚、加蓬、喀麦隆、津巴布韦、莫桑比克等非洲国家提供体育业管理人才培训。中国国际经济咨询公司举办多期中小企业发展政策和经验非洲高官研修班,为南非、尼日利亚、赤道几内亚、埃塞俄比亚、安哥拉、津巴布韦、佛得角、加纳、肯尼亚、纳米比亚、坦桑尼亚、赞比亚、莫桑比克、毛里求斯、厄立特里亚、塞拉利昂、博茨瓦纳、莱索托、塞舌尔、乌干达 20 个英语国家和加蓬、科摩罗、马里、喀麦隆、尼日尔、毛里求斯、马达加斯加、刚果(布)、吉布提、卢旺达、布隆迪、刚果(金)、科特迪瓦、几内亚、贝宁、突尼斯、摩洛哥、毛里塔尼亚、多哥 19 个法语国家培训官员、企业高级经理人和技术管理人才。

近年来,中非合作正从以政府援助为主向企业投资和融资合作为主转型,这种变化为中非合作创造出更广阔的发展空间。自中非合作论坛约翰内斯堡峰会以来,据不完全统计,截至 2016 年 7 月底,中非双方已签署各类合作协议约 250 项,涉及金额达 507.55 亿美元。其中,中国企业对非洲直接投资和商业贷款达 465.53 亿美元,占协议总金额的 91.72%。这表明中非合作正从一般贸易向产能合作和加工贸易升级,从工程承包逐渐向投资运营、经济特区、工业园区和商贸物流中心以及金融服务等中高端领域迈进。① 例如,建行在非洲开设第二家分行——开普敦分行,为基础设施、能源、信息技术、交通运输、石油化

---

① 中国新闻网,2016 年 10 月 15 日。中非基金:《非洲动态》2016 年 10 月。

工等领域中资企业提供资金支持和咨询、并购、风险对冲等"融智"型增值服务,助推中非产能合作和"一带一路"战略在非洲实施。①2016年,中非发展基金在肯尼亚内罗毕设立驻东部非洲国家第二个代表处,此前,中非发展基金已在南非、埃塞俄比亚、赞比亚、加纳设立了四个境外代表处,围绕中非"十大合作计划",重点支持"三网一化"、产业对接和产能合作、工业园区、农业民生等领域的中非务实合作。②中国贸促会主办中非产能合作交流会,中非双方企业、金融机构签署了39项合作协议,资金额合计约170亿美元,围绕基础设施、加工制造、金融投资、能源化工、农业医药、IT通信6个行业展开深入合作。③中国对非投资的转型升级,有力带动了中国技术进入非洲。当然,中国企业与非洲国家的科技合作才刚刚起步,与快速增长的中非经贸合作相比,科技合作的分量显然是不足的。今后,中国企业应当更加注重加强技术服务和技术转移,使中非科技合作深入融入到非洲经济发展中,为中非合作提供不竭动力。

4. 合作亮点突出

以农业为先导的中非科技合作已走过半个世纪的历程。由于中国与广大非洲国家受到各自科技发展水平的限制,与中非其他领域内的合作相比,科技领域内的合作一直相对滞后。近些年来,尤其是在中非合作论坛建立以后,中国与非洲国家在科技领域的合作已得到进一步加强,尤其是在农业、医疗卫生、信息通信三方面的合作和交流,成效显著,"技术合作"支撑"民生合作""经济合作"的成效越来越凸显出来。

(1) 农业领域的科技合作

新中国与广大非洲国家在农业领域内的合作有着五六十年的历史,双方在农业合作方面取得了大量令世界瞩目的成绩,并积累了较为丰富的经验。近年来,随着中非关系的全面提升以及合作领域的全方位铺开,中非双方在农业领域内的技术合作交流更加系统和深入。

中非农业合作始于20世纪50年代。1959年,中国向几内亚政府无

---

① 《非洲商业观察》2016年1月5日。
② 新华社/国际在线,2016年9月22日。中非基金:《非洲动态》2016年9月。
③ 中国贸促会,2016年7月28日。中非基金:《非洲动态》2016年7月。

偿提供粮食援助,这是中非农业合作的最早起点。当时,中国为了支持非洲各国人民进行民族独立斗争,从物质、技术、人才等方面提供力所能及的支援,属无任何附加条件的援助。如帮助非洲国家实施了200多个农业项目,包括农业技术试验站、农业技术推广站和一些规模较大的农场,旨在促进非洲提高农业生产技术水平和农产品产量,改善农业产品供需状况。如中国援建的坦桑尼亚大型机械化水稻农场,年均总产占其全国大米销量的1/4,仅6年就收回了农场建设投资。同时,中国也积极引进、试种(养)了一些有价值的非洲种质资源,如向摩洛哥学习柑橘栽培技术,从赞比亚引进了剑麻品种,向埃及、多哥学习棉花种植技术,从喀麦隆引进咖啡良种,向津巴布韦学习鸵鸟繁育等。[①] 近50年来,中非农业合作在不同的发展阶段都取得了突出的业绩。

　　援助阶段。1980年前,中国援助几内亚、马里、坦桑尼亚、刚果(布)、索马里、乌干达、塞拉利昂、尼日尔、多哥、民主刚果、毛里塔尼亚等国建设了上百个农业项目,技术推广面积达4万多公顷,水利工程受益面积达7万多公顷。这一时期,中非农业合作以经济技术援助为主,由国务院统一部署,农业部组织各省农业厅负责实施,主要合作内容是由中国农业部门派遣农业、畜牧、水产技术专家,帮助受援国种植农作物,繁育农作物品种,指导进行农业技术试验和技术推广,通过援助,把中国一部分农业技术,如水稻、棉花、蔬菜、茶叶、甘蔗、蚕桑、烟草等农作物的种植技术、品种繁育技术、生猪饲养技术、水产养殖和捕捞技术、农产品初加工技术传输给受援国。这个时期中非农业合作存在的一个突出问题是中国较为关注项目前期建设与使用,忽视了运营管理培训,大多缺乏可重复性和可持续性。[②]

　　援助调整阶段。20世纪80年代,中国逐步对援助政策、援助管理体制进行了调整,在援外项目管理之中引入竞争机制,对部分经援项目实行投资包干制,改变由行政部门负责、项目费用实报实销预决算制,一是注重经济效益,二是注重与国际惯例接轨,三是积极参与多边合作,四是把单向援助转变为双方合作,包括技术合作、管理合作等。这

---

① 刘坚:《中非农业合作源远流长》,《世界农业》2000年第10期。
② 鄢文聚:《21世纪的中非农业合作》,《西亚非洲》2000年第5期。

一时期，中非农业合作主体进一步多元化，中方各部委和一些省市可直接接收对非农业合作项目；① 中央计划合作项目减少，单个项目的资金力度也大幅度下降，研究、开发和推广工作处于维持状态；注重经济效益、注重技术示范、注重及时跟进和后续合作，积极开拓能源建设新的合作领域，如摩洛哥沼气项目等；积极谋求多边合作，参与国际多边援助计划，为四十多个非洲国家提供水稻种植、淡水养殖、蔬菜栽培、农业机械等方面的技术培训。②

互利合作阶段。20世纪90年代中期，中国进一步明确了互利合作的援外方针，突出企业的主体地位，强调援助资金与贸易、合作资金相结合，主要投向有资源、有市场的生产性项目。③ 于是，一批中资企业利用援外资金、优惠贷款，在非投资开发农业项目，如赞比亚农场、加蓬木薯加工和农业发展项目、坦桑尼亚剑麻加工厂、几内亚农业合作开发项目、加纳可可豆加工项目、尼日尔棉花种植项目等，探索按市场经济规律开展境外投资开发的经验。④ 其中，中国农垦集团总公司、中国水产集团总公司和中牧集团扮演了主要角色。中国农垦集团总公司在非洲十多个国家有农业合作项目，包括种植、养殖和农产品加工，经营土地面积20多万公顷。其中在赞比亚投资兴建的中赞友谊农场，经营状况较好，一直保持盈利。在几内亚投资2000万美元进行的农业合作开发项目，走的是"以粮为主、多种经营"的路子，将中国农业发展经验用于非洲实践。在坦桑尼亚投资的剑麻项目也成为中国农业"走出去"较具亮点的一面旗帜。中国水产集团总公司在非洲13个国家有23个渔业合作项目，有渔船450多艘，劳务人员近万名，水产品年产量40多万标准吨，取得了较好的经济效益。⑤

进入2000年，中非合作论坛建立，中非农业合作进一步得到深化，步入快速发展期，主要特点是以农业技术示范中心的建立为龙头，大大

---

① 郑文聚：《21世纪的中非农业合作》，《西亚非洲》2000年第5期。
② 恭为农：《中非农业合作的历史透视》，《调研世界》2001年第7期。
③ 郑文聚：《21世纪的中非农业合作》，《西亚非洲》2000年第5期。
④ 齐顾波、罗江月：《中国与非洲国家农业合作的历史与启示》，《中国农业大学学报》（社会科学版）2011年第4期。
⑤ 郑文聚：《21世纪的中非农业合作》，《西亚非洲》2000年第5期。

提升了中非农业技术合作的影响力。中国在非洲建立了十多个农业示范中心,向非洲移植、推广农业技术。例如,莫桑比克农业示范中心开展玉米、水稻、蔬菜、水果种子试验,开发适合莫桑比克气候条件的农作物;乌干达水产养殖示范中心帮助乌干达开发维多利亚湖鱼类养殖技术;① 埃及伊斯梅利亚省淡水养鱼场把一片盐碱沼泽地开辟成良田和鱼塘,② 建鱼苗孵化基地,让中国四大家鱼在这个养鱼场落户,产量大大超过当地水平。近年来,中非农业技术合作项目越来越多,规模也越来越大。2015 年,中国在南南合作会议期间宣布建设 100 个农业项目计划,非洲受益最多。2016 年 3 月,中国—安哥拉大型大米生产合作项目开始投产,每公顷可收获大米 2 吨,全农季产量将逾 1200 吨。该项目位于安哥拉威热省 Sanza Pombo 镇 Lusselua 农场,由国营"安哥拉耕地管理公司"(Gesterra)和中国中信国际工程承包公司合伙,进行稻米种子选育、种植、干燥、脱壳、包装等加工。③ 2016 年 4 月,尼日利亚索科托州政府与中国河南省签订备忘录,计划建设一个农业示范区,以促进该州农业发展。该项目将重点研究农作物种植上的新技术应用,包括玉米、小麦、西红柿和洋葱等,并由河南省和索科托州共同派出专家组联合研究气候、土壤、农作物栽培技术和检疫保护等问题。④ 2016 年 8 月,中国商务部开始在贝宁、马里、乍得和布基纳法索非洲四国推广种植棉花,向四国提供种子、化肥、机械和其他生产资料以及技术支持和农田管理培训,以确保中国能够获得充足的棉花供应。中国每年从国外进口棉花 200 多万吨,非洲是中国进口棉花的重要来源地,⑤ 这一合作有利于提升非洲主要产棉国的生产能力,有利于推进中国与非洲国家在棉花生产技术领域合作的进一步发展。⑥

在中非农业合作的进程中,创造了许多成功的案例,如中赞友谊农

---

① 王瑞:《中国为非洲饥荒送上"及时雨"》,《中国农村科技》2011 年第 Z1 期。
② 张春:《中非科技合作谱新篇》,《国际商报》2006 年 5 月 12 日。
③ Macauhub, 2016 - 03 - 11.
④ 驻尼日利亚使馆经商处, 2016 年 4 月 13 日。
⑤ 张蔚:《商务部:将在非洲推广种植棉花 提供全方位支持》,http://mnc.people.com.cn/GB/16617390.html。
⑥ 《非洲商业观察》2016 年 8 月 19 日。

场、中国沼气技术在非洲的应用。

中赞友谊农场的特点是自主经营、自负盈亏。① 中赞友谊农场位于卢萨卡以西 20 公里处，起初是中国成套设备总公司在赞比亚建立的第一个中方独资农场，后由中国农垦（集团）总公司与江苏农垦暨新洋农场于 1990 年 11 月共同出资 31.75 万美元接收。中国农垦（集团）总公司、江苏农垦暨新洋农场按 6∶4 持股，实行董事会管理制度，正副场长分别由中国农垦和江苏农垦轮流选派。江苏农垦主要派农机农艺等技术人员，中国农垦主要派管理和销售人员，推行"指标承包、利润上缴、超产有奖""低工资、高奖金"的管理机制，显示出强大的生命力。② 农场总面积 667 公顷，其中具有灌溉条件的耕地 420 公顷，占总面积的 63%，以种植小麦、大豆、玉米等粮食作物为主，发展畜牧业为辅。农场常有中方管理人员 7 人左右，正式和临时雇用当地人员一百多人。③ 在中方技术人员、管理人员和赞方工人多年的共同努力下，农场取得了较好的经济效益。农场产量、收入、利润和上缴利润基本保持连年递增。中赞友谊农场的实践证明，在赞比亚发展种植业效益丰厚。非洲运输成本高，赞比亚从南非等国家进口粮食，运费为每吨 40 至 60 美元，而在当地生产粮食，运输费用只有每吨 4 至 10 美元，农业开发的投入产出比远高于发达国家。④ 赞比亚政府采购一部分中赞友谊农场生产的农作物，其余主要由当地加工企业消化，解决当地粮食短缺问题。在中赞友谊农场的带动下，赞比亚中资农场发展到几十个。⑤ 对赞比亚来说，中赞友谊农场不仅为赞比亚带去了中国先进的农业生产技术和经验，还为其提供了广泛的就业机会。另外，非洲农业发展缓慢的原因之一是非洲国家缺少资金，中赞友谊农场为赞比亚的经济发展带来了

---

① 靳吉：《中赞农业合作前景广阔》，《农村实用技术》2008 年第 1 期。
② 《中赞农业合作前景广阔》，2012 年 12 月，http：//news.xinhuanet.com/zgjx/2007-11/07/content_7028022.htm。
③ 王能标：《到赞比亚去"种地"》，《人民日报》（海外版）2006 年 4 月 18 日。
④ 《用农场耕耘友谊和幸福生活》，2012 年 12 月，http：//www.jfdaily.com/a/4088792.htm。
⑤ 《中赞农业合作前景广阔》，2012 年 12 月，http：//news.xinhuanet.com/zgjx/2007-11/07/content_7028022.htm。

大量资金。由此，赞比亚非常欢迎中国投资，实施了一系列的优惠政策、措施，如实行土地租用制，延长租用年限，便利转租；建立自贸区、农业开发区；取消涉农生产资料如农药、种子、化肥等的增值税以及设备、化肥、橡胶、钢材和塑料等进口关税，提高涉农机械设备折旧率等。① 对中国来说，中赞友谊农场创造了丰厚回报，积累了成功经验，增强了走进非洲的信心。这种逐渐改变过去无偿经济援助、在平等互利的基础上开展合作的模式，对巩固中非友谊、增强可持续发展动力有着重要意义。②

中国农村沼气技术在 20 世纪 70 年代就享誉全球。1979 年，农业部成立成都沼气科研所（BIOMA），并在该所建立联合国开发计划署（UNDP）沼气研究和培训中心（BRTC）。1994 年，该所对外技术经济合作的一个窗口——成都环能国际合作公司（CEEIC）创立，开展了一系列的国际合作项目。80 年代，在"南南合作"的框架下，成都环能国际合作公司与莱索托、贝宁、埃塞俄比亚、突尼斯、卢旺达、几内亚比绍等非洲国家开展合作，实施由联合国组织、中国政府援助以及双边合作的沼气项目，包括农村户用沼气、大中型沼气工程、沼气发电、城镇生活污水处理、建立国家沼气实验室、沼气资源调查和制定国家沼气发展战略规划以及举办各类管理和技术人员培训班等，使中国沼气技术在非洲国家大放异彩。如援突尼斯沼气技术合作项目，该项目包括沼气发电示范工程总承包、技术培训、建立国家沼气实验室、制定国家沼气发展战略规划等。③ 2004 年至 2005 年，成都环能国际合作公司应突尼斯政府的邀请，派出专家组前往突尼斯共同实施了援助突尼斯政府建立国家沼气实验室、制定国家沼气发展规划等项目，中突双方在沼气技术方面的合作不断得到深化。之后，成都环能国际合作公司再次成功地实施了援卢旺达沼气技术培训项目。该项目核心内容是建设 3 个沼气示范

---

① 剑虹：《最后的金矿——无限商机在非洲》，中国时代经济出版社 2007 年版，第 26 页。

② 韩相山、黄啸功：《发挥农垦优势 大力开发非洲》，《中国农垦经济》1999 年第 6 期。

③ 张密：《从突尼斯看发展中国家推广中国沼气技术的前景》，《中国沼气》2003 年第 4 期。

池，第一个示范池建在大基加利省卢井德村奶牛场，第二个示范池建在基加利市吉楚基若区木杨吉村奶牛场，第三个示范池为生活污水处理池，建在基加利教育学院内。三个示范池建成后，都安装了沼气炉和沼气灯，进行沼气使用示范。三个教学示范池的建设很成功，一次性投料产气、用气，起到了很好的教学示范和社会宣传作用。联合国开发署（UNDP）和国际红十字会（IRC）的代表、官员和专家，扎伊尔教育部长等国际组织的友人及卢旺达各级官员都相继到这些示范地参观，并给予了很高的评价。通过后续培训项目的实施，中国先进的沼气技术促使卢旺达主管部门的官员更加重视沼气技术开发，卢旺达基础设施部开始扩大培训范围和示范面，建设工业沼气技术示范，开展沼气资源调查，制定国家沼气发展规划，成立全国沼气协会，建立沼气实验室等。与德国、印度沼气技术相比，中国沼气技术具有突出的适用性和经济性，适合在非洲国家推广和应用。① 同时，中国注重沼气技术创新，上述成都环能国际合作公司在卢旺达输出并指导安装使用的户用玻璃钢沼气池受到用户和当地政府的欢迎，就是一个成功的范例。②

（2）医疗卫生领域的科技合作

中非医疗卫生合作始于1963年。当年，应阿尔及利亚政府请求，中国向阿尔及利亚派遣医疗队，开启了中非医疗援助合作形式。数十年来，中国与非洲国家的医疗卫生合作的形式与内容在不断调整、深化和改革，逐渐形成了一个较为全面的体系。

非洲是我国派遣援外医疗队的主要地区，也是中非在医疗卫生领域内合作的一个重要组成部分。非洲接受中国援外医疗队的国家占与我国建交非洲国家的七成多。中国在非洲有医疗点一百多个，分布在近五十个国家。数十年来，中国援外医疗队为非洲国家培养了近万名中、初级医务人员，临床带教数万人次，一批批中国医疗队员被授予总统勋章、骑士勋章等各种勋章，被非洲国家和人民誉为"白衣使者""南南合作

---

① 张密：《从突尼斯看发展中国家推广中国沼气技术的前景》，《中国沼气》2003年第4期。

② 《中国沼气技术在非洲：回顾与展望》，2013年8月，http://www.xjxnw.com.cn/fw/nyjs/syjs/jxssjqt/zcjs/10/1589201.shtml。

的典范"和"最受欢迎的人",中非友谊就是在非洲民众接受治疗的过程中不断得到彰显和巩固,中国援非医疗队已经成为中国与第三世界长期合作的典范。①

中国援外医疗队不仅为非洲解决非洲缺医少药等问题,而且提供技术服务,一方面利用现代医疗技术治愈了大量常见病、多发病,另一方面把中国传统医药、针灸、按摩以及中西医结合的诊疗办法带到非洲,治疗疑难顽症,创造了一个个医学奇迹。② 中国帮助非洲抗疟就是一个典型的例子。

如前所述,在非洲,特别是疟疾肆虐的撒哈拉以南非洲地区,"科泰新"是影响广泛的知名中国医药品牌,被称为"非洲疟疾的克星"。"科泰新"以青蒿素为原料,青蒿素是中国特有的野生青蒿草(又名"黄蒿")的提炼物,对治疗恶性疟原虫感染特别有效,能够迅速、彻底地清除疟疾病原虫,迅速消除发热、恶心等症状,同时,能有效防止产生抗药性,具有杀死配子体并能减少疟疾传播的作用,性能优于氯喹、奎宁等传统药物,治愈率超过95%,且几乎没有副作用。③ 2000年,"科泰新"被推举为"疟疾防治药物新星",尼日利亚卫生部率先正式将"科泰新"列入该国基本药物采购名录。④

科摩罗是位于东非南印度洋的岛国,西临坦桑尼亚,东靠马达加斯加岛。全国总人口共约70万人,由三个行政独立的岛屿组成:大科岛(Grand Comoroe)是该国首都所在地,人口约为35万人;第二大岛屿昂儒昂岛(Anjourn)是该国的经济中心,有全国最大的深水港码头,人口约30万人,最小的岛屿莫埃利岛(Moheli),人口约为4万;另有一岛屿马约特(Mayotte)仍由法国控制。科摩罗虽小,但有一个公共卫生难题举世皆知:疟疾。疟疾是科摩罗社会公共卫生领域的主要问题,各种疾病致死原因当中,疟疾居首位。2006年科摩罗卫生部资料

---

① 《加强实施新战略 改革援助非洲医疗工作——记中国援外医疗队派出40周年》,《西亚非洲》2003年第5期。
② 同上。
③ 李锋:《"科泰新":非洲疟疾克星》,《人民日报》2005年6月22日。
④ 黄泽全:《非洲疟疾克星——北京科泰新技术公司开发非洲医药市场纪实》,2014年6月,http://www.people.com.cn/GB/paper39/1387/219099.html。

显示，疟疾病人占门诊人数的38%以上，占住院病人的60%。在科摩罗，因疾病引起的经济损失，是导致贫穷的一个主要因素，是整个社会、经济发展的一大障碍。疟疾是世界三大传染病之一，主要疾病流行国家在非洲和东南亚。20世纪60年代以来，我国在抗疟药和疟疾控制方面的研究一直走在世界前列。这其中，从中药中提取的青蒿素，在日积月累里慢慢成为全世界所公认的王牌药物。作为该药物重要发明人之一广州中医药大学首席教授李国桥带领广州中医药大学抗疟医疗队经坦桑尼亚辗转战到达科摩罗，获得科摩罗国家有史以来最全面的第一手疟疾流行数据，快速研发出消灭传染源控制疟疾方案，帮助莫埃利人民建立了完善的医疗工作系统。2007年11月5日，经过长达两年的前期准备，"中—科快速消灭传染源控制疟疾项目"在科摩罗正式启动，作为携疟重要指标之一的人群带虫率，从服药前的22.3%下降到0.33%；而另一指标蚊媒感染阳性率，则从服药后第4个月开始就一直维持在0；医院发热患者疟原虫阳性者，更是较之前少之又少，在一年内实现了基本控制本地传染的目标。[①]

近年来，中国尖端医疗技术也不断进入非洲。例如，广东省心血管研究所在加纳库马西教学医院成功实施10例心脏手术，包括6例二尖瓣置换术和4例心脏起搏器手术；并对加纳本地医护人员进行培训，传授心外科手术基本技能。这标志着中国高端医疗技术逐步走进非洲。[②]

(3) 信息通信领域的科技合作

非洲电信业市场发展迅速，有着巨大的开发潜力。当代非洲是世界上移动通信覆盖率最低的地区，孕育着巨大的商机，吸引着全球电信运营商的目光。近年来中国经济实力迅速提升，中国在非洲的投资特别是电信业的投资几乎呈几何级数发展。

随着移动通信的快速发展，非洲迅速跨越有线通信时代，一步进入移动通信时代。近年来，非洲移动通信市场高速发展。2016年，撒哈

[①] 《"情定科摩罗：中国广州中医药大学抗疟医疗队援非纪实"》，参见2016年1月，青蒿科技网（http://www.artepharm.com/AfNewsShow/zh/382.html）。

[②] 《直通阿非利加：中国首次在非洲开展心脏病手术获得圆满成功》，2016年1月，http://blog.sina.com.cn/s/blog_a26530ba0102wlvd.html；驻加纳使馆经商处，2015年12月16日。

拉以南非洲地区手机用户比 2000 年时高出近 8 倍，接近 7 亿人；尼日利亚 2000 年时手机用户为 40 万人，2016 年手机用户超过 1.5 亿人。目前，撒哈拉以南非洲地区移动电话覆盖率已达 60%，一些高端运用也开始普及，如肯尼亚、乌干达和坦桑尼亚等国，手机银行服务非常普遍；科特迪瓦、津巴布韦、博茨瓦纳、卢旺达和南非等国，移动支付普及率较高。同时，非洲不断加快通信管理制度改革，如加纳、尼日利亚和坦桑尼亚等国，实施监管改革和自由化，为本地运营商带来极大的便利，本地运营商数量不少于 5 家。日益激烈的竞争，导致手机价格下降，一些智能手机零售价已低至 25 美元。[①] 移动通信业正在成为非洲许多国家的支柱产业。据喀麦隆通信与邮电部统计，从 1998 年到 2014 年，信息与通信技术产业（ICT）为喀麦隆创造了 6000 个直接就业岗位，50 万个间接就业岗位，已经成为第三产业当中能够创造半数就业机会的最大推动力，为全国提供了 5.8% 的就业岗位，位列第 6 大就业行业。[②] 几内亚电信部发布的报告显示，以通信、互联网为代表的通信和信息产业已经发展成为几内亚的支柱产业；电信业对几内亚的 GDP 贡献率达 22%。从创造就业角度看，几内亚第一大创造就业岗位的行业是矿业，其次是电信业。据几内亚电信部统计，2016 年，该国共有 970 万名手机用户，月通话次数达 4400 万次，电信渗透率由 2011 年的 20% 提高到目前的 80%，互联网渗透率由 2011 年的 0% 提高到目前的 20%。目前，手机和互联网信号覆盖全国 60%—70% 的国土面积。为了进一步提升电信业的基础设施，几内亚政府正计划投资建设海底高速宽带光缆，总投资需 2.38 亿美元，几家电信运营商投资 900 万美元，几内亚政府财政拨款 2300 万美元，剩余的资金缺口尚需融资。[③]

非洲电信业的发展潜能正在以前所未有的速度释放出来。1998 年，随着基础电信服务协定的实施，非洲电信市场开放。2000 年前后，在 IMF、世界银行等机构和发达国家推动下，非洲国家陆续开始了国营电

[①]《非洲手机用户接近 7 亿》，2016 年 6 月，http://intl.ce.cn/sjjj/qy/201602/19/t20160219_8945681.shtml；驻尼日利亚使馆经商处，2016 年 2 月 19 日。

[②] 驻喀麦隆经商代表处，2016 年 1 月 5 日。

[③] 驻几内亚使馆经商处，2016 年 7 月 28 日。

信企业的私有化改造，尼日利亚和肯尼亚这两个非洲大国都在 2005 年完成了对国家电信企业的私有化改造。管制环境放松，为非洲电信业的发展注入了新动力，用户通信需求的急剧膨胀，引发信息化建设革命，移动通信正在以前所未有的速度发展起来，孕育着巨大的商机。[①] 但是，非洲国家运营商的基础网络设施陈旧，迫切需要进行升级改造，而非洲国家能够用于电信行业投资的资金有限，价格是非洲国家选购电信设备的主要决定因素。[②] 因此，全球电信业资本大举进入非洲展开竞争。近几年，随着中国电信业的不断发展，中国电信企业也开始不断进军非洲市场。在进入非洲市场的电信企业中，华为和中兴走在了中国企业的前面，大力推动了中非在通信领域的技术合作。

非洲的电信产业发展时间并不长，先有韩国的三星和 LG 等，后有华为和中兴在非扩张。20 世纪 90 年代末，中国通信企业开始陆续走向非洲市场。其中，华为、中兴在尼日利亚的拓展经历，为中国通信企业在非洲发展树立了典范。华为公司 1998 年就开始进入尼日利亚通信市场，初期几乎颗粒无收，到 2003 年，华为开始成为尼日利亚著名的 MTN 公司和 Starcomms 公司的主流设备供应商，2004 年，华为进一步加大投资，凭借高品质的产品和服务，打入尼日利亚所有的主流通信运营商，GSM 的市场份额超过了 50%，CDMA 市场份额达到了 90%，成为尼日利亚 Vmobile、Globacom、Intercellular 等公司的战略伙伴，销售额倍增，达 3.5 亿美元；MTN 移动通信市场份额从 2003 年的 25% 上升到 50%，并取得 MTN 全国传输骨干网全部市场份额；[③] 在 Starcomms 市场取得全部新建市场份额，在 Vmobile 市场取得 2/3 区域的市场份额，在 Globacom 市场取得重大技术突破。随着华为产品品牌和市场份额的不断上升，其地位已超过西方主要竞争对手，取得了绝对优势地位，成为尼日利亚最大的通信设备供应商。2005 年，华为公司与尼日利亚通信部在人民大会堂签订了《CDMA450 普遍服务项目合作备忘录》及华为

---

① 《非洲今后五年无线通讯资金投入将超 160 亿》，2016 年 3 月，http://article.pchome.net/content-133467.html。
② 《非洲新电信沃土》，2016 年 3 月，http://tech.sina.com.cn/t/2006-11-08/11301226553.shtml。
③ 《跨国运营商 MTN 携手华为开拓非洲市场》，《世界通讯》2005 年第 6 期。

公司在尼日利亚投资协议，协议金额 2 亿美元。① 该方案能够快速解决尼日利亚两百多个地方政府无通信覆盖的问题，使尼日利亚通信覆盖率提高一倍以上，为尼日利亚远程教育、远程医疗等服务的发展奠定了基础。同时，华为高瞻远瞩，为了占领尼日利亚通信市场的战略制高点，不断巩固和扩展在尼市场份额，投资 1000 万美元在尼首都阿布贾建立培训中心，培养了一大批既有专业技术又了解中国文化的尼日利亚本土人才，将中国文化、思维和服务理念植入到尼日利亚社会各个方面。目前，华为公司在尼日利亚经济中心拉各斯与首都阿布贾以及北部重要城市卡努建立了若干办事机构，其 GSM、交换机、智能网、CDMA 无线接入、光传输等多种设备在尼日利亚通信市场得到大规模应用，成为尼日利亚最重要的主流通信设备供应商之一。②

中兴通讯 1999 年开始拓展尼日利亚通信市场，经过不断努力，业绩持续上升，赢得广泛认可。2002 年上半年，中兴与尼日利亚最大的 CDMA 运营商 Intercellular 签订 CDMA 供货合同，中兴 CDMA 设备开始覆盖尼日利亚 3 个重要城市。2003 年初，中兴同尼日利亚最大的国有通信运营商 Nitel 合作，中兴的 GSM 设备覆盖尼日利亚 17 个州，成为尼日利亚最主要的通信设备供应商之一。③ 2004 年，中兴开始与尼日利亚通信部合作，为尼建设农网，覆盖 110 个地方政府。中兴采用先进的 All-IP 技术，提高系统的集成度，降低运营商的设备管理成本，并可提供短消息业务、电路域数据业务、分组数据业务、Internet 业务和 Go-Ta 数字集群业务等，并对 CDMA 进行扩容，④ 巩固了中兴在尼日利亚 CDMA 设备市场中的地位。从此，中兴通讯跻身于尼日利亚主流 CDMA 设备供应商行列。为进一步巩固市场，中兴 2004 年下半年与尼日利亚政府合作，建立手机生产厂、通信展览及培训中心，其生产的多型号手

---

① 《华为中兴夺得尼日利亚通信大单》，2016 年 6 月，http://finance.sina.com.cn。
② 高书乾：《中国企业开拓尼日利亚通讯市场的现状、存在问题及建议》，2016 年 6 月，http://ng.mofcom.gov.cn/aarticle/slfw/200603/20060301752083.html。
③ 《中兴夺得尼日利亚通信大单》，2016 年 6 月，http://finance.sina.com.cn。
④ 《中国企业开拓尼日利亚通讯市场的现状、存在问题及建议》，2016 年 6 月，http://fec.mofcom.gov.cn。

机获得尼日利亚通信委员会批准并在市场上热销。①

除了尼日利亚之外，华为和中兴还积极拓展其他非洲国家电信市场。中兴通讯自 1997 年进入非洲市场，一直保持着与非洲国家政府以及运营商和用户的良好合作关系，获得了迅速发展。② 由于非洲国家独立前多属欧洲国家殖民地，而欧洲国家一直推行 GSM 移动通信技术，所以非洲国家运营商大多采用 GSM 技术，GSM 用户占移动用户的 93%以上。③ 针对这一情况，中兴紧盯 GSM 领域的应用，其相关系统设备广泛服务于利比亚、尼日利亚、塞拉利昂、赞比亚、阿尔及利亚、贝宁、科特迪瓦等国家。目前，华为和中兴已同非洲近 50 个国家建立了业务往来，分别设立了几十家办事处，在一些国家已跻身主流电信设备供应商的行列。④ 如华为和中兴分别与卢旺达信息技术管理局合作，为卢旺达政府开发电子政务；⑤ 中兴通讯与埃塞电信 ETC 合作，为埃塞电信量身定做适合其发展的网络建设方案。⑥

同时，华为、中兴不断加大研发力度，在非洲保持技术领先地位。例如，2016 年 3 月，华为与佛得角最大电信运营商 CVTelcom 合作，采用网络功能虚拟化、云计算等业界前沿技术与 CVMovel 联手建设佛得角 4G（LTE）网络。华为公司成为佛得角最大信息通信技术解决方案供应商。华为公司 2009 年通过实施佛政府利用中国政府优惠贷款建设的电子政务网一期项目进入佛市场，进而开拓当地电信运营商市场，逐步取代美欧公司成为佛政府和业界最重要的信息通信技术合作伙伴和解决方案供应商。⑦ 2016 年 4 月，华为与当地最大的电信运营商 MTC 公司合作，共同在纳米比亚测试非洲首个 4.5G 网络，纳米比亚总统根哥布和

---

① 高书乾：《中国企业开拓尼日利亚通讯市场的现状、存在问题及建议》，2016 年 6 月，http：//ng. mofcom. gov. cn/aarticle/slfw/200603/20060301752083. html。

② 蒋荣兵：《中兴通信覆盖非洲》，《中国外汇》2007 年第 5 期。

③ 同上。

④ 吴晓娜：《中兴、华为探路　中国电信业非洲机会》，《21 世纪经济报道》2007 年 2 月 12 日。

⑤ 宋盈、卢娟：《中国企业促进非洲电信发展》，《人民日报》2007 年 10 月 31 日。

⑥ 《为非洲兄弟的通讯发展贡献中国的智慧和力量》，2016 年 6 月，http：//www. cctime. com/html/2009-7-1/2009711057391769. htm。

⑦ 驻佛得角使馆经商处，2016 年 4 月 5 日。

信息与通信技术部长特维亚出席了测试仪式。4.5G 网络传输速度可以到达每秒 800 兆，是目前纳米比亚所应用的 4G 网络传输速度的 3 倍。华为 2005 年进入纳米比亚，目前合作伙伴包括该国最大的电信运营商 MTC 和纳米比亚广播公司等，网路已遍布全国。除语音通信外，华为还涉足该国高速互联网和数字电视等技术领域。①

5. 存在的主要问题

如前所述，中非科技合作内容丰富、涉及面广泛，尤其是在政策导向、机制建设方面成就突出，为中非关系可持续发展奠定了基础。当然，也要正视不足。总体而言，中非科技合作有着半个多世纪的历史，并取得了一系列丰硕的成果，但在具体领域内还存在着一些问题与制约双方合作发展的瓶颈，包括科技交流合作所涉及的内容不够深入，在基础研究领域内科技交流项目较少，一些项目合作的可持续性较弱等。例如，中非农业合作在五六十年的发展过程中，取得了较为显著的成绩，但双方的合作仍然存在一些缺点与不足。普遍的问题是重复性多、可持续性差，经济效益欠佳。我国许多援非项目都经历了"上马快、见效快、滑坡下马也快"②的怪圈，辛辛苦苦投资的工程被废弃的现象"令人心酸"。出现这些问题有多方面的原因，有立项问题，有对象国和地区选择问题，有社会因素和国际背景问题等。③ 中国沼气专家组通过各种渠道在不同的发展中国家推广沼气技术，但真正能在一国或一个地区站稳脚跟并逐步扩大业务范围的并不多见。客观上，中国对非科技合作的成效问题，与中方存在的不足有关，但更多的是非方发展不足阻滞着双方的有效合作。

从中方来看，企业逐渐成为推动中非科技合作的新生动力，但总体上市场化程度低；各级政府积极参与中非科技合作，但民间力量仍然薄弱。从全球角度审视，近年来，大国在非角逐激烈，中国自身转型压力巨大，给中方推动对非科技合作带来诸多压力。以全球发展转型的核心

---

① 新华非洲，2016 年 4 月 15 日。中非基金：《非洲动态》2016 年 4 月。
② 勋文聚：《从国际援助的发展看中国对非农业援助》，《西亚非洲》2000 年第 2 期。
③ 周光宏、姜忠尽编：《"走非洲，求发展"论文集》，四川人民出版社 2008 年版，第 104 页。

领域——新能源合作为例，中国对非开展科技合作面临多重挑战。

第一，发达国家、新兴大国抢占非洲新兴技术市场。2008年金融危机以来，美国加紧对非实施军事控制，继2007年建立美军非洲司令部之后，2012年美国又决定在非洲多国驻军。有学者指出，下一场能源战争可能发生在非洲，美国的目的就是要控制非洲能源、发动新能源战争，并直指中国经济的能源管道。事实上，大国对非新能源合作的步伐确实在加快。例如，美国加大对非新能源合作的力度，美国国际开发署"非洲基础设施项目"中包含一系列清洁电力项目，美国贸易发展署与非洲国家开展一系列清洁能源开发项目。2013年，奥巴马又推出"电力非洲"计划，依托"低碳发展"的道德高地，通过技术和资金援助，撬动大量企业资金进入非洲，推动美国公司投资开发非洲太阳能、风能、生物质能、核能等清洁能源，夺取对非交往新的话语权，重塑美国在非国家形象。欧盟着眼未来能源战略，为保障能源供应多元化，实现能源结构多样化，促进地区稳定与发展，不断扩大在非洲影响力，力图重建非洲后院，连续推出"沙漠技术"项目、"欧非可再生能源合作计划"、"非洲—欧盟能源伙伴计划"等，大力投资非洲太阳能、风能、生物质能等新能源开发，为非洲提供大量新能源发展启动资金，主要受益国有埃塞俄比亚、肯尼亚、卢旺达、坦桑尼亚、乌干达以及布隆迪、科摩罗、吉布提、刚果（金）、厄立特里亚、马拉维、南北苏丹、赞比亚等。与此同时，欧盟主要国家大踏步进入非洲新能源领域，英国、法国、德国、西班牙等国积极开展对非新能源合作，英国清洁能源开发商Blue Energy在加纳建设非洲最大、世界第四大光伏发电站，德国银行为摩洛哥太阳能热力发电厂提供贷款，德国西门子公司为摩洛哥两处风电园提供44组风电设备等；日本为了拓展外交空间、获取能源利益，以日非科技部长会议的合作框架为依托，开展对非低碳合作，如"阿尔及利亚就以撒哈拉为起点的太阳能育种研修和开发"联合研究项目、"莫桑比克麻风树生物燃料的可持续发展"联合研究项目、"博茨瓦纳干燥冷凉地区麻风树生物能源体系发展"联合研究项目等，支持尼日利亚等国发展太阳能；新兴大国印度为了扩大自身在环印度洋地区的影响，服务于印度对非政治、经济外交大局，在非洲建设了40个太阳能电站和40个生物质能燃气工程，并向非洲提供数十亿美元贷款和援助，涉及领域包括农村电气化、小水电建设、太阳能和风能。巴西在积极推进南南合作、扩大国际影响的战略牵引下，与葡语非洲国家之间开展了一系列生物质能开发项目。从全球来看，美国、欧盟、日本等主要发达国家加紧实施新能源战略，理念成熟、制度框架明确、政策措施具体、资本实力雄厚、技术水平先进、比较优势突出，主导着世界新一轮产业和技术竞争的新格局。新兴大国印度、巴西也积极利用地缘优势、特色技术参与竞争。它们进入非洲早、合作较为成熟，市场占有额大。这些因素一定程度上压缩了中非合作的空间，必然对推进中非新能源合作构成巨大的挑战。

第二，中国、非洲结构转型压力大。中国和非洲处在工业化、信息化、城镇化、市场化、国际化深入发展的重要时期，能源、资源、环境瓶颈制约日益明显，发展不平衡、不协调、不可持续的问题十分突出。国际经验表明，在现代化建设初期，以第二产业为主的结构演进对能源消费需求的增长必然产生明显的增速效应。未来一段时期，随着城镇化进程的加快，我国交通能耗和建筑能耗依然会很高，加之我国"富煤、少气、缺油"的资源条件，要扭转单位 GDP 能耗和碳排放居高不下的局面，任重道远。非洲方面，全球最不发达国家和贫困人口的大部分都在非洲地区，非洲有些地区甚至还处于食物搜寻阶段，追求工业化、城镇化是非洲国家社会经济发展的主要诉求，各国对传统能源依赖度很高，同时，非洲人口占世界人口的 15%，用电量仅占全球用电总量的 3%，农村人口中仅有 10% 能用上电，传统生物质能依然是主要的生活能源，某些国家生物质能使用占国家总能量的 70%—80%，甚至在一些农村地区高达 90%—100%，导致滥伐森林的问题难以得到有效控制。这种局面制约着中国对非科技合作的深入展开。

第三，中国受到"锁定效应"的掣肘。"锁定效应"是指使用年限在 15 年至 50 年以上的基础设施、机器设备以及个人大件耐用消费品等，不可能轻易废弃，相应地，凝结在其中的技术与投资都会被"锁定"，即更新改造被落后技术、过时设备锁定。比如电厂的寿命一般在六七十年，不可能今天建，明天拆毁。OECD 的国际能源机构估计，以目前的生产技术，中国现有的电厂"高碳性"可以影响到 2060 年左右，而今后十多年中国的燃煤电厂可以影响到 2080 年。到那时，中国承担减排义务将相当被动。因此，在发展过程中，如何超前运筹，避免锁定效应的束缚，是一项不容忽视的挑战。① 目前，非洲国家的经济发展更容易受"锁定效应"的影响，非洲国家从世界引进的基础设备基本都属于技术与资金被锁定的产品，因为推动了经济的发展，所以非洲国家出于成本的考虑，不可能轻易废弃这些设备，也就意味着它们不可能快速将高碳排放设备更改为低碳设备，这就埋下了长久的隐患。

第四，国际机制的运行存在不平衡性。从近年国际气候变化谈判的情况可以看出，虽然国际合作原则对全球气候治理而言具有十分重要的意义，但减缓气候变化却具有"全球公共物品"属性，具有消费的"非竞争性"与"非排他性"，各国出于自身利益的考虑，都有"搭便车"的倾向，即希望直接享受他国实施减排温室气体政策带来的积极效果，而自己国内不积极采取行动，甚至还可能加大温室气体排放。目前《公约》与《京都议定书》框架下的国际资金机制主要包括全球环境基金、气候变化特别资金、最不发达国家基金和适应基金，从实际运行效果来看，这类基金在应对气候变化行动中发挥了重要作用，但相对于发展中国家引进低碳技术所形成的资金需求量而言，还有很大的缺口。CDM项目在发展中国家发展极不均衡，联合国的一项统计显示，亚洲及太平洋地区占总注册量的75.11%，拉丁美洲和加勒比地区占22.38%，而最不发达的非洲只占有CDM市场1.87%的份额。《京都议定书》的法律效力已到期，"后京都时期"的不确定性，使整个CDM行业都更加谨慎，投资方谨慎投资，买方谨慎出手，导致了CDM注册项目在减少。作为最大的CDM一级市场出让国，中国CDM市场必然受到冲击，非洲的形势更加严峻，目前非洲发展银行设立了非洲碳支持计划，着手改进、实施适合非洲实际的清洁发展机制。这些现象反映出国际机制的运行存在不平衡性。国际机制运行的不平衡性对中非新能源合作的影响包含两层含义：其一，中非新能源合作的发展会受制于国际

---

① 方烨：《增设ICP让发展中国家参与全球节能减排》，《经济参考报》2009年12月23日。

合作机制运行的不平衡，不能按照双方的特点进行合作；其二，由于中国的经济高速发展，碳排放居世界前列，国际机制运行的不平衡可能加剧中国和非洲国家间在碳减排的分配上存在的不同利益诉求。

第五，非洲新能源利用尚未广泛进入国家战略体系。对于大多数非洲国家而言，经济结构尚处于前工业化向工业化过渡的时期，加之债务规模庞大、人口增速过快，首要任务是减贫。温饱尚成问题，追求低碳发展显得有些奢侈，毕竟新能源开发需要大量资金和技术的支撑保障，需要长期、持续的投入才可能获得回报，因此，大多数非洲国家并没有把新能源利用列为国家发展的真正战略加以全盘统筹和规划。目前，仅南非、肯尼亚、乌干达、卢旺达、尼日利亚、摩洛哥等少数国家有新能源战略规划，毛里求斯、佛得角、喀麦隆等少数国家制定了国家级可再生能源目标。在这种情况下，绝大多数非洲国家缺乏明确的新能源政策，不能给私营投资者提供明确的信号以调动投资，中国也难以同非洲制定长久合作的新能源发展战略和机制。

从非洲方面来看，非洲国家绝大多数建国历史短，国家治理能力普遍薄弱，科技发展问题不仅多如牛毛，而且难以在短期内明显好转。非洲是人类起源和演化的重要舞台，也是人类文明的重要发祥地，古代非洲为人类做出过杰出的科技贡献。古埃及文明、库施文明、诺克文化、大津巴布韦文化等古代非洲本土的文明、文化成就，无疑是人类古代先进科学技术的重要代表之一。近代以来，非洲遭遇了数百年赤裸裸的殖民掠夺，自主发展的基础和能力被掠夺者宰割得支离破碎。当代非洲，自 1960 年大多数非洲国家获得独立以来，在非洲人民的艰苦努力和世界各国的援助下，非洲科技发展取得了长足的进步，初步建立了较为系统的面向全非、面向区域和面向国家需求的科技发展机构体系，包括基础研究、应用研究、技术推广、科技教育和传播、科技政策研究、科技咨询和信息服务、高技术风险投资机构等，一些重要的国际机构也直接或间接地参与非洲科技的发展，科技在全面促进非洲社会的发展中发挥着日益重要的作用。但是，由于负载着沉重的历史和现实的包袱，加之国家独立较晚，政治、经济、文化、社会发展的基础十分薄弱，各种矛盾交织在一起，例如，统一民族国家建构进程中民主政治与集权政治的矛盾，殖民经济的依赖性与发展民族经济的矛盾，族群意识与国家观念的矛盾，非洲中心主义与全球经济一体化迅速发展趋势之间的矛盾，武装冲突、疾病流行、极度贫困与现代化的矛盾，等等，严重制约着非洲科技的发展。

第一，经贸发展水平较低。2016年1月，联合国贸发会议（UNCTAD）指出，非洲各国普遍面临安全局势严峻、电力短缺、基础设施落后等挑战，制造业在全球处于较低水平。由于基础设施落后，洲内贸易严重受阻。洲内贸易是开启非洲经济潜力的钥匙，但其洲内贸易仅占13%，仍处于相对低下水平，而欧洲这一比例为69%，亚洲为53%，北美为49%。非洲洲内贸易具有共享增长与持续发展的潜力，但在享受贸易增长带来的收益前，首先必须解决贸易障碍问题。非洲各国间最主要的贸易壁垒是缺乏四通八达的国际交通运输纽带。[①] 非洲地区货物运输成本居高不下，以中非地区为例，乍得恩贾梅纳至喀麦隆杜阿拉港之间每吨货物的运输成本为每公里0.11美元，超过西欧地区运输成本的2倍（0.05美元），超过巴基斯坦的5倍（0.02美元）。非洲制造业产值仅占全球的1%，非洲制造企业在发展过程中面临较多问题。其一，非洲经济结构单一，导致出口产品类别过度集中，大多为原油、天然气、矿产等初级产品。其二，非洲制造企业规模偏小，易导致竞争力不足。据联合国工业发展组织的统计，非洲大陆的工业化水平居世界五大洲之末，撒哈拉以南非洲地区工业产值只占全球的0.7%，如果不包括南非，则仅为0.5%。[②] 非洲工业化水平较高、经济总量处于非洲前列的国家，如南非、埃及、摩洛哥、突尼斯、尼日利亚、苏丹、肯尼亚、安哥拉，制造业的比重依然较低。非洲高技术产品出口占制造业出口比例更是全球最低。其三，非洲中小企业和大型企业之间的联系偏弱，使得中小企业无法分享大型企业的技术及创新能力，发展受限。其四，非洲拥有大量非正式公司，竞争力低下，创新能力缺乏。其五，非洲国家多无力保持政局稳定、安全局势可控，难以促进私营部门发

---

① 驻尼日利亚使馆经商处，2015年12月24日。
② 徐伟忠：《2003年的非洲形势综述》，《国际资料信息》2004年第2期。

展、振兴区域内贸易。① 制造能力不足，直接影响自给能力和出口拉动能力。例如，（1）非洲乳业难以"自给"。近年来，随着中产阶级数量的不断增长，非洲乳制品需求不断增长。但非洲乳业发展滞后。一是鲜奶产量供不应求。非洲饲料短缺，工业化饲养牲畜成本高，传统畜牧业虽然成本较低，但饲养技术落后，只能生产较为简单的肉牛或者肉羊，造成奶牛、奶羊饲养量不足。加之牧草、天气等自然因素的影响，非洲奶牛的产奶量远低于欧洲水平。二是储藏和物流技术落后。非洲人口分布不均衡，奶牛养殖户分散，道路条件差，运输工具不足，供应商收购、发送鲜奶困难，造成进口奶粉充斥非洲市场，鲜奶极为有限，如塞内加尔市场上，九成牛奶都是"奶粉奶"。除了南非、摩洛哥、突尼斯等少数国家之外，大部分非洲国家仍无法满足自身的乳品需求。②（2）非洲出口能力不足。根据肯尼亚港口管理局公布的数据，肯尼亚蒙巴萨港2015年前9个月货物进出口总计1987万吨，虽然较上年同期提高10.1%，但其中仅有271万吨出口货物。乌干达经蒙巴萨港运送的货物中只有7%是出口货物，其余93%均为进口货物，其他经蒙巴萨港输运货物的非洲国家中用于出口的货物比例也均不超过15%。此外，蒙巴萨港非洲国家内部贸易总量仅占11%，而与亚洲贸易量占比已达到50%。出口低迷使乌干达未能在贸易中获取足够的外汇收入，造成乌先令汇率大幅波动。③ 另外，长期以来，非洲农业生产80%以上靠人力，16%靠畜力，3%使用农业机械。因此，非洲粮食种植面积占世界的12.4%，但只生产了世界粮食总量的5.1%。由于非洲国家大多走的是以牺牲农业为代价以筹集工业发展资金的路子，结果导致农业落后，这既破坏了工业的市场，又减少了社会储蓄，使国内资金日趋紧张，又进一步抑制了工业和整个经济的发展。④ 再如，非洲城镇化进程问题突出，世界银行2017年初就非洲城镇化发表专题报告指出，非洲城镇居民人口已达4.72亿人，随着人口膨胀和城镇化飞速

---

① 驻尼日利亚使馆经商处，2016年1月2日。
② 郭凯：《非洲乳业"自给"还有很长的路》，《经济日报》2015年12月25日。
③ 驻乌干达使馆经商处，2015年12月10日。
④ 张永宏：《非洲科技发展面临的严峻挑战》，《全球科技经济瞭望》2009年第7期。

发展，预计这一数字在2040年将翻番，达到10亿人，城镇化进程暴露出诸多问题，一是城镇化速度与经济发展水平严重不平衡，缺少产业发展支撑的城镇化无法吸纳大量进城劳动力，居民收入增长缓慢，成本高昂反过来又制约了非洲工业化的发展；二是城镇化过程中总体规划和基础设施建设缺位，非洲国家政府对城市发展缺少清晰、长远规划，居住区、商业区、工业区等功能区域划分不科学，土地产权不明晰，城市建设随意性大。①

第二，人才不足、人才流失。撒哈拉以南非洲八成国家达不到每10万人拥有20名医生的标准。医护人员缺乏长久以来困扰纳卫生部，2014年纳卫生部曾公告纳公共及私营医院需要1000名药剂师，但实际公共医院仅有55名药剂师，其中仅10人为纳本国人（世卫组织建议的药剂师人数为每2000人一名）。② 肯尼亚教育科技部长认为，非洲国家因医务人员外流造成20亿美元经济损失。据世卫组织、联合国开发计划署、联合国报告，非洲医务人员外流状况十分严重，近三成非洲医生和大量非洲护士在发达国家工作；很多科研人员、大学教师、工程师等也都在持续向外流失，近两成、约三百万受过大学教育的非洲人移居欧洲、北美等地，这一数字比过去10年增长了50%；为填补人才外流的空缺，非洲国家每年需聘用十几万名外国专家，年支出达数十亿美元；非洲近四成的国际发展援助被用于支付外国专家费用。非洲人才内外流动失衡的形势越来越严峻。③ 非洲科技人才流失严重是一个痼疾。1990年有近7000名接受过高等教育的肯尼亚人移居美国，同一年，近120名博士移出加纳。仅在美国工作的加纳物理学家就有600到700名，这个数字相当于仍留在该国的获得博士学位人员总数的50%。很多尼日利亚的学者和其他专业人员移居国外，主要流入美国、沙特阿拉伯和欧盟成员国。1987年至1989年间约有10万余名受过专业技术训练的尼日利亚人员移居西方国家。据估计，仅在美国的尼日利亚籍大学教师和博

---

① 驻马里使馆经商处，2017年2月27日。
② 驻纳米比亚使馆经商处，2016年2月1日。
③ 李志伟：《人才流失，非洲社会发展的羁绊》，《人民日报》2016年8月23日。

士就至少有 1 万人和 2.1 万人。① 1960 年以来非洲 1/3 的知识分子离开本土到西方发达国家工作，平均每年有 2 万名大学毕业生和 5 万多名各类专业人才离开非洲。② 非洲受过高等教育的人只有几百万，其中至少有 60 万人滞留在欧美，在发达国家工作的非洲博士多达 4 万人。③ 由于人才流失，非洲许多科技研究开发机构荒废、退化。非洲生源外流现象也极为突出，稍有财力的学生都选择出国留学。仅肯尼亚每年就有 7000 名左右学生到国外上学，每年付出的学费、国际旅费、生活费高达 1600 万英镑，这笔钱若能被肯尼亚国内高校利用，必将极大改善当地高校的状况。④ 与此同时，因缺乏资金致许多高校发展陷入困境。众多学者表示，南非政府 2016 年对高校资金的投入是"零增长"，有关方面预测 2017 年政府对高校投入也将是"零增长"，这使得南非许多高校资金严重短缺，部分科研项目搁浅，高校已处于被边缘化的境地，严重影响了南非的学术发展。近年来，在资金短缺的情况下，各高校为维持正常运转及重要学术项目的开展，普遍选择增加学费。2016 年秋季入学时，南非高校学费上涨 10%—12%，学生纷纷走上街头示威抗议；1200 名南非学者签署公开信递交南非总统，以提醒政府，因长期缺乏资金，南非高校的发展已陷入危机。⑤ 非洲现代意义上的教育始于 15 世纪西方传教士和殖民政府的教育活动，形成了各宗教团体和殖民政府支配着的殖民地教育模式：教育目的服务于殖民统治，教育内容来自于宗主国，教学语言采用宗主国语言，教育对象在性别、种族、地域之间存在极大的不平衡，导致入学比率低、文盲比率高。独立后的非洲高度重视教育，各国都把教育发展放在国家议程的优先位置上，纷纷建立统一的国民教育制度，大力改善教育基础设施，努力实现教学、课程的非洲化，希望通过教育来巩固政治独立，促进民族经济的发展。但是，20

---

① ［美］达姆图·塔费拉、P.G. 阿特巴赫：《非洲高等教育面临的挑战与发展前景》，别敦荣、黄爱华编译，《高等教育研究》2003 年第 2 期。
② 潘革平：《人才外流困扰非洲》，《科技日报》2000 年 11 月 5 日。
③ 新华社：《人才流失——非洲发展面临的挑战》，《世界科技研究与发展》2001 年第 1 期，第 32 页。
④ 张永宏：《非洲科技发展面临的严峻挑战》，《全球科技经济瞭望》2009 年第 7 期。
⑤ 腾讯新闻，2016 年 8 月 30 日。中非基金：《非洲动态》2016 年 8 月。

世纪八九十年代，随着非洲国家在国际市场中地位的下滑，国内经济普遍遭受重创，教育外部环境恶化，教育投资势头减缓，教育质量下滑。加之非洲人口的过快增长，也严重制约着教育的进一步发展。世界银行曾做过统计，非洲成年人口中一半多是文盲，接受小学教育的儿童不到70%，其中2/3不能完成学业；能够接受中等教育的儿童不到两成。从R&D从业人员数量和状况来看，非洲科技人员不仅数量较少、人均占有R&D投入量低，而且，流失十分严重。[①] 据联合国有关统计，美国、日本、欧洲国家每万人中从事R&D的人数分别是38人、47人、19人，同期的非洲不到0.6人；美国、日本、欧洲国家每人每年R&D投入分别是600美元、700美元、300美元，同期的非洲仅为0.22美元。[②]

第三，技术匮乏问题严重。非洲电子商务发展亟须技术支持。尽管非洲数字革命已经发展一段时间，但网络使用率仍大大落后于世界其他国家，网络使用人数仅为29%，低于世界49%的水平。其中仅有南非、肯尼亚、北非等国家，以及毛里求斯和塞舌尔等小国网络设施较为健全、网络活动频繁。预计2020年将有5亿非洲人口使用网络。非洲电子商务潜力无限。由于非洲年轻人失业率达60%，电子商务技术发展将对创造就业、促进经济发展起到重要作用。但非洲目前电子技术匮乏，已威胁到其电子经济发展。[③] 技术绑架问题，以尼日利亚为例，尼经济对外依存度过高，行业发展为外国技术所绑架。尼不仅日用消费品依赖进口，基础行业发展所需的设备、技术、服务也绝大部分依赖进口，尼经济发展对外依存度过高，经济形态实为壳资源。这种情形在尼制造业、石油业两大关键领域表现最为突出。制造业中，80%—90%的技术依赖进口，不仅生产技术、设备需要进口，售后服务等也需要外包；石油业中，尼方仅仅在石油产业链的最上游有所建树，开采、炼化等下游产业基本控制在外国公司手中。[④]

第四，贫困面广、资金缺口大。联合国粮农组织（FAO）发布的

---

① 张永宏：《非洲科技发展面临的严峻挑战》，《全球科技经济瞭望》2009年第7期。
② ［埃及］阿姆德·哈戈格：《非洲：希望与现实》，张永蓬译，《西亚非洲》2004年第5期；张永宏：《非洲科技发展面临的严峻挑战》，《全球科技经济瞭望》2009年第7期。
③ 驻肯尼亚使馆经商处，2016年4月25日。
④ 驻尼日利亚使馆经商处，2015年12月20日。

《作物前景与粮食形势》报告显示，全球共有34个国家需要粮食援助，其中27个来自非洲，包括中非共和国、津巴布韦、布基纳法索、乍得、吉布提、厄尔特利亚、几内亚、利比里亚、马拉维、马里、毛里塔尼亚、尼日尔、塞拉利昂、布隆迪、喀麦隆、刚果（布）、刚果（金）、埃塞俄比亚、肯尼亚、莱索托、马达加斯加、莫桑比克、索马里、南苏丹、苏丹、乌干达、斯威士兰。① 世界银行发布《崛起及贫困的非洲》报告显示，全球贫富差距最大的前10个国家中有7个位于非洲，特别是博茨瓦纳、莱索托、纳米比亚和南非等南部非洲国家。世行报告指出，非洲平均经济增长达4.5%，然而该增长并没有带来民生的改善，非洲大陆是目前唯一未能实现联合国千年发展目标的大陆，仍有超过3.3亿人为极贫人口，比20世纪90年代增加了18%。② 肯尼亚信息通信技术管理局指出，肯用于实施信息通信项目的资金短缺严重，缺口超过80亿肯先令（约合9520万美元）。专家建议，信息通信技术将是未来推动肯经济发展的重要驱动，肯应将信息通信领域的财政支出从目前的0.3%增加到5%，以加速全国网络铺设、国家骨干网建设、交通整体管理系统等信息通信项目的实施。③

第五，R&D投入低、信息化水平低。R&D投入是发展科技的重要基础，科技发展较好的国家和地区，一般R&D投入都在GDP的1%以上。非洲国家R&D投入远低于GDP的1%，绝大多数非洲国家R&D投入长期处于GDP的0.5%以下水平。经济总量较大的一些国家，如南非、埃及、摩洛哥、突尼斯、尼日利亚、阿尔及利亚、利比亚、安哥拉、苏丹、肯尼亚，人均GDP较高的国家如塞舌尔（6540美元）、毛里求斯（3550美元）、加蓬（3300美元）、博茨瓦纳（3240美元）、南非（3170美元），其R&D投入都没有达到GDP的1%（见表1—1）。与发展中地区相比，非洲的综合R&D投入状况并不优于加勒比海地区和南亚。④

---

① 驻尼日利亚使馆经商处，2016年3月15日。
② 驻肯尼亚使馆经商处，2016年3月30日。
③ 驻肯尼亚使馆经商处，2016年1月27日。
④ 张永宏：《非洲科技发展面临的严峻挑战》，《全球科技经济瞭望》2009年第7期。

表1—1　　　　　　　非洲部分国家 R&D 投入状况

国家	年份	R&D 从业人员情况			R&D 投入占 GDP 的比例	人均 R&D 投入 (in national currency)
		百万人口中研究人员比例	百万人口中技术人员比例	技术人员/研究人员		
贝宁	1989	176	54	0.3		
布基纳法索	1997	17	16	0.9	0.19	240
布隆迪	1989	33	32	1.0	0.31	101
中非共和国	1984	78	66	0.8	0.25	268
刚果	1984	462	789	1.7	0.01	14
埃及	1991	459	341	0.7		
埃及	1996				0.22	8
加蓬	1986	255	25	0.1	0.01	1
利比亚	1980	362	493	1.4	0.22	8
马达加斯加	1980	13	42	3.3	0.17	157
马达加斯加	1995				0.18	1636
毛里求斯	1989	185	165	0.9	0.32	100
尼日利亚	1987	15	76	5.3	0.09	2
卢旺达	1995	35	8	0.2	0.04	20
塞内加尔	1996	3	4	1.5	0.02	48
塞舌尔	1991	58	143	2.5		
南非	1993	1031	315	0.3	0.70	72
多哥	1994	98	63	0.6	0.48	627
突尼斯	1997	125	57	0.5	0.30	7
乌干达	1996	20	15	0.7	0.57	1792

说明：根据 UNESCO 有关数据整理。①

在信息化时代，信息化水平是一国科技发展的决定性条件，其直接作用并不亚于 R&D 投入。从非洲信息化水平来看，由于现代化起始条

---

① 张永宏：《非洲科技发展面临的严峻挑战》，《全球科技经济瞭望》2009 年第 7 期。参见 UNESCO，2009 年 1 月，http://www.unesco.org/science/。

件不足，非洲从一开始起步，就处于落后状态。① 近年来，虽然非洲国家成功跨越有线时代，信息化速度很快，但是，比较起来，其信息化程度依然很低。国际电联在 2016 年版《宽带状况报告》中指出，全球互联网用户人数将达 35 亿人，相当于全球人口的 47%。中国互联网用户人数达 7.21 亿人，位居全球第一；印度互联网用户人数达 3.33 亿人，超越美国位居第二。尽管中国、印度互联网用户人数绝对值领先全球，但是因两国人口基数太大，依然有大量未接入联网的人口。根据这份报告，全球约 39 亿未联网人口中，55% 来自中国、印度、印度尼西亚、巴基斯坦、孟加拉国、尼日利亚等发展中人口大国。互联网使用率最低的国家均分布在撒哈拉以南非洲。互联网用户人数占全国人口比例不足 3% 的国家为乍得、塞拉利昂、尼日尔、索马里和厄立特里亚。②

在农业时代，谁拥有土地和粮食，就拥有了竞争力。在工业时代，资本左右着一切，甚至包括人的头脑和情感。在信息化时代，构成核心竞争力的要素将不再是资本，取而代之的是学习能力、创新能力、制定并控制标准的能力以及反应的速度等。信息化是全球经济一体化的重要支撑，随着全球经济一体化趋势的不断加深，非洲与世界之间的数字鸿沟可能越拉越大。目前，非洲现代化程度低，大多数黑非洲国家又处于全球化进程之外，信息化导致边缘化的现象已显现出来，科技发展势必受到阻碍。知识经济以自主知识创新系统为基础，非洲本土科技能力的快速形成，是非洲参与未来竞争的重要前提之一。资金、设备、技术可以引进，但知识创新能力只能靠非洲自己去培养和孵化。可见，在全球经济一体化趋势和知识经济迅速发展的时代背景下，非洲科技发展的任务更加艰巨。③ 非洲世界经济论坛发布的《2017 非洲竞争力报告》认为，基础设施仍是非洲发展的主要瓶颈。报告指出，过去 10 年中，非洲的交通基础设施和能源供应质量分别下降了 6% 和 3%，除移动网络以外，非洲的 ICT 基础设施普及率低下，这将阻碍非洲大陆进入第四次

---

① 曾尊固、甄峰、龙国英：《非洲边缘化与依附性试析》，《经济地理》2003 年第 4 期；张永宏：《非洲科技发展面临的严峻挑战》，《全球科技经济瞭望》2009 年第 7 期。

② 中金在线，2016 年 9 月 18 日。中非基金：《非洲动态》2016 年 9 月。

③ 张永宏：《非洲科技发展面临的严峻挑战》，《全球科技经济瞭望》2009 年第 7 期。

工业革命。虽然在某些方面有所改善，但非洲大陆整体的交通通信基础设施水平与世界其他地区的差距正在扩大。

第六，文化传统、殖民后遗症影响科技政策的制定和执行。非洲科技发展面临方方面面的困难，其中，科技政策是普遍关注的焦点。本土企业家、科技专家、政治家，国际组织，包括发达国家、跨国公司出于自身利益的考虑以及全球资源配置的需要，都在为非洲科技发展出谋献策，诸如，改善基础条件、改进评价体系以吸引人才的措施，促进政府支持科技、探索提高 R&D 投入使其至少占到 GDP 的 1% 的有效办法，推进新技术能力建设的计划（包括生物技术、信息技术和相关政策），建立鼓励私营部门增加 R&D 投入的政策，提高国家社会经济发展计划中科技政策的完整性、系统性以及法制化程度，等等。但是，由于文化传统、殖民后遗症的影响，非洲科技政策的制定和执行困难重重。从文化传统方面来看，部族主义形成多元的利益格局，影响科技政策的稳定性和连续性。从殖民后遗症来看，一方面，长期遭受殖民，使非洲对原来的宗主国和西方国家市场依赖性较强；另一方面，惨痛的被殖民经历，增强了非洲中心主义意识，影响非洲国家与发达国家的交往，进而一定程度上助长了反科学思潮，影响非洲科技政策的进步。另外，非洲人民的生活习惯、思维习惯、哲学精神，对接受实证、效率等科技观念，需要一定的过程，制约着非洲科技政策的有效执行。①

（三）约翰内斯堡峰会以来的进展

2015 年 12 月 4 日至 5 日，中非合作论坛峰会在南非约翰内斯堡举行。这是自 2000 年中非合作论坛启动以来在非洲大陆召开的首次峰会。峰会围绕"中非携手并进：合作共赢 共同发展"这一主题，聚焦非洲工业化和农业现代化。峰会通过了《中非合作论坛约翰内斯堡峰会宣言》和《中非合作论坛——约翰内斯堡行动计划（2016—2018）》两个成果文件，对未来 3 年中非各领域合作进行了全面规划。② 峰会重点讨

---

① 张永宏：《非洲科技发展面临的严峻挑战》，《全球科技经济瞭望》2009 年第 7 期。
② 《习近平访非再促发展》，2016 年 3 月，http：//news. jxnews. com. cn/system/2015/12/01/014 498856. shtml。

论了以下议题：帮助非洲实现工业化，帮助非洲农业发展和脱贫，加强在后埃博拉时代的卫生合作，加强和平与安全合作，加强人文交流。习近平主席在中非合作论坛约翰内斯堡峰会上宣布，中国在未来三年内将提供600亿美元资金支持非洲经济发展，同非方重点实施十大合作计划：工业化、农业现代化、基础设施、金融、绿色发展、贸易和投资便利化、减贫惠民、公共卫生、人文、和平与安全。① 中国政府承诺将免除非洲最不发达国家截至2015年底到期未还的政府间无息贷款债务，并向非盟提供6000万美元无偿援助，支持非洲地区维护和平行动。

峰会一致同意做强和夯实政治上平等互信、经济上合作共赢、文明上交流互鉴、安全上守望相助、国际事务中团结协作"五大支柱"，将中非关系提升为全面战略合作伙伴关系；围绕"十大合作计划"的实施，破解基础设施滞后、人才不足、资金短缺三大阻碍非洲发展的瓶颈和就业、温饱、健康三大困扰非洲的民生问题。约翰内斯堡峰会不仅成果丰富，而且反响积极，是中非关系史上的里程碑，为中非合作向着更广更深层次迈进打下了坚实基础。

峰会前，中国与南非签署了近30项协议，总计价值940亿兰特（约合人民币418亿），包括中国出口信用保险公司向南非国有运输公司Transnet提供25亿美元的信贷额度，国家开发银行向南非电力公用事业公司Eskom提供5亿美元贷款，北汽集团投资110亿兰特（约合人民币49亿元）在南非建设一座汽车生产厂，② 等等。峰会期间，中非五十多个国家的企业家在基础设施、交通通信、制造业、农业、人才培训等多个领域签署了二十多项合作协议，投资金额达到138亿美元；③ 并在南非举行中非装备制造业展，集中展示适合非洲发展条件的中国装备和技术，轨道交通、电力能源、通信广电、农机建材、智能制造、航空航天

---

① 参见《习总干了一件大事：十招让非洲靠近中国》，http://www.aiweibang.com/yuedu/shenghuo/70883406.html。

② 《西方污蔑中国在非洲搞新殖民主义》，http://blog.sina.com.cn/s/blog_14e5fe9880102w3uk.html。

③ 《商务部：中非签署22项合作协议 投资额138亿美元中非基金》，2016年3月，http://biz.beelink.com/html/201512/content_110566.htm。

和金融服务七大领域三十多家中国企业参展。①

在约翰内斯堡峰会的引领下,中非合作全面转型升级,总体上看,中国对非合作正在呈现三个新的变化:一是政府主导逐渐向市场运作转型,二是商品贸易逐渐向产能合作升级,三是工程承包逐渐向投资运营迈进。这三个新变化为非洲实现可持续发展提供新的动能和机遇,同时也带动了中非科技合作呈现出诸多新的趋势。

1. 聚焦非洲工业化:依托资金、技术优势合作建设工业园区、自贸区、经济带

约翰内斯堡峰会以来,中国积极推行整体的、系统的一揽子合作方案,统筹资金、技术、管理和运营,把政府与企业更加紧密地绑在一起,在非洲谋求合作建设工业园区、自贸区、经济带,促进非洲的工业化,支撑中国的国际产能合作。例如,(1)中乌农业产业园建设。该项目由四川科虹集团投资建设,位于乌首都以北 80 公里的卢韦罗地区,占地 5000 亩,总投资金额 2.2 亿美元,将主要开展大米种植、畜牧养殖、谷物加工和农业技术培训等。该项目将为乌创造 2000 个工作岗位。② 中国—乌干达姆巴莱工业园建设。该园区位于乌首都坎帕拉以东 220 公里处,占地面积 2.51 平方公里,由中国民营企业天唐集团负责筹建。目前,园区已累计获投资 200 万美元,共有 10 家企业签署入园协议,涵盖冶金建材、水果加工、家具制造、玻璃制造、汽车组装、智能手机、新能源等领域。③ (2)中国与尼日利亚签署一揽子合作计划,包括电力、固体矿产、农业、房建和铁路等行业。电力领域,南北电力公司与中国水电签署了希罗罗太阳能电站项目协议,合同金额达到 4.79 亿美元,项目地点位于尼日尔州;固体矿产领域,尼日利亚花岗岩和大理石公司与上海世邦机械有限公司签署了在尼建设花岗岩开采厂的协议,合同金额 5500 万美元;交通领域,中国水电与基础设施银行达成协议,将投资 10 亿美元建设阿布贾—伊巴丹—拉各斯高速公路,中国公司出资 25 亿美元建造拉各斯轻轨项目;房建领域,中国公司将

---

① 静安:《中国大型优势装备首次集体亮相非洲》,《中国贸易报》2015 年 12 月 8 日。
② 驻乌干达使馆经商处,2016 年 4 月 28 日。
③ 人民网,2018 年 3 月 11 日。

出资 2500 万美元建造一座 27 层高的现代综合大厦；工业领域，中方将在奥贡广东自贸区投资 10 亿美元建设一座高科技工业园；中玻尼日利亚投资公司与奥贡广东自贸区达成协议，将投资 2 亿美元建设两条浮法玻璃生产线；中国投资 3.63 亿美元在科吉州建设综合农场和下游工业园。此外还包括合同额达 5 亿美元的电视转播设备供应项目、合同额为 2500 万美元的预付费电表生产厂等。① 奥逊州政府和江苏无锡太湖可可食品有限公司合作建立工业园区，投资约 6 亿美元，包括 6 个子工程：可可豆加工、巧克力和食品加工、盐加工、木薯淀粉加工、金矿和发电厂。②（3）中国与非洲国家大力开展自贸区合作，将分别与各非洲国家及区域组织商谈涵盖货物贸易、服务贸易和投资在内的自贸区合作，以增加非洲大陆对华出口，缓解贸易不平衡，促进中国技术向非洲转移。③（4）蒙内铁路项目带动肯尼亚中小企业发展。蒙内铁路项目建设受益情况主要包括三个方面：一是企业规模进一步扩大。肯部分参与蒙内铁路企业为满足项目需求，通过增资、增员、扩大生产能力等方式进一步扩大经营规模。二是生产技术得到了升级。通过参与蒙内铁路项目，肯水泥和钢铁制造企业进行了生产技术的升级和生产设备更新，产品质量和产品种类有了较大的提高，带动了行业发展。三是企业品牌获得了提升。作为肯百年来最大工程和东非地区重要基础设施项目，蒙内铁路为肯当地中小企业提供了展示企业形象和实力的宽广平台。④（5）中国助力坦桑尼亚输变电发展和经济特区建设。中国政府将注资 6.8 亿美元，在坦桑尼亚北部地区修建始自首都达累斯萨拉姆，连接坦噶、乞力马扎罗至阿鲁沙全新的 400 千伏安小时输变电线路。该项目是中国政府在中非合作论坛第二届峰会上承诺在未来三年对坦桑尼亚投资项目其中之一，其他大型项目还包括中部铁路、巴加莫约经济特区和振兴坦赞铁路等项目。⑤（6）乌干达辽沈工业园奠基。乌方将为园区提供税收等优惠政策，鼓励更多的中国企业来乌投资。辽沈工业园是在辽宁省政府

---

① 驻尼日利亚使馆经商处，2016 年 4 月 19 日。
② 驻拉各斯总领馆经商室，2017 年 12 月 1 日。
③ 驻坦桑尼亚经商代表处，2016 年 1 月 18 日。
④ 驻肯尼亚使馆经商处，2016 年 2 月 1 日。
⑤ 驻桑给巴尔总领馆经商室，2015 年 12 月 22 日。

支持下,由乌干达张氏集团和辽宁中大集团两家民营企业投资兴建。工业园区占地面积2.6平方公里,可容纳50家企业,总投资额约6亿美元,建成后将为乌提供一万个工作岗位。① (7)中尼合作建设自贸区。莱基自贸区位于拉各斯州东南部的莱基半岛,占地30平方公里,是目前在建占地面积最大的境外经贸合作区。经过近十年的潜心发展,截至2015年6月,已有入园企业43家,其中有5家租赁土地并已实际开工建设,另外还有7家企业总共租赁了1.17万平方米的标准厂房。2016年入园的玉龙钢管(莱基)项目,由江苏玉龙钢管股份有限公司在尼投资设立,项目占地18公顷,总投资约1.5亿美元。② (8)中肯合建经济特区——珠江经济特区。该特区是肯尼亚首个经济特区,由中国广东新南方集团与肯非洲经济特区有限公司合作建设,投资约20亿美元,重点发展农产品加工、高新技术、家具、轻纺、机械、建筑等产业集群,带动中国企业走进肯投资建厂,并可提供4万个直接就业岗位和15万个间接就业岗位。③ (9)中坦合建工业园。坦桑尼亚农业出口加工区有限公司(TAEPZ)与中国Epoch农业公司签署价值10亿美元的木薯种植与加工合作协议,并计划为此建立一个工业园,生产木薯粉、木薯淀粉、动物饲料、有机化肥和纸浆,以及工业糖和乙醇。坦私营部门基金会(TPSF)表示,木薯试点项目很好切合了坦桑尼亚的工业化战略,也有助于解决粮食安全问题。④ (10)2018年,中企主导建设的吉布提国际自贸区开园。该自贸区由吉布提港口和自贸区管理局与招商局集团、大连港集团等中资企业共同投资及运营,入园企业涉及商贸、物流、加工业,未来还将吸引汽车、机械、建材、海产加工、食品加工等。吉布提国际自贸区将成为"一带一路"建设中的一个重要支点,成为东非乃至全球重要的物流节点。⑤ 此外,中国计划把刚果共和国黑角经济特区打造成中非产能合作的旗舰项目和非洲集约发展的样板工程,在刚果建设物流、制造业、航空和能力建设四大次区域中心;中国

---

① 驻乌干达使馆经商处,2015年12月3日。
② 驻拉各斯总领馆经商室,2015年12月17日。
③ 新华网,2017年7月10日。
④ 驻尼日利亚使馆经商处,2017年1月19日。
⑤ 人民网,2018年7月7日。中非基金:《非洲动态》2018年7月。

鼓励马达加斯加充分利用其地理和资源优势，双方努力把马打造成为"一带一路"同非洲大陆连接的重要桥梁和纽带;① 中埃合作建设本班光伏产业园。该项目由特变电工新疆新能源股份有限公司承建，装机容量186兆瓦。埃及本班光伏产业园总装机量2019年预计可达2000兆瓦，是世界最大的光伏产业园之一。太阳能是埃及的战略发展项目，中国光伏发电新增装机量已连续5年位居世界第一，在光伏产品和安装方面技术储备丰富。② 总体上看，在中非合作论坛约翰内斯堡峰会新的理念引领下，中非互利合作逐渐从政府主导向市场运作为主转型，从一般商品贸易逐渐向产能合作和加工贸易升级，从简单工程承包逐渐向投资建设运营领域迈进，中非产能合作和产业对接方兴未艾，大量中国企业到非洲投资兴业，一大批基础设施、经济特区和工业园区付诸实施或投入使用。③ 非洲工业化基础薄弱，中国优先支持非洲工业化发展，利用经济合作区、工业园区和科技园等吸引投资和人才，这将为非洲的经济独立和可持续发展奠定坚实基础。④

2. 聚焦非洲农业现代化：深化在非洲农业项目的参与度

农业是大多数非洲国家的支柱产业，机械化水平的提高将有助于解决粮食问题，长期以来，中国与非洲国家分享在农业发展方面的经验和技术，支持非洲国家改善其农业、农产品加工业、畜牧业和渔业。由"南非国际问题研究所"（SAIIA）出版、题为"资源开采业以外：中国对西非农业援助的案例"的研究报告指出，在农业方面，中国有很多值得非洲国家借鉴的地方。中国一直把农业界定为中非合作的重点领域，不断深化中非农业合作。例如，在中国商业部的指导下，中国不仅捐出农业机械，而且深度参与农业计划和乡郊基建（如在佛得角Poilão和加纳兴建的灌溉水库）的融资安排。在技术援助的框架下，中国在西非国家（包括几比）建立多个培训中心。在几比培训中心，中国专家向当

---

① 《法媒关注中企大举投资非洲：有助打入欧盟市场》，2018年12月，http://news.21cn.com/hot/int/a/2017/0119/04/31903062.shtml；新华非洲，2017年1月14日。
② 人民网，2018年4月12日。中非基金：《非洲动态》2018年4月。
③ 新华非洲，2016年1月9日。
④ 驻尼日利亚使馆经商处，2017年1月3日。

地农民提供大量系统的技术培训。① 再如,中企在安哥拉打造万顷现代化农场。黑石农场位于安哥拉中部省份马兰热,是中信建设有限责任公司在安哥拉打造的两个上万公顷的农场之一。在安哥拉,黑石农场现代化程度最高、单位面积产量最高。40多名中国员工,管理着上万公顷土地,除草、播种、施肥、喷灌、收割、仓储,全部实现了机械化。中信建设在安哥拉打造的另一个上万公顷的农场在威热省,以畜牧业和水稻种植为主。这两个农场是中信建设在安哥拉倾心打造的现代化大农业的两个窗口,中信建设正在同安方商讨更多的农业项目,安哥拉政府也希望中信建设在各省推进类似的农业项目。安哥拉每年需要400万吨粮食才能满足2300万国民的各种需求,目前,安哥拉本国的粮食产量每年只有150万吨,现代化大农业是解决吃饭问题和实现粮食自给自足的唯一出路。黑石农场所在的马兰热省希望加强与中国公司开展在各个领域、特别是农业领域的合作。马兰热省自然资源丰富,降水量丰富,是安哥拉的农业大省、主要农业产区,种植的主要作物包括玉米、大豆和木薯。近年来,农业是安哥拉政府优先发展的产业,与中国公司在农业灌溉、农产品深加工、家庭农业、生产技能培训等领域展开合作的前景十分广阔,有利于提升当地居民的就业机会和生活水平。② 莫桑比克是中国农业加工企业(主要属棉花生产领域)落户非洲最多的国家之一。落户莫桑比克的中国农企有12家,占所有在莫中国企业数目的15%。其中规模最大的是中非棉业莫桑比克有限公司。与其他产业部门相比,到非洲投资的中国农企数量不少。一般而言,中国民企参与小规模耕作,国营企业则主导大型项目,多获中国国家开发银行和进出口银行的资金支持。③ 中非发展基金投资支持的万宝莫桑农业园项成效显著,极大缓解了莫桑比克粮食短缺的问题,也带动了当地农户生产,使他们学到了技术,增加了收入,是中非农业合作的"标杆和典范"。莫有大量可耕地,但农业技术落后。万宝莫桑农业园项目是目前中国在非洲最大规模的水稻项目,也是中莫两国产能合作重点项目之一。项目集水稻种

---

① Macauhub, 2015 – 11 – 30.
② 非洲商业观察,2015年12月18日。
③ Macauhub, 2015 – 12 – 23.

植、仓储、加工、销售于一身,规划开发 2 万公顷可耕种土地,并通过培训当地农户带动周边 8 万公顷水稻种植,以期形成 10 万公顷的种植规模。①

3. 聚焦非洲信息化:信息技术企业大举进入非洲

2015 年底,由中国进出口银行提供优贷支持的贝宁国家宽带网项目奠基。贝宁国家宽带网项目由华为技术有限公司实施。贝宁政府认为,华为支持的信息数字经济,将有力促进贝宁社会经济发展,是贝宁发展的一把钥匙。② 与此同时,华为帮助几内亚国家电信公司一步跨越到 4G 时代。为了支持几内亚电信行业实现跨越式发展,华为技术公司与几内亚国家电信公司开展了互利双赢的务实合作,向几内亚提供中国标准的 4G 设备、技术,并积极培训当地技术人员;中国进出口银行提供了 5000 万美元的优惠买方信贷。在双方共同努力下,几内亚国家电信公司快速实现了从模拟到 4G 的跨越式发展,一步进入到信息化时代。2016 年几内亚国家电信公司(la Societe des Telecommunications de Guinee,SOTELGUI),即推出 4G 电信服务。电信业的跨越式发展对于几内亚这种落后的不发达国家具有特殊的战略意义,4G 平台的建立为今后几内亚发展电子商务、电子政务、电子银行、电子货币、手机支付、网络教育等提供了平台和技术上的可能性。华为公司在几内亚实施另外一个大项目:4000 公里长全国光纤骨干网,该网建成后,几内亚将从无固定电话网线时代一步跨越到光纤网时代。③ 2017 非洲电力周(African Utility Week 2017)期间,华为和南非国家电力公司联合设立的"华为 & Eskom 联合创新中心"揭牌,此合作将加快南非电力行业的数字化转型。④ 2018 年,中国与塞内加尔政府签署多项合作协定包括《两国政府间经济技术合作协定》《中国向塞内加尔提供优惠贷款的框架协议》以及《中国向塞内加尔赠送一批同传设备》《在塞内加尔三百个村落实施"万村通"项目》《继续为迪亚姆尼亚久儿童医院开展技术服

---

① 直通非洲,2018 年 4 月 8 日。中非基金:《非洲动态》2018 年 4 月。
② 驻贝宁使馆经商处,2015 年 11 月 30 日。
③ 驻几内亚使馆经商处,2015 年 12 月 10 日。
④ 人民网,2017 年 5 月 19 日。

务》等,在新的优惠贷款框架协议下实施的"智慧塞内加尔"项目,将通过完善公共服务和发展数字经济等措施,助力塞国实现区域旅游中心、物流中心、ITC 中心等目标,在由中国政府融资的"国家宽带网"项目基础上提升国家工业、农业、教育、医疗等领域的信息化程度,推动经济发展。① 华为还计划在南非建立公共云和数据中心,为撒南非洲地区国家提供云服务。②

在华为的带动下,信息产业链上的中国企业纷纷进入非洲。2016 年,中国最大手机零售商迪信通全面"进军"非洲市场,计划与华为、酷派、金立、小米、vivo、OPPO、魅族、乐视、联想、中兴、TCL 等国产手机品牌合作,在尼日利亚开设 100 家门店、至少年销售 100 万台手机。③ 尼日利亚人口超过 1.7 亿,是非洲大陆人口最多的国家,同时也是非洲最大的经济体,当地至今还有不少 2G 用户,年轻消费群体对于 3G、4G 智能手机有着强烈的需求。非洲市场的高端手机主要是三星、Lumia 和华为等品牌,少见苹果手机。主流市场被 600—1200 元人民币区间的中低端手机占据,主要品牌为 Tecno、Infinix 和 Lenovo 等,中低价位的手机是非洲手机市场的主流产品。④ 迪信通伴随华为等中国手机企业进驻非洲,对中国全产业链进入非洲奠定了市场基础。2017 年,深圳传音控股有限公司旗下的手机在撒哈拉以南非洲地区的市场占有率超过 40%。⑤

非洲数字电视市场空间广阔,四达时代集团是在非影响最大的数字电视运营商。四达时代 2002 年开始进入非洲市场,经过多年打拼,在 30 多个非洲国家注册成立公司,在近 20 个国家开始运营,初步建成节目中继平台、直播卫星平台、数字地面电视传输平台三大网络平台,发

---

① 驻塞内加尔使馆经商处,2018 年 2 月 9 日。
② 新浪网,2019 年 2 月 14 日。中非基金:《非洲动态》2019 年 2 月。
③ 《迪信通扬帆出海 全球战略正式启航》,2018 年 6 月,http://ydhl.cena.com.cn/2015-12/10/content_309187.htm。
④ 新浪财经,2015 年 12 月 10 日。中非基金:《非洲动态》2015 年 12 月。
⑤ 美媒:《中国科技企业给非洲带来实用创新》,2018 年 6 月,http://www.cankaoxiaoxi.com/finance/20170801/2214942.shtml。

展数字电视用户近千万,信号覆盖非洲90%以上的人口。① 2017年,中国在非洲全面启动"万村通"卫星数字电视项目,帮助非洲30个国家1万个村落接通数字电视信号,向20万个非洲家庭捐赠机顶盒。②

2015年末,腾讯在南非推出了微信钱包服务,使用微信钱包服务无须捆绑银行账号。这是腾讯首次向海外交易开放其移动支付服务。为了在南非推微信钱包服务,腾讯与包括标准银行在内的南非金融机构,以及包括SPAR、SPARTops和Cambridge Food Stores在内的零售商达成了合作协议。③

中国联通投资、华为海洋网络有限公司与喀麦隆电信合作,建设喀麦隆—巴西跨大西洋海缆系统,连接非洲南美洲。该海缆系统全长约6000公里,跨越南大西洋,连接喀麦隆海岸城市克里比和巴西东北部城市福塔莱萨。喀麦隆—巴西跨大西洋海缆系统项目建成后,国际带宽容量将扩容3000倍,非洲和拉美国家网络可以直接互联互通。早在2009年,中喀双方就签订了喀麦隆国家光纤骨干传输网项目贷款协议,由华为同喀麦隆电信公司共同建设喀麦隆全境三千多公里的光纤通信网络。④ 同期,由中国通信建设集团有限公司承建、华为技术有限公司提供设备的科特迪瓦东部光缆骨干网项目启用,该光缆骨干网项目基于尖端技术和国际标准建设,投入使用后将极大促进科经济结构改革,提升科数字经济产业竞争力,为科人民和政府提供质优价廉的网络服务。目前,该领域对科经济增长的贡献率已达8%,每年为科财政创收3000亿—4000亿西非法郎(约合4.6亿—6.1亿欧元),同时创造直接就业岗位2万个,间接提供就业机会10万个。科东部光缆骨干网项目全长622公里,连接阿比让、大巴萨姆直至东北部城市布纳,于2013年7月开工建设。此外,全长1400公里的科西北部光缆骨干网项目于2012年7月开工建设,即将竣工投入使用;全长5000公里的全国光缆骨干网(三期)项目已于2016年开工建设,总工期24个月。上述项目全部投

---

① 杨虹:《数字电视在非洲的市场空间很大》,《中国经济导报》2015年12月18日。
② 新华非洲,2017年8月11日。
③ 非洲商业观察,2015年12月15日。
④ 《中企首次承建跨大西洋海缆系统工程》,2018年6月,http://www.chinasouth.com.cn/s/1078-3779-33748.html;人民网,2015年12月28日。

入使用后，科全国光缆骨干网总长度将达7000公里，将对科医疗、教育、行政管理、金融、农业、司法等领域产生积极影响。① 2018年，中企承建连接东非、亚洲和欧洲的海底电缆——巴基斯坦—东非快速光缆，由中国TropicScience公司设计，旨在利用光缆为非洲、亚洲和欧洲搭建快速信息通道。该系统第一阶段长达6200千米，将连接南非、肯尼亚、吉布提、索马里和巴基斯坦（瓜达尔和卡拉奇）；第二阶段长达13000千米，将横跨南非和欧洲，并全部基于200吉带宽的波形多频复用技术，设计数据传输速度达60太每秒。② 中国通信业入非拓展业务20多年，协助非洲修建了非洲的通信基础设施，同时与当地企业、研究机构和政府开展广泛合作。与早期活动相比，中国企业在非洲的影响力正呈现多元化特点，涉足广播电视、数据中心、智能手机销售等多个领域。③

4. 高端制造产品携带技术成规模进入非洲

近年来，中国已成为世界知识产权发展的主要推动力量。世界知识产权组织发布的2015年度《世界知识产权指标》报告显示，2014年中国的专利申请量为928177件，位居世界第一，超过了美国（排名第二位）和日本（排名第三位）的总和；不仅中国专利局收到的专利申请最多，中国公民和企业在海外的专利申请也最多，共83.7万件，美国和日本则分别为50万和46.5万件。④ 随着中国技术研发、技术渗透能力的不断增强，中国制造正大踏步迈向高端。

约翰内斯堡峰会后，中国高端制造产品如汽车、电动摩托车、机车、城铁、飞机、军舰、石油业成套装备、矿产技术、疫苗等成规模进入非洲，正在改变着"中国制造"技术含量低、质量差的面貌，为中

---

① 博爱晨报，2015年12月1日。中非基金：《非洲动态》2015年12月。
② 东非经贸在线，2018年2月5日。
③ 美媒：《中国科技企业给非洲带来实用创新》，2018年6月，http://www.cankaoxiaoxi.com/finance/20170801/2214942.shtml。
④ 参见《我2014年申请专利创纪录 超美日总和》，2018年6月，http://journalist.com-news.cn/zsw/webinfo/2015/12/1451584516964013.htm；《中国2014年申请专利创下纪录，超美日总和》，2018年6月，法国国际广播电台网站（12月15日）（http://www.cankaoxiaoxi.com/finance/20151215/1026801.shtml）。

国技术"走出去"开疆拓土。例如，（1）汽车、电动摩托车。北汽在非洲步入快车道。在竞争异常激烈的南非汽车市场，北汽—中非汽车公司生产的 SASUKA 小型公共汽车异军突起，成为耀眼新星。北汽—中非汽车公司成立于 2013 年，由北汽和南非工业发展公司投资，主要开发适合南非当地市场的 SASUKA 汽车。该产品凭借完善的融资信贷体系、高性价比、可靠质量和优秀售后服务等优势，[1] 销量逐年攀升，市场排名仅次于丰田产品。[2] 2016 年 1 月 7 日，安徽江淮汽车与阿尔及利亚 EMIN AUTO 合作，合资建立汽车组装厂。江淮汽车与 EMIN AUTO 汽车组装厂项目位于艾因蒂姆沈特省，总占地 32 万平方米，整体项目预计总投入 1.2 亿美元，首期产能预计每年 1 万台，主要组装新一代的轻卡等产品。[3] 中国飞肯（Fekon）牌电动摩托车正式进入坦市场，这种先进的电动车充电一次能骑行 110—120 公里，非常环保，可极大地方便生活在达市、姆万扎、阿鲁沙等大城市的居民出行，且售价合理，销售前景可观，目前已经售出 39200 辆。[4]（2）机车、城铁。2016 年 7 月，中国中车出口南非的首批内燃机车预计 7 月前抵达德班，8 月在当地启动本地化生产，本地化率将达 55%。2014 年，中国中车大连公司与南非国有运输集团（Transnet）签订了总额约 9 亿美元的 232 台内燃机车供货合同，是中国内燃机车出口海外的最大订单。中国中车南这一合作项目不仅订单数量大，在交付产品的同时，需要对对方进行培训和技术转让，在当地实现机车的生产组装，从而实现本地化目标。[5] 同月，中车大连机车车辆有限公司制造的首列出口尼日利亚拉各斯轻轨车辆开始打包发运，标志着中国生产的城铁车辆将首次出口非洲。非洲是中车大连公司最大的海外市场，截至目前，大连机车已成功开进安哥拉、肯尼

---

[1] 《南非支持北汽 中非汽车持续发展》，《经济参考报》2016 年 4 月 22 日。http://www.autoinfo.org.cn/autoinfo_cn/content/xwzx/20160422/1508617.html。

[2] 新华非洲，2016 年 4 月 20 日。

[3] "江淮汽车与阿 EMIN AUTO 签署汽车组装厂项目协议"，2018 年 6 月，http://www.autoinfo.org.cn/autoinfo_cn/content/xwzx/20160113/1484442.html；驻阿尔及利亚使馆经商处，2016 年 1 月 12 日。

[4] 驻坦桑尼亚经商代表处，2016 年 1 月 16 日。

[5] 直通非洲，2016 年 7 月 7 日。

亚、尼日利亚、埃塞俄比亚等近 10 个非洲国家。① 2018 年，中国中车南非海外联合研发中心在约翰内斯堡成立，并与金山大学签订战略合作协议。联合研发中心依托中车株机公司建设与运行，面向轨道交通装备创新发展需要，以科研项目为主要载体，重点开展轨道交通装备技术研究、技术支持、技术转化等工作，兼顾国际化人才引进和培养，组织国际技术合作和交流。联合研发中心的成立将为中国中车与南非各研究机构、高校、企业技术交流和合作搭建新的平台，推动"产、学、研、用"多方深度融合。2012 年以来，中国中车先后在南非中标电力机车、内燃机车订单，研制的机车产品助推了南非铁路货物运输能力升级。中国中车在南非积极实行"五本模式"，即"本地化制造、本地化用工、本地化采购、本地化维保、本地化管理"，不仅实现了产品输出，还实现了"整车＋核心部件"全产业链输出，在南非建立先进的轨道交通制造基地，促进了当地就业和经济发展。②（3）飞机、军舰。2016 年 7 月，国产 Y－12 飞机正式入列吉布提空军。中国政府向吉布提出口的多功能 MA60 飞机大大提升了吉布提的航空运输能力，Y－12 飞机的入列，是对 MA60 飞机运力的补充，进一步提升了吉布提空军的能力。③ 2016 年 10 月，由中国为尼日利亚建造的近海巡逻舰"团结号"正式交付尼军方。"团结号"培训官表示，在尼拥有的军舰中，中国造的军舰是最好的军舰之一，技术先进，战斗性能好，非常适用，大大加强了尼海军维护领海安全和打击海盗的能力。④ 中国自主研制的新舟 60 飞机在"中非区域航空合作"计划中发挥重要作用，在非洲中部地区运行的 14 架新舟 60 飞机已经支持该区域 7 个国家开通了 20 条地区航线。中国航空工业旗下的中航国际航空发展有限公司积极参与在非洲地区实施"中非区域航空合作"计划和"空中坦赞铁路"项目。中航国际在非洲英语区和法语区各建立了一个国产飞机营销中心，并通过在南非的艾维国际飞行学院为国内外航空公司培养了近 500 名飞行员和技术人员。同

---

① 直通非洲，2016 年 7 月 20 日。
② 人民网，2018 年 11 月 5 日。中非基金：《非洲动态》2018 年 11 月。
③ 驻吉布提使馆经商处，2016 年 8 月 9 日。
④ 新华非洲，2016 年 10 月 25 日。

时，在坦桑尼亚建立了一个国产飞机技术支援中心，在刚果（布）注册建立了一个国产飞机维修中心，并且正在肯尼亚、喀麦隆和刚果（布）建立中国国产飞机备件中心。中国航空工业将持续改进新舟60及新舟600飞机，并推进新舟700新一代涡桨支线飞机研制。① 2018年，海航集团与中国商用飞机公司签署《关于开拓国产飞机非洲市场谅解备忘录》，计划依托"一带一路"倡议，助力国产飞机在非洲市场实现规模化、市场化运营。海航集团将充分发挥全球航空运营及航线网络资源优势，以非洲加纳AWA等航空公司为基础，将国产新支线飞机ARJ21投放至非洲市场。海航集团与中国商飞将积极参与非洲区域航空网建设，研究开展在飞机维修、航材支援、人员培训等领域的合作，共同打造国产飞机非洲服务保障体系；探索在非洲建立国产飞机租赁公司，支持国产民用飞机的销售。②（4）石油业成套装备。2016年10月，由杰瑞天然气集团为阿尔及利亚国家石油公司设计制造的5台套压缩机组正式发运。这是中国制造业首次为非洲油气巨头阿尔及利亚国家石油公司提供成套的油气装备，对于中国能源企业未来进一步开拓北非油气市场有着重要意义。阿尔及利亚国家石油公司在最新的非洲500强企业排名中高居榜首。杰瑞欧非大区市场负责人表示，此次发货的5套1253千瓦燃驱压缩机组将用于阿尔及利亚405B区块的天然气集输增压作业，项目业主则是国际两大油巨头阿尔及利亚国家石油公司与意大利国家石油公司共同组建的合资公司。目前中国企业仅是凭借优质的设备机加工能力，在整个工程中扮演设备供应商的角色，而未来的市场开发重点是更深入地融入非洲油气市场，最大程度实现双方共赢。③ 再如，中国投资非洲浮式液化天然气（FLNG）项目，该项目投资70亿美元，中国提供融资和生产平台建设。由于航运和天然气市场低迷，浮式液化天然气技术复杂，西方对该项目持谨慎态度，中国技术的成本优势凸显。④（5）矿产技术。重庆太鲁科技发展有限公司与几内亚共和国的思力商

---

① 新华社，2018年1月10日。中非基金：《非洲动态》2018年1月。
② 《海南日报》2018年9月18日。中非基金：《非洲动态》2018年9月。
③ 凤凰财经，2016年10月24日。
④ 《中国石化报》2017年7月14日。

贸有限公司签署跨国技术输出战略合作协议，双方将在几内亚共和国合作建立合资企业，重庆太鲁主要以技术入股控股51%，从2016年起，合资生产铜粉的衍生品铜基润滑抗磨系列产品，并在西非地区推广，以应用到矿业生产等行业中。重庆太鲁科技发展有限公司的核心专利技术"一种亚微米铜粉及用硫酸化学还原制备该铜粉的方法"，是以含铜废渣、废料、废矿和电镀铜液为原料，提炼出纯度超过99.9%的铜粉。[①] (6) 疫苗生产。中国公司与纳米比亚农业部合作建设口蹄疫疫苗厂。该厂位于纳北部奥汉奎纳省，纳农业部提供100公顷土地，安徽外经建设集团与内蒙古金宇集团负责实施，旨在促进纳牲畜养殖业健康发展、保障纳牛肉出口。项目建成后，纳将成为南部非洲较大的疫苗出口国，不再依赖从博茨瓦纳进口疫苗。[②] 赞比亚中国经济贸易合作区医药产业园投产，对赞医药行业的发展具有里程碑式意义。[③] (7) 核电技术。我国在非洲最大的实体投资项目——中广核湖山铀矿，自2016年底产出第一桶铀以来，产能稳步提升，2017年全年累计产量超过1000吨，是全球第二大铀矿，被誉为中非合作的典范。中广核正致力于打造国际一流的清洁能源集团，推动非洲低碳清洁能源发展迈向更高水平。[④] 中广核与肯尼亚核电局签署合作协议，中广核将根据肯尼亚核电局的需求，基于"华龙一号"及其改进型核电技术，在肯尼亚核电开发和能力建设方面开展全面合作，为肯尼亚提供有偿的核电员工培训、培训能力建设和培训信息共享服务，标志着中国核电技术已正式布局非洲。[⑤] (8) 通信卫星。2017年底，西昌卫星发射中心成功发射阿尔及利亚一号通信卫星（阿星一号）。阿星一号是阿尔及利亚的第一颗通信卫星，也是中阿两国航天领域的首个合作项目。卫星主要用于阿尔及利亚的广播电视、应急通信、远程教育、电子政务、企业通信、宽带接入和星基导航

[①] 驻几内亚使馆经商处，2015年12月7日。
[②] 参见《中国公司与纳米比亚农业部探讨建设口蹄疫疫苗厂》，2018年6月，http://china.huanqiu.com；驻纳米比亚使馆经商处，2015年12月28日。
[③] 新华非洲，2018年3月26日。中非基金：《非洲动态》2018年3月。
[④] 《中国环境报》2018年4月12日。中非基金：《非洲动态》2018年4月。
[⑤] 21世纪经济报道，2017年3月22日。

增强服务等领域。① (9) 人工智能技术。云从科技与津巴布韦政府合作，为津巴布韦的金融、安防、机场等多个行业提供相关人工智能技术及设备，推动津巴布韦政府在金融领域、交通领域、公共安全领域、教育领域完成智能化改造，并将建立津巴布韦国家人脸数据库。津巴布韦除了与云从合作，数十家中国生物、科技、建设企业也与津巴布韦签订了合作协议。②

5. 在基础设施建设领域嵌入技术内涵

中国是非洲最大的基础设施建设承包国，但也越来越受到西方国家的挤压，例如日本就在全球推行高技术工程，力图用技术和质量打压中国。因此，中国企业越来越重视在基础设施建设中嵌入技术内涵，提高质量和品质，增强竞争力。目前最突出的做法是介入设计和运营。例如，(1) 2016 年 1 月，中国建筑、中国港湾、阿尔及尔港务集团（GSP）三方共同投资兴建阿尔及利亚中部新港，港口位于离首都阿尔及尔以西 60 公里中部海岸 Cherchell 城西侧 El Hamdania，占地面积 1032 公顷，物流占地面积 2000 公顷，有 23 个码头泊位，年吞吐量为 630 万个 20 英尺标准集装箱，是阿尔及利亚最大港口，也是地中海沿岸主要货物集散地，对阿经济的发展起到巨大的促进作用。③ 根据协议，中国建筑、中国港湾、阿尔及尔港务集团三方共同投资成立合资公司兴建该港，中方持股 49%，并主持负责港口的设计、建设、运营及港内的基础设施管理。④ (2) 2016 年 2 月，中国铁建国际集团与阿尔及利亚国有铁路工程公司（INFRAFER）组建合资公司，该合资公司注册资本金为 12 亿第纳尔（约合 1131 万美元），其中中方持股 49%，公司主要目标是共同推进阿尔及利亚轨道交通领域发展，从事各类轨道交通基础设施项目的设计与建设，包括电气化铁路、沙漠铁路、地铁、高铁、通信、信号等，同时在合资公司框架下，投资建立一家铁路电气化

---

① 驻阿尔及利亚使馆经商处，2017 年 12 月 12 日。中非基金：《非洲动态》2017 年 12 月。

② 《科技日报》2018 年 4 月 12 日。中非基金：《非洲动态》2018 年 4 月。

③ 《中国建筑与阿尔及利亚公司合资在阿建设最大港口》，2018 年 6 月，http://www.sasac.gov.cn/n86114/n326638/c2184365/content.html。

④ 驻阿尔及利亚使馆经商处，2016 年 1 月 19 日。

接触网及其配件生产工厂,中国铁建在从事合资公司主营业务的同时,还将对阿方在技术和管理领域进行知识和技能转让,并对阿方人员进行培训,为当地创造就业机会。① (3) 中国中铁与中土集团组成的联营体获得埃塞俄比亚至吉布提铁路运营权。作为非洲首条现代电气化铁路,亚吉铁路起自埃塞俄比亚首都亚的斯亚贝巴,终点是吉布提港,全长751.7公里,全线采用中国二级电气化铁路标准施工,设计时速120公里,总投资约40亿美元,由中国中铁和中国铁建负责施工。亚吉铁路是中国企业在海外建造的第一条采用全套中国标准和中国装备的现代电气化铁路,是中非优势产能合作的代表性项目,对"一带一路"倡议在非洲东海岸门户区域的落地具有标志性意义。② (4) 中铁七局与塞拉利昂政府签署塞首条收费高速公路项目协议。该项目连接首都弗里敦和北方省重镇玛西亚卡,途经我援塞新机场项目所在地,为双向四车道沥青混凝土道路。该项目不仅是塞第一条收费高速公路项目,也是第一次由施工方融资、建设并运营的 BOT 道路项目,在塞历史上具有里程碑意义。该项目工期为4年,中铁七局将在项目建成后负责运营25年,之后将归塞方所有。近年来,中铁七局在塞完成了多条公路承包工程项目的建设,成为塞公路建设领域的骨干企业之一。③ (5) 中信建设有限责任公司(中信建设)非洲事业部与安哥拉国家农业公司签订移交证书,将位于中部省份马兰热的黑石农场正式移交给安方。经过近六年建设,中信建设把当地的一片荒野变成了安哥拉最先进的一个现代化农场,助力安哥拉农业复兴。黑石农场面积一万公顷,是安哥拉政府利用来自中国的1.7亿美元贷款投资建立的农业示范工程,由中信建设主持设计、建设。黑石是安哥拉最具代表性和影响力的现代化农场,实现了年产玉米一万吨的高产目标。④ (6) 中国为安哥拉地质研究所建设实验室。中国国土资源部在罗安达为安哥拉建设国家地质计划(Planageo)中的中心实验室,从2017年起通过航空调查、样品收集、分析和分类,

---

① 驻阿尔及利亚使馆经商处,2016年2月17日。
② 人民网,2016年8月4日。
③ 驻塞拉利昂使馆经商处,2016年1月26日。
④ Macauhub,2016-10-24。

帮助安哥拉调查、登记潜在的矿产资源。该计划已被安哥拉政府划为石油业以外经济多元化战略工具之一。① (7) 比亚迪云轨进入非洲。比亚迪云轨在埃及建非洲首条跨座式单轨线路，埃及最大的海港城市——亚历山大市成为比亚迪在海外签订云轨合作协议的第二个海外城市，同时，该云轨线路也将成为整个非洲大陆上的第一条跨座式单轨线路。② (8) 2018 年，中国企业修建的埃塞俄比亚第一座垃圾发电厂完工。该厂是埃塞第一座垃圾发电厂，使用中国标准和设备，日城市垃圾处理量可达 1400 吨，年发电量 185 吉瓦时。可持续发展和环境保护将会是中非合作的重要方面，中国大力支持非洲的绿色、低碳和可持续发展。③

6. 企业主导技术培训

约翰内斯堡峰会极大地鼓舞着中资企业在非发展，一些大型企业在加大研发力度的同时，眼光放得更远，在人力资源本土化生产方面投入越来越大，成为中非技术交流的主导力量。例如，(1) 中国助力肯尼亚培养铁路建设高端人才。中国交建在承建蒙内铁路过程期间，高度重视培育肯尼亚铁路技术人才，扩建肯尼亚已有的铁路培训学校，帮助肯尼亚一些大学建立铁路工程系，并在蒙内铁路工地上建立了施工技术培训基地，培养铁路专业工程师，培训运营维护专业人才。④ (2) 尼日利亚政府与华为公司合作启动青年培训计划。该计划是尼日利亚作为政府解决失业问题所做努力的重要组成部分，由全球领先的信息与通信解决方案供应商华为公司对信息通信领域的 1000 名尼青年开展培训，其中的 200 名将获得赴华培训机会。⑤ (3) 中兴通讯打造埃塞俄比亚首个教育科研网。由中兴通讯股份有限公司建设的埃塞首个教育科研网项目投入使用，该项目作为埃塞首个独立的国家级教育科研网络，连接了埃塞全国 36 所重点大学，为医疗、教育、科学研究等事业的发展提供信息平台支撑，实现埃塞国内大学的高度信息化，包括远程医疗、远程教

---

① Macauhub, 2015-12-14.
② 中非贸易研究中心，2017 年 10 月 24 日。
③ 新华社，2018 年 8 月 20 日。中非基金：《非洲动态》2018 年 8 月。
④ 《中国助力肯尼亚培养铁路建设高端人才》，2018 年 6 月，http://blog.sina.com.cn/s/blog_a26530ba0102wu0w.html；新华非洲，2016 年 3 月 24 日。
⑤ 驻尼日利亚使馆经商处，2016 年 4 月 26 日。

育、在线大学教育等前沿的信息应用。同时，教育科研网络还将为大学提供信息共享平台、教育云服务、信息存储、统一通信、教育信息管理平台（如学生信息管理，资料信息管理）、电子图书馆、远程教育、在线课程等功能支撑。① (4) 埃塞中国商会设立亚的斯科技大学专项教育基金。埃塞俄比亚中国商会首期捐助 260 万比尔（约合 12.5 万美元）在亚的斯亚贝巴科技大学设立专项教育基金，费用主要来自核心会员企业自愿赞助的特殊会费。根据商会与亚的斯科技大学签署的合作协议，教育基金将对亚的斯科技大学各年级在校本科生、硕士生、博士生及教职员工实行全覆盖、全方位的资助和培养，以提高教学和科研水平。双方合作期限暂定为五年（2016—2020 年），基金每年提供 50 万比尔的奖学金，设置一二三等奖，惠及超过 100 名学生，另外在埃中资企业每年还将接纳 50 名大学生实习，并计划派遣 10 名左右本科生、研究生、博士生及优秀教职工赴中国培训和留学深造。② (5) 中国公司为肯尼亚培训铁路技术人才。中国路桥与西南交通大学、肯尼亚铁路局及铁路培训学院合作，由西南交通大学派遣优秀教师到肯尼亚铁路培训学院授课。目前，10 名教师已对肯尼亚具有大专文凭的 102 名学生进行了 4 个月的专业培训，涉及机车车辆、通信信号和交通运输等专业。③ (6) 华为助力发展尼日利亚通信人才。华为公司 2008 年在非洲发起"未来种子"计划，选送非洲信息及通信领域官员到深圳总部培训，培养非洲本土信息通信人才，推动知识迁移，促进数字化社区的发展。2016 年，尼日利亚正式参与华为"未来种子"项目。④ 与此同时，大量非洲学生选择来华留学。联合国教科文组织数据显示，中国 2014 年已成为非洲学生第二大海外留学目的地——仅次于法国（每年有 9.5 万）。大多数非洲学生选择中文或工程专业。⑤ (7) 阿里巴巴商学院和联合国贸发组织（UNCTAD）联合主办创业者创业培训项目。来自 25 个非洲国家的

---

① 新华非洲，2016 年 4 月 18 日。
② 驻埃塞俄比亚使馆经商处，2016 年 4 月 14 日。
③ 新华非洲，2016 年 8 月 9 日。
④ 新华非洲，2016 年 8 月 21 日。
⑤ 澳媒：《对非洲学生而言，中国成超越美英的留学目的地》，2018 年 6 月，http://news.cnfol.com/guojicaijing/20170702/24932586.shtml。

电子商务从业者学习如何有效推进和发展电子商务生态系统的技能，这些学员将在建设非洲电子商务生态系统中发挥作用。① 事实上，中非人力资源合作领域十分广泛。如中国有色集团为刚果（金）培养大量的火法冶炼、自动化、机械、电器等方面的技术人才；② 中国政府为莫桑比克工业木材加工园区的建设提供资金、转让技术、培训；③ 安哥拉和中国计划创建军工合资企业，对安哥拉武装部队（FAA）的装备和基础设施进行更新换代，并为安哥拉的国防计划提供更多资金和培训项目；④ 肯尼亚中国经贸协会发布的《2018年肯尼亚中资企业社会责任报告》显示，中国企业与肯尼亚合作伙伴共同规划，为肯尼亚建设了珠江经济特区、蒙巴萨经济特区、奈瓦沙工业园区等多个园区，在肯尼亚的中国公司员工本土化率达96%，2018年为当地创造了超过5万个就业岗位，并为约6.7万名当地员工提供了职业培训。⑤

7. 注重多方联合

加强顶层设计，动员、整合国内、国际多方力量推动中国与非洲的技术合作，是目前中非科技合作的又一个显著特征。例如，（1）中国在肯尼亚援建中国科学院中非联合研究中心。中非联合研究中心是中非双方共同建设的首个综合性科研和教育基础设施，位于乔莫·肯雅塔农业科技大学校园内，其主体建筑和附属植物园的建设费用全部由中方援助。该机构是中国与肯尼亚乃至与整个非洲大陆在生物多样性保护、生态环境监测、微生物及现代农业应用等领域开展科技合作和人才培养的重要平台。该中心由乔莫·肯雅塔农业科技大学负责管理，中国科学院提供技术支持。李克强总理2014年5月访问肯尼亚期间，支持中肯共同实施好中非联合研究中心项目，希望该项目为促进肯及非洲国家科技进步做出贡献。⑥ 中非联合研究中心自2013年5月立项以来，设立了

---

① 西非华媒，2017年11月23日。
② 《人民日报》2018年12月24日第3版。中非基金：《非洲动态》2018年12月。
③ 中非基金：《非洲动态》2018年6月。（Macauhub，2018-06-19）
④ 中非基金：《非洲动态》2018年8月。（Macauhub，2018-08-24）
⑤ 人民网，2018年12月25日。中非基金：《非洲动态》2018年12月。
⑥ 吴乐珺、蒋安全、倪涛：《平等互信 互利共赢 推动中肯关系与合作取得更大发展》，《人民日报》2014年5月11日。

31个科研合作项目，截至目前已取得较大成果。中非科研人员联合出版了5部学术著作，合作发表了58篇研究论文并获专利9项，为非方培训技术人员160名，先后招收88名非洲留学生来华学习。① 目前，中心会聚了来自中国18家科研单位的科研力量，以及肯尼亚、埃塞俄比亚、坦桑尼亚等国科教机构的科研人才。中心自2013年5月立项以来，先后启动45个合作研究项目，为非洲各国培养122名研究生，培训管理和专业技术人员160余名。② （2）中国商务部、非盟委员会、美国驻非盟使团三方合作建设非洲疾控中心项目。该项目旨在落实2015年9月中国国家主席习近平访美期间中美达成的"双方计划与非盟及非盟成员国合作建设非洲疾控中心"共识，以及"2016年中美发展合作年度会议"关于进一步明确双方将共同支持非洲疾控中心建设的具体成果。三方一致认为非洲疾控中心建设应以非方为主导。中美在充分尊重非盟及非洲国家意愿的前提下，计划在基础设施和能力建设方面提供支持，从中心基础设施建设、配套设备、信息系统建设、派遣专家和帮助培养专业人才等方面提供援助。中美两国的疾控中心建设与管理经验对非洲建设符合其自身特点的疾控中心具有借鉴意义。中美双方都已分别与非盟方签署了关于非洲疾控中心建设的双边合作谅解备忘录，并派专家组参与非洲疾控中心及次区域中心的选址考察等筹备工作。③ （3）世界银行与中国正式成立对非投资智库联盟。该联盟由中国国家开发银行和世界银行共同倡议发起，旨在通过智库联盟这一平台，整合世界银行与中国国家开发银行的资源，促进非洲的经济发展、投资合作、技术合作，并为非洲创造更多的就业机会。中国财政部作为负责中国与世界银行等国际金融组织合作业务的归口管理部门，支持国家开发银行等单位与世界银行、非洲国家探索开展三方合作的新途径、新模式，搭建了对非投资论坛、对非投资联盟等三方合作、南南合作新平台。④ （4）中英PIGA项目启动。该项目由中国贸促会与联合国国际贸易中心（ITC）、

---

① 新华非洲，2016年9月27日。
② 直通非洲，2018年6月19日。中非基金：《非洲动态》2018年6月。
③ 直通非洲，2016年6月27日。
④ 新华社，2016年9月5日。

中非发展基金联合发起,旨在与非洲四国试点国际产能合作与技术迁移。这四国是中英两国与非洲进行三方合作的首批试点国家。2015年,习近平主席访问英国期间,中非发展基金与英国国际发展部签署《关于促进非洲投资和出口合作备忘录》,① 正式启动"非洲投资与增长的合作伙伴"(PIGA)项目。2017年这一合作有望进一步扩大国别范围。②(5)南南合作框架下中乌及联合国粮农组织农业合作第二期项目启动。在2015年12月举行的中非合作论坛约堡峰会上,习近平主席提出未来3年中非合作的10大领域,其中农业合作是一项非常重要的内容。中非、中乌关系发展正迎来一个新时代,该项目旨在通过技术培训及组织中国农业代表团考察等手段提升乌农业生产水平及商贸推广能力。③(6)联合建设中非环境合作中心。2017年12月以来,联合国环境规划署携手中国、肯尼亚政府建立中非环境合作中心,以促进中非之间的绿色技术转移,分享绿色发展经验,为中非交流合作搭建新平台。这一中心将为中非双方的私营部门、研究机构、政府间组织提供环境管理的知识,支持能力建设,以实现联合国2030年可持续发展议程、非盟《2063年议程》,共建绿色"一带一路"。④(7)荒漠化治理。中国科学院新疆生态与地理研究所和泛非绿色长城组织签署的合作备忘录,双方在非洲绿色长城项目的建设与发展、预防和抗击荒漠化影响等方面展开合作。⑤

8. 加强"走出去"公共服务平台建设

2015年底,商务部"走出去"公共服务平台上线,并发布最新版国别投资指南。"走出去"公共服务平台可为企业提供政策信息,同时也可以在线办理境外投资备案、核准以及对外承包工程经营资格的审批

---

① 《化解钢铁等产能过剩 中国贸促会助力两优出海》,2018年6月,http://www.csteelnews.com/xwzx/xydt/201602/t20160224_301761.html。
② 《21世纪经济报道》2016年2月29日。
③ 驻乌干达使馆经商处,2016年3月28日。
④ 新华社,2018年3月15日。
⑤ 西班牙环球网站,2017年12月14日。中非基金:《非洲动态》2017年12月。

和投议标许可等。① 所有企业都可以登录商务部网站免费下载国别（地区）《指南》《发展报告》和《对外直接投资统计公报》。《对外投资合作国别（地区）指南（2015版）》内容包括目的地国家、地区的基本情况、经济形势、政策法规、投资机遇和风险，旨在全面反映各国的经济形势和投资环境，帮助中国对外投资企业减少决策的盲目性。② 事实上，中非合作论坛框架下的一系列机制化平台，都广泛涉及并服务中非科技合作。例如，2017年9月25日，由世界银行、塞内加尔政府、中国财政部、中国国家开发银行共同主办的第三届对非投资论坛在塞内加尔首都达喀尔举行，会议主题为"创新推动非洲跨越式发展"。会议将就非洲能源、农业产业和数字革命、劳动力培训等主题展开讨论，突出创新对于推动非洲发展的重要性。世界银行表示，全球经济受科技影响日益凸显，非洲应当与中国加强创新合作，加快发展。③

（四）北京峰会擘画新时代中非科技合作的广阔前景

2018年9月3日，中非合作论坛北京峰会在人民大会堂隆重开幕，习近平主席在开幕式上发表题为"携手共命运　同心促发展"的主旨讲话。习主席的主旨讲话紧扣时代命题擘画中非命运共同体的丰富内涵、发展方向和建设路径，倡议中非携手打造责任共担、合作共赢、幸福共享、文化共兴、安全共筑、和谐共生的更加紧密的中非命运共同体，展现了一幅弘扬中非友谊合作的恢宏画卷，是新时代中国对非外交新理念新倡议新举措的集中体现。

习主席在主旨讲话中提出"八大行动"，强调中方将致力于加强中非在产业产能、基础设施、贸易等领域合作，同时拓展双方在绿色发展、能力建设、健康卫生、人文交流、和平安全等领域合作潜能，推动"一带一路"建设与非盟《2063年议程》、联合国2030年可持续发展议

---

① 参见2018年6月，http：//review.comnews.cn/gaodi/webinfo/2015/12/1451236826566253.htm。

② 参见《商务部召开"走出去"公共服务平台暨〈对外投资合作国别（地区）指南（2015版）〉专题新闻发布会》，2018年6月，http：//review.comnews.cn/gaodi/webinfo/2015/12/1451236826566253.htm；商务部，2015年12月15日。

③ 人民网，2017年9月26日。

程和非洲各国发展战略深入对接。"八大行动"是约翰内斯堡峰会"十大合作计划"的延续和深化,更加注重科技合作的全面嵌入,直接与科技合作紧密相关的内容比重大、内涵丰富。例如,产业促进行动包括升级经贸合作区,粮食安全、农业现代化合作,派遣高级农业专家,培养青年农业科研领军人才和农民致富带头人等;设施联通行动包括编制《中非基础设施合作规划》,支持投建营一体化等模式,加强能源、交通、信息通信、跨境水资源合作等;贸易便利行动包括市场监管及海关合作,电子商务合作等;绿色发展行动包括绿色发展和生态环保援助,应对气候变化、海洋开发、荒漠化防治、野生动物和植物保护等方面的交流合作,建设环境合作中心,加强环境政策交流对话和环境问题联合研究,在环保管理、污染防治、绿色经济等领域为非洲培养专业人才等;能力建设行动包括鲁班工坊,创新合作中心,头雁计划等;健康卫生行动包括优化升级医疗卫生援非项目,援建非洲疾控中心总部、中非友好医院等旗舰项目,开展公共卫生交流和信息合作,实施中非新发再发传染病、血吸虫、艾滋病、疟疾等疾控合作项目,培养更多专科医生等;人文交流行动包括设立中国非洲研究院,打造中非联合研究交流计划增强版,打造中非媒体合作网络等;和平安全行动包括设立中非和平安全合作基金,支持萨赫勒、亚丁湾、几内亚湾等地区国家维护地区安全和反恐努力,在共建"一带一路"、社会治安、联合国维和、打击海盗、反恐等领域推动实施50个安全援助项目等。[①]

北京峰会发布了《中非合作论坛——北京行动计划(2019—2021年)》,对如何实施"八大行动"进行了详细规划,其中,专列科技合作内容一节——"科技合作与知识共享",内容包括继续推进实施"一带一路"科技创新行动计划和"中非科技伙伴计划2.0",重点围绕改善民生和推动国家经济社会发展的科技创新领域,并与非方合作推进实施"非洲科技和创新战略",帮助非方加强科技创新能力建设等;加强科技人文交流合作,实施"先进适用技术与科技管理培训班""国际杰

[①] 习近平:《携手共命运 同心促发展——在2018年中非合作论坛北京峰会开幕式上的主旨讲话》,2019年1月,https://www.fmprc.gov.cn/web/ziliao_674904/zyjh_674906/t1591271.shtml。

出青年科学家交流计划"与"藤蔓计划（国际青年创新创业计划）"，开展"非洲青年科技人员创新中国行"活动，支持中非双方智库开展科技创新政策对话等；支持中非青年创新创业合作，支持对非技术转移等；在人工智能和量子计算机以及操作系统、网络安全、大数据、区块链和其他应用领域开展合作；加强与科研创新战略和政策相关的信息和经验交流，强化科研创新实践和法律的信息和资料收集；重视小岛屿发展中国家在气候变化、海平面上升、极端天气等问题上的特殊关切；结合非洲国家的发展需求，支持双方大学、科研机构和企业等在双方共同感兴趣的重点领域共建联合实验室，开展高水平联合研究，培养科技人才，促进技术转移转化，建立长期稳定的合作关系；开展科技园区合作；继续支持非洲大陆的科技旗舰项目——国际大科学计划平方公里阵列射电望远镜项目（SKA），继续支持"中非联合研究中心"的建设和发展，重点围绕生态环境保护和生物多样性保护、农业和粮食安全、水环境治理与饮用水安全、公共健康、先进适用技术研发和示范等方面开展科研和人才培养合作，联合部署一批重点科研合作项目；重视可再生能源合作项目，扩大可再生能源在非洲的使用和加快相关技术的应用，重点扩大能源服务可及性，加强能源供应安全和保护环境；继续支持"中非联合研究中心"实施科教融合，培养一批非方急需的高端科技人才；帮助非洲国家设立连接研究和生产领域的中间机构即技术转移局，促进技术转移，向企业推广有价值的研究，研究并评估发明创造的技术和经济潜力，促进地方、地区和国家经济发展；中国国家知识产权局将和非洲各国知识产权主管机构在知识产权领域加强培训、公众意识、知识产权审查与注册的体系和实践等方面合作。①

"八大行动"和《中非合作论坛——北京行动计划（2019—2021年）》，体现了中非双方对创新和研发这一实现增长、稳定和发展之关键因素的高度重视，体现了对携手增强科技和创新能力合作的高度重视。这一战略部署将全面提升中非科技合作的战略性、前瞻性，开辟中非科技合作更加广阔的前景。

---

① 《中非合作论坛——北京行动计划（2019—2021年）》，2019年1月，https://www.fmprc.gov.cn/web/ziliao_674904/tytj_674911/zcwj_674915/t1592067.shtml。

第二章

美、欧、日、印与非洲开展科技合作的特点与走势

一 美国与非洲的科技合作①

(一) 美非科技合作的历史回顾

美国与非洲国家的科技合作最早可以追溯到1949年杜鲁门政府出台的《第四点计划》，即《技术援助和开发落后地区的计划》。在半个多世纪的历史进程中，美国对非科技合作可以分为两个鲜明的发展阶段，即冷战阶段和20世纪90年代以来的新阶段。冷战时期，东西方国家间的意识形态对抗成为时代的主流，非洲也成为美苏之间争夺的重要政治空间，美国通过各种各样的援助以及一些民间力量与非洲国家进行科技方面的合作，取得了一定的成绩。冷战后，国际形势发生了翻天覆地的变化，非洲在沉寂了片刻后，国际战略地位日渐凸显，成为各国对外关系的重点。美国克林顿政府执政的第二任期内，美国的对非政策开始由政治转向经贸合作领域，著名的《非洲增长与机遇法案》（AGOA）就是这一时期制定的。布什政府时期则是美国

---

① 武涛、张永宏：《美国对非科技合作的特点：法制化、援助化与市场化》，《亚非纵横》2012年第6期；武涛：《美国国际开发署对非洲的科技合作》，《国际资料信息》2012年第11期；武涛、张永宏：《美非科技交往关系的依托机制》，《国际展望》2013年第1期；武涛：《美国贸易发展署对非洲科技合作及其特点》，《国际研究参考》2013年第5期；武涛、张永宏：《美国对非科技合作的历程、途径及趋势》，《国际经济合作》2014年第6期。

对非科技合作的一个辉煌时期，这个阶段美国出台了大量的对非优惠政策与援助文件，包括经济、医疗、教育、贫困援助、军事等各个领域，取得了良好的效果。奥巴马上台后，更加重视对非关系，不仅继承了布什政府对非政策的政治遗产，而且也有一些新的举措。同时，非政府组织的民间力量也异常活跃，他们常常穿梭于非洲大地，与非洲国家进行着广泛的合作。

1. 冷战时期美非科技合作[①]

冷战时期，美国与苏联在非洲地区展开了激烈的政治战略空间的争夺，为了实现非洲在意识形态方面与美国、西方势力靠近，美国通过技术、经济、军事的援助等多种途径拉拢非洲国家，揭开了美国与非洲科技合作的历史序幕。

(1) "第四点计划"的制订与在非洲地区的推行

"第四点计划"是1949年美国杜鲁门政府执政时期对外推行的援助计划，又称为《技术援助和开发落后地区的计划》（或称为"新的大胆的计划"），意在通过美国先进的技术优势，同西欧与苏联争夺不发达国家和地区的广阔战略空间，非洲即是较为重要的地区之一。杜鲁门打着用"技术拯救贫困地区"的口号表示"愿意把美国丰富的技术知识为全世界半数以上的食不果腹、疾病缠身、正濒临惨境的人民'造福'"[②]，在非洲地区，"美国在1950—1955年间，同利比里亚签订8个、同利比亚签订14个协定和换文，进行所谓经济技术合作"[③]，这就是"第四点计划"，它是美国与非洲科学技术合作的起点，对于双边科技交流具有奠基性的影响。

(2) 向非洲地区派遣"和平队"与教育援助

和平队是肯尼迪政府时期建立的对外援助志愿者队伍，他们与当地民众一起生活、工作，通过"担任教师和担任农业、医疗以及其他社会发展

[①] 武涛、张永宏：《美国对非科技合作的历程、途径及趋势》，《国际经济合作》2014年第6期。

[②] 刘绪贻：《美国通史》（第6卷），载《战后美国史（1945—2000）》，人民出版社2002年版，第39页。

[③] 梁根成：《美国与非洲：第二次世界大战结束至80年代后期美国对非洲的政策》，北京大学出版社1991年版，第22页。

事业技术人员等工作"①，向非洲地区传授现代科学技术与教育。美国的"和平队"一直是一支深入非洲底层社会传播现代科技的不可忽视的力量，他们涉足非洲国家的教育、医疗、环境、城市规划等各个领域，扮演着现代科技的传播者的角色。在非洲的许多国家都可看到和平队的身影，在美国向第三世界派出的和平队志愿者中，派往非洲地区的最多，占到了1/3的比例。同时，美国重视政府间与非洲的教育合作，"从1958年起，美国加强了同非洲关于教育的交流计划。通过官方的和私人的渠道，美国在计划、人员和财政上向非洲许多教育机构提供援助"②。教育援助与合作是科技合作的重要体现，有助于在非洲传播现代科技知识。

（3）经济援助与私营企业的投资

美国对非援助上，除了《粮食用于和平计划》（即"480公法"）的粮食实物援助外，也有部分的资金用于一些涉及技术领域的投资，如美国肯尼迪政府援建加纳重点项目沃尔特河工程水坝和铝冶炼厂。美国除了与原苏联在非洲进行意识形态对抗外，谋求国家利益是其根本出发点，私营企业投资非洲最为明显。非洲地区蕴藏着各种重要资源，不仅有着丰富的石油，而且在铁、铝、铜、钻石、铬、钴、黄金等资源储量上占世界前列。事实上，非洲在冷战时期一直是美国资源的重要补充地之一，美国对南部非洲矿产资源依赖较强。在其他贸易领域，如制造业等领域，美国与非洲地区的合作也较为突出，科学技术通过双边的经贸活动在非洲的古老大地上扩散与传播。

（4）军事领域的合作

美国对非洲的军事合作旨在遏制原苏联向非洲国家的渗透与扩张，在非洲地区推行西方的意识形态。美国对非出售武器、坦克、通信设备等，一方面是用于非洲国家抵御原苏联、古巴势力的渗透，另一方面是用于美国的西方盟友维护在非洲的统治，例如"从1971年起，美国卖给葡萄牙的波音727、737、707运输机，被葡军用于向非洲运送人员和

---

① 梁根成：《美国与非洲：第二次世界大战结束至80年代后期美国对非洲的政策》，北京大学出版社1991年版，第61页。

② 同上书，第63页。

物资"①；美国对埃及出售军事武器与信息通信设备，包含着现代尖端科技知识，从军事角度折射出了美国与非洲的科技合作程度。

2. 20世纪90年代以来的美非科技合作

（1）美非政府之间的科技合作②

第一，克林顿政府执政时期。克林顿政府执政时期正值苏联解体，国际形势发生了重大变化。这时非洲从美苏对抗战略要地的显赫地位一滑而下，国际地位大为下降，受到美国政府的一度冷落。在克林顿政府执政的第一任期内，美国并未重视对非战略，而只是进行民主、人权的政治宣传。直到第二任期，克林顿政府才开始反思自己的对非政策，重视非洲地区的价值与重要性。克林顿政府时期美国的对非战略逐渐由政治转到经济，由援助转变为贸易，将对非贸易与投资作为20世纪末美国对非政策的重点。"克林顿本人作为在任总统史无前例地两次访非，国务卿奥尔布赖特4次访非，其他重要内阁成员如商务、能源、交通、国防、卫生部长等亦频繁出访非洲国家。"③ 克林顿政府把"经贸与投资"作为美国对非政策的重心，就可窥见一斑。1995年，美国开始重新认识非洲对于美国的意义，进而着手准备对非战略的新政策。1996年，美国制定了《美国对非洲贸易和发展政策》等一些新的政策文件，旨在改善双方之间的经贸关系。

这一时期，美国对非政策最重要的体现是《非洲增长与机会法案》（African Growth and Opportunity Act，即AGOA法案）。早在1997年美国众议院就提出了该法案，2000年《非洲增长与机遇法案》获得通过，并由克林顿总统签字正式生效。这项法案主要内容是单方面减免撒哈拉以南非洲48个国家向美国出口商品的关税，以促进美国与非洲国家经贸关系的发展，凡符合条件的国家都可享受优惠待遇，期限到2008年。《非洲增长与机遇法案》对于促进非洲本土服装、皮革、纺织等轻工业的发展以及引进外资与技术具有显著的作用。从后来的情况来看，《非

---

① 梁根成：《尼克松政府对南部非洲的政策》，《外交学院学报》1990年第2期。
② 武涛、张永宏：《美国对非科技合作的历程、途径及趋势》，《国际经济合作》2014年第6期。
③ 付吉军：《克林顿第二任期内的对非政策》，《西亚非洲》2001年第6期。

洲增长与机遇法案》在南非、尼日利亚、乌干达等国取得了良好的效果。在克林顿政府对非经贸政策的指引下，美国的一些私营企业也与非洲国家进行了内容广泛的合作，成效显著。

这一时期，美国加强与非洲国家的经贸与投资关系，一定程度上带动了双方的科技合作。

第二，布什政府执政时期。布什政府执政时期，美国延续了克林顿时期对非经贸合作的主要政策，同时，由于"9·11"事件的爆发，国家安全显得更为重要，非洲又以资源丰富而著称，因此，在布什政府眼里，非洲战略地位逐步抬升，美国对非政策呈现出"安全、能源、贸易以及援助四位一体"[①]的突出特点。事实上，布什政府执政时期是美国与非洲开展科技合作的一个辉煌灿烂的时期，在此期间，《非洲增长与机遇法案》的修正案《非洲增长与机遇提速法案》（AGOA Accelaration Act）、《非洲教育行动计划》（AEI）、《总统艾滋病紧急援助计划》（PEPFAR）、《"千年挑战账户"援助计划》（MCA）、《非洲应急行动培训与援助计划》（ACOTA）等许多对非政策文件先后颁布与执行，受到国际社会的广泛关注，并在诸多领域取得突出的成效。

经贸领域出台《非洲增长与机遇法案》（AGOA）修正案《非洲增长与机遇提速法案》（AGOA Accelaration Act）、建立"美国—撒哈拉以南非洲贸易与经济合作论坛"（US-Sub-Saharan Africa Trade and Economic Cooperation Forum）交流机制。2002年8月1日，美国参议院通过了《非洲增长与机遇法案》修正案。2004年7月13日，又经过布什总统签字批准，将AGOA期限延长至2015年9月30日，并正式更名为《非洲增长与机遇提速法案》（AGOA Accelaration Act）。AGOA为48个撒哈拉沙漠以南非洲国家单方面提供了贸易优惠条件，凡符合AGOA条件的国家在8年内（法案修改后为15年内）可按普惠制（GSP）向美国免税出口4650种商品（随后增加至6450种商品）。[②] 对非洲国家来讲，

[①] 张永蓬：《布什政府对非洲政策的特点》，《西亚非洲》2002年第5期。
[②] 陈晓红：《"非洲增长与机遇法案"对黑非洲国家贸易与投资的影响——以斯威士兰和莱索托为例》，《西亚非洲》2006年第4期。

受益最显著的是纺织品和服装产业。① "为了配合法案的具体执行，使美国与非洲之间的经济对话机制化，美国—撒哈拉以南非洲贸易与经济合作论坛按照《法案》的规定建立起来。"② 自第一届论坛会议于 2001 年在华盛顿召开以来，美国与非洲之间召开了十多届会议。论坛主要包括非政府组织论坛、私营企业代表论坛、部长级会议三个部分，意在通过多层次多角度探讨美非经贸合作关系的发展。该论坛机制的建立，在美非之间建起了经贸交流的平台。《非洲增长与机遇法案》（AGOA）及与其相关的论坛机制对于促进非洲国家经济的发展，特别是纺织、服装等产业的发展起到了一定的作用。自法案确立以来，外部纺织业资本与技术大量进军非洲，促进了非洲国家相关产业的发展；美国与撒哈拉以南非洲国家的贸易大幅增长。③ 虽然 AGOA 规则条件苛刻，在提供给非洲机遇的同时，也给非洲制造了不少挑战，但通过法案机制，非洲的经济与科技水平都有所提升。

教育领域推行对非教育援助的《非洲教育行动计划》（African Education Initiative，简称"AEI"）。非洲地区教育十分落后，针对这一实际情况，2002 年 6 月布什政府发起了"非洲教育行动计划（AEI）"，主要内容是从 2002 年到 2010 年为非洲国家提供 6 亿美元的教育援助，旨在通过设立大使女童奖学金（Ambassadors Girls Scholarship Program）、教材和教师培训等援助项目，提高非洲基础教育的质量与水平。该计划由美国国际开发署（USAID）负责执行。AEI 计划内容丰富，不仅"鼓励家长和社区对学校改革提出意见，加强父母在子女教育中的作用，减轻艾滋病问题对学校的影响"④，而且涉及处于社会边缘的学生、建设和修复学校、使用信息技术和交互无线电指导等新技术，⑤ 在非洲地区落

---

① 戎福刚、王庆云：《AGOA 与河北企业在东非的发展契机》，《河北经贸大学学报》（综合版）2006 年第 3 期。

② 刘伟才：《"美国—撒哈拉以南非洲贸易与经济合作论坛"简析》，《西亚非洲》2007 年第 1 期。

③ 《美国与非洲的贸易迅速增长》，2016 年 12 月，http://www.all-africa.net/Get/feizhoutouzi/184350305.htm。

④ 郭婧：《美国国际开发署对非洲基础教育援助的评析》，《基础教育》2010 年第 8 期。

⑤ 段明希、吴敏、张宏喜：《非洲教育行动计划》，《全球教育展望》2007 年第 3 期。

实与执行比较充分，影响广泛、深入。例如，这项教育援助计划覆盖近二十个非洲国家，培训教师达 30 万名左右，教材发放 200 多万册，并为三十多个非洲国家提供了近十万份的"大使女童奖学金"。埃塞俄比亚①、坦桑尼亚②、南非③都执行得较好，非洲整个地区大约有 8000 万名儿童从这项教育援助计划中受益。

艾滋病防治领域推行对非艾滋病援助的《总统艾滋病紧急救援计划》（The US President's Emergency Plan for AIDS Relief，简称"PEPFAR"）。2003 年，布什总统启动了 5 年内向非洲、加勒比等艾滋病高发区提供 150 亿美元的"总统艾滋病紧急救援计划"（PEPFAR），这是有史以来由一个国家单独发起的防治一种疾病的规模最大的国际性健康援助计划。该计划重点援助非洲国家，包括博茨瓦纳、科特迪瓦、埃塞俄比亚、肯尼亚、莫桑比克、纳米比亚、尼日利亚、卢旺达、南非、坦桑尼亚、乌干达和赞比亚等。2008 年，在布什总统推动下，该计划又得到了延续与扩展。"2008 年 4 月，美国众议院通过一项法案，准许在 2008 年到 2013 年的五年内继续执行《防治艾滋病紧急救援计划》，并批准了 500 亿美元的预算，用于治疗和预防艾滋病、疟疾以及肺结核等疾病。"④ 在这一计划框架下，美国政府向撒哈拉沙漠以南非洲各国 200 多万名艾滋病毒（HIV）感染者及艾滋病患者提供了延长寿命的治疗药物及医疗服务,⑤ 非洲的艾滋病高发国得到了该项计划的大力援助，例如，美国政府累计向坦桑尼亚抗击艾滋病项目提供近 10 亿美元援助，向科特迪瓦提供近 5000 万美元防治艾滋病援助，其中绝大部分资金来自美国总统"艾滋病紧急救援计划"（PEPFAR）。这项计划所取得的成

---

① "Africa Education Initiative-Ethiopia Country Case Study"，2016 – 12，http://pdf.usaid.gov/pdf_docs/PNADG228.pdf.

② "Africa Education Initiative-Tanzania Case Study"，2016 – 12，http://pdf.usaid.gov/pdf_docs/PNADG233.pdf.

③ "Africa Education Initiative-South Africa Case Study"，2016 – 12，http://pdf.usaid.gov/pdf_docs/PNADG232.pdf.

④ 《美参众两院通过艾滋拨款法案 今后五年提供近 500 亿美元的经费》，2016 年 12 月，http://news.sohu.com/20080727/n258403604.shtml.

⑤ 《美国 6 年来向海外 210 万名艾滋病患者提供治疗药物》，2016 年 12 月，http://www.foods1.com/content/660072/。

绩是令人瞩目的，非洲地区的艾滋病经过几年的防治与治疗之后，感染人数大为下降，受到了世界各国、联合国等的广泛赞誉。

援助贫穷国家领域设立《千年挑战账户》（Millennium Challenge Account，简称"MCA"）援助计划，成立执行机构"千年挑战公司"（Millennium Challenge Corporation United State of America，简称"MCC"）。2004年3月，布什政府设立《"千年挑战账户"援助计划》，初创基金为10亿美元，首批援助国为全球16个贫困国家。从2006年起，账户基金每年增至50亿美元，使美国援外资金总量增加了近50%。这项计划的主要目的是援助一些贫困落后国家，非洲国家占据了较大部分。为了落实这项计划，美国还成立了专门的执行机构"千年挑战公司"（Millennium Challenge Corporation United State of America，简称"MCC"），负责相关问题的处理与资金的管理。MCC 总经理由总统任命、国会批准、受董事会的监督。"千年挑战账户（MCA）"实施以来，非洲的马达加斯加、莫桑比克、莱索托、坦桑尼亚、马里、加纳、贝宁等国都受到了美国千年挑战公司的援助，主要用于医疗卫生、基础设施等民生领域。例如，莫桑比克用于重建纳卡拉大坝，莱索托用于建138个诊所，加纳政府主要投向三大领域：农业、交通和农村服务，坦桑尼亚用于6个地区的电力项目建设。[①] 千年挑战账户的援助，有助于非洲部分国家改善关系民生的基础设施，也有助于推进非洲的科技发展。

军事领域推行《非洲应急行动培训与援助计划》（Africa Contingency Operations Training and Assistance，简称"ACOTA"）、设立"美军非洲司令部"（U. S. Africa Command，AFRICOM）。由于"9·11"事件的影响，美国调整了对非军事政策。2002年，布什政府正式通过了"非洲应急行动培训与援助计划"，用以取代1997年所出台的"非洲危机反应计划"（Africa Crisis Response Initiative，简称"ACRI"）。这项计划主要目标是训练和装备非洲军队，以使其达到维和与人道主义援助的目的，主要内容包括"训练非洲国家军队的军事行动能力和向非洲国家军

[①] 参见《2007—2011年加纳政府对美国"千年挑战账户"资金的分配计划》，2016年12月，中国驻加纳使馆经商处网站（http://gh.mofcom.gov.cn/aarticle/jmxw/200612/20061204040511.html）。

队提供现代化装备两大方面"。① ACOTA 年度预算为 1500 万美元,虽然参与这项计划有一定的条件限制,但这项军事援助计划效果明显,已有许多国家加入该计划,近九成的非洲国家接受过军事训练援助,三十多个非洲国家接受过 ACOTA 计划的直接或间接的人员训练。② 在此基础上,2007 年,美国出于国家安全战略的考虑,建立了"非洲司令部",加强了美国对非洲地区的控制与干预能力。

第三,奥巴马政府执政时期。奥巴马上台后,总体上来继承了前任总统对非的基本政策,同时也有一些变革与创新之处。奥巴马十分重视与非洲国家在能源、安全、经济领域的合作。

奥巴马政府将非洲作为美国外交的重点,在"民主、经济发展、公共卫生健康以及和平解决争端"四个方面展开深入合作。在对非的援助上,奥巴马承诺"在其任期内对非援助增加一倍"③。2009 年制订了一项为期 6 年、总额 630 亿美元的《全球健康行动计划》,旨在防治被忽视的传染病,同时尽力降低儿童和产妇的死亡率。2009 年八国峰会上,面对国际粮价的高涨与世界粮食危机,在奥巴马的极力推动下,八国集团达成了一项为期 3 年、200 亿美元资金规模、主要针对非洲的"粮食安全援助计划"。在奥巴马访问非洲后不久,国务卿希拉里也出访了非洲七国,推动了一些旨在加强与非洲国家合作的重要内容。健康援助方面,主要针对非洲国家出台了"全球健康行动计划"(The Global Health Initiative,简称 GHI)。2009 年,美国总统奥巴马向国会提出了数额高达 630 亿美元的"全球健康行动计划"(Global Health Initiative),以期在 6 年内建立一个新的、全面的全球性健康发展格局。④ 奥巴马政府提出的"全球健康行动计划"是对布什政府"总统艾滋病紧急援助计划"的继承与拓展,对于援助的主要对象非洲国家而言,不仅有助于疾病的治疗,而且有助于现代医疗科技在非洲地区的推广。粮食与农业问题方面,G8 峰会上通过了"粮食安全援助计划"。2009 年八国峰会(G8)

---

① 黄杰:《从 ACOTA 看美国对非洲的政策》,《湘潮(下半月)》2008 年第 11 期。
② 同上。
③ 张忠祥:《试析奥巴马政府对非政策》,《现代国际关系》2010 年第 5 期。
④ 《美国总统奥巴马提出全球健康行动计划》,2016 年 12 月,http://blog.sina.com.cn/s/blog_ 3d4062110100e54t.html。

上,在奥巴马政府积极推动下,八国集团通过了期限 3 年金额为 200 亿美元的"粮食安全援助计划",意在帮助穷国"实现农业增产、使用新种子和新技术、促进相关私营领域发展、保护自然资源、促进就业和培训以及贸易活动等"。[①] 该计划主要援助对象为非洲国家,美国提供 35 亿美元的援助。奥巴马政府对非的"粮食援助计划"是美国援助政策的转折,开启了由"粮食实物援助"向"科技援助与农业发展投资"的方向转变。国务卿希拉里访非时也一再强调,美国会通过种子、化肥、技术等手段帮助非洲国家建立一批小农场以实现非洲国家的粮食自给自足。美国雪佛龙公司与美国国际开发署帮助安哥拉发展小农场的农业援助就是一个典型事例,体现了美国对非农业援助开始注重从非洲国家根源上用力,注重用科技与农业知识帮助非洲民众解决吃饭问题。

(2) 美国非政府组织、民间团体与非洲国家的科技合作[②]

第一,个人基金会、企业基金会。美国的各种基金会等非政府组织也是援助非洲国家、开展科学技术合作的一支不可忽视的力量,它们在帮助非洲国家解决疾病、贫困以及基础设施建设问题的同时,也在传播现代科技,试图运用现代科技解决非洲国家当前所面临的一些问题与困境。

个人基金会如比尔和梅琳达·盖茨基金会 (Bill & Melinda Gates Foundation)、克林顿基金会 (William J. Clinton Foundation) 等。比尔及梅林达·盖茨基金会成立于 2000 年 1 月,旨在促进全球卫生和教育领域的平等。盖茨基金会一直活跃在全球各种公益活动上,非洲自然也不例外。该基金会对非援助的内容较多,主要涉及农业、疾病防治等关系民生的领域。例如,在对非农业援助方面,该基金会出资支持非洲农业研究人员进行深造和研究;[③] 在医疗卫生与疾病防治领域,该基金会向

[①] 《G8 承诺 200 亿美元粮食援助》,2016 年 12 月,http://www.cngrain.com/Publish/qita/200907/417311.shtml。

[②] 武涛、张永宏:《美国对非科技合作的历程、途径及趋势》,《国际经济合作》2014 年第 6 期。

[③] 《比尔盖茨:一心一意为慈善》,2016 年 12 月,http://finance.sina.com.cn/j/20071231/23514353354.shtml;《盖茨基金会捐巨款鼓励非洲女性从事农业研究》,2016 年 12 月,http://news.china-b.com/itdt/20090213/54881_1.html。

博茨瓦纳、加纳、乌干达和坦桑尼亚捐款5700万美元，以帮助这4个非洲国家加强艾滋病防治工作；① 捐款2.583亿美元用于研制治疗疟疾的药物，向非洲撒哈拉以南地区和发展中国家捐赠5亿美元，以抗击在当地严重肆虐的艾滋病、疟疾和结核病。克林顿基金会是美国前总统克林顿离职后组建的基金会，其主要任务是加强美国以及全世界人民面对全球性挑战互相依赖的能力。该基金会制订了"克林顿气候计划""克林顿经济机遇计划""克林顿全球倡议""克林顿艾滋病防治计划"等七项计划，对非援助是其主要对象之一。近年来，该基金会在非洲国家艾滋病防治方面异常活跃，不仅提供资金援助，而且积极与医药企业合作，降低治疗成本以救助更多的患者。

除了以上的基金会外，还有洛克菲勒、福特等企业基金，也涉及对非援助。如埃克森—美孚公司及其基金会（Exxon - Mobil Foundation）、可口可乐非洲基金会（The Coca-Cola Africa Foundation）、美国铝业基金会（简称"美铝基金会"，The Alcoa Foundation）、谷歌慈善基金会（google Charitable Foundation）。美国的企业及其基金会是美国与非洲之间科技合作的重要载体，它们在获取商业利润的同时，以其强大的资本从事回报社会的活动，非洲地区是其援助的主要地区之一。埃克森—美孚石油公司近些年积极支持南部非洲消灭疟疾的战略，为其提供大量的资金援助。由于埃克森—美孚公司的突出表现，曾被全球企业抗艾滋病、结核和疟疾联合会授予抗疟疾奖，以表彰其非洲健康计划以及在抗击疟疾中发挥的作用。② 该公司为克林顿全球行动计划注资，用于资助发展中国家应用可持续发展技术，资助对象包括非洲国家。可口可乐公司制订"非洲水润行动计划"（Replenish Africa Initiative，简称RAIN计划），投入3000万美元，帮助非洲各地社区用上安全的饮用水。该计划由可口可乐非洲基金会负责执行，计划到2015年至少能为200万非洲

---

① 《盖茨基金会捐助非洲4国防治艾滋病》，2016年12月，http://news.sina.com.cn/society/2000-4-6/79319.html。

② 《埃克森美孚公司荣获全球企业联合会颁发的2008年抗疟疾奖》，2016年12月，http://www.zikoo.com/news/4ar5vqgem.html。

人提供清洁用水和卫生设施。① 美铝基金会创立于1952年，一直是全球最大的公司慈善基金之一，管理的资产达5.34亿美元，捐助的资金超过4.37亿美元，许多非洲国家是其受益者。2005年底，Google斥资创办Google.org基金会，主要面向贫穷、能源和环境等困扰全人类的三大难题，许多项目涉及非洲。②

第二，其他形式的民间组织与机构。除了一些个人或企业的基金会外，其他类型的非政府组织也在非洲从事各种各样的援助与合作活动，如美国的大学、学术研究机构、志愿者组织、教会组织、公益性团体、妇女组织、环保组织、绿色和平组织、扶贫组织、红十字会等，这些机构以其组织的宗旨对非洲国家进行力所能及的帮助。例如，美国大学与非洲国家间的合作，内容包括留学生培养、技术援助与科研合作；美国的志愿者较为活跃，深入到非洲国家的内部与社会底层，开展人道主义援助；美国"和平队"至今仍服务于非洲地区，"它们通过一些小的项目帮助当地在农业、教育、卫生、环境、小企业以及城市等方面的发展"。③

美国非政府组织虽然对非援助、合作的资源和力量有限，但它们的作用较为广泛，有助于非洲社会建设、科技等领域的发展。

3. 美非科技合作进展

20世纪90年代以来，在克林顿总统执政的第二任期里，美国的对非政策的重点开始由政治领域转向经济领域，双方的经贸合作步入发展的快车道；布什政府执政时期，美国与非洲之间的合作达到了一段辉煌时期，美国在经济、医疗、教育、扶贫、军事等各项领域对非洲国家进行了全面的援助与合作，一系列的对非援助政策就是在这一时期出台的，不仅赢得了非洲国家、国际社会的肯定与赞誉，而且为后来奥巴马政府留下了一笔不小的"政治遗产"；奥巴马上台后更加重视对非的合作，他提出了基于"民主、良政、发展与和平"的伙伴关系，在对非政策上

---

① 《可口可乐公司将为非洲清洁饮水项目投入3000万美元资金》，2016年12月，http://www.cew.org.cn/zixun/guojidianxun/200903/17-44506.html。
② 《互联网先驱加盟Google从事慈善工作》，2016年12月，http://tech.sina.com.cn/i/2006-02-23/0121848983.shtml。
③ 杨宝荣：《美国对非洲的官方援助》，《亚非纵横》2005年第2期。

"总的来看继承成分多于变革成分"①,但也有创新与拓展。在近年来的美非科技合作中,各种交往模式与合作形式都大大推进了非洲地区现代科技的发展。近年来,奥巴马政府推行"贸易非洲""电力非洲"计划,集中在提升美非贸易额、联合开发非洲传统能源和新能源这两大领域发力,撬动大量资金、技术进入非洲,美非科技合作随之迅速发展。

在"贸易非洲"的推动下,美非设立了商业峰会,不断发力深化美非商贸合作。非洲美国商业峰会由非洲公司理事会主办,每两年举行一次,2016年峰会与会者有1200名各地代表,包括美国和非洲各大企业的首席执行官。据美国贸易统计,美对非洲撒哈拉以南地区商品出口一直在稳步上升,2013年达到近240亿美元,支持10多万美国人就业。虽然,相对于中非贸易,美国与非洲大陆贸易额较小,但是,美国仍然是向非洲提供人道主义援助和发展援助最多的国家之一。② 近年来,以发展援助、技术援助、技术培训提升美非贸易额,一直是美非科技合作的主要形式。例如,2016年,美国与尼日利亚进一步加强合作,并提供6亿美元的发展援助资金,内容涉及美国与尼日利亚卫生部门合作,阻止艾滋病传播、治疗疟疾和肺结核等;实施"非洲青年领袖计划",提升尼自身的能力和责任意识;在尼东北部开展消除文盲行动;推动尼经济多元化,尤其是着力发展尼农业、固体矿产、采掘业、制造业等行业,实现经济可持续发展;改善尼投资环境、提升竞争力,以扩大美国的直接投资规模。③ 美国发展署在美国国务院的共同支持下发起了"中部非洲环境项目"(CARPE),根据该框架内容,美国林务局(USFS)自2014年起在刚果(布)进行项目合作,为刚果(布)森林保护提供贷款,支持刚打击非法伐木、改善森林碳存量、监督森林火情等。此项合作不仅针对刚果(布)境内的森林,也扩展到横跨喀麦隆、中非共和国、赤道几内亚和刚果(金)的2.28亿公顷广袤的刚果盆地地区。④

---

① 张忠祥:《试析奥巴马政府对非洲政策》,《现代国际关系》2010年第5期。
② 驻尼日利亚使馆经商处,2016年2月4日。
③ 驻尼日利亚使馆经商处,2016年4月5日。
④ 驻刚果(布)使馆经商处,2016年6月23日。

美国千年挑战公司执行第二期援摩项目，再援摩洛哥 4.17 亿美元，支持摩洛哥教育、培训和提高工农业土地生产力。先前实施的第一期项目共涉及 6.975 亿美元资金，主要包括果树栽培、手工渔业、非斯的手工业和老城改造、扫盲、职业培训、金融服务、小额信贷和改善对企业支持等项目。① 美国国际开发署向坦桑尼亚提供 4.07 亿美元援助，对坦桑尼亚卫生、农业、自然资源管理、教育、能源和良政等领域进行为期五年的支持。美国国际开发署把该笔援助列为美国政府支持坦桑尼亚 2025 年远景规划，长远目标是帮助坦桑尼亚实现向中等收入国家转型。② 美国国际发展局（USAID）在赞开展一项投资达 2400 万美元的农业生产、技术和融资项目，旨在提高农村地区的农业产业价值。该项目预计增加覆盖地区 30% 的农业产出，惠及 80 万赞农民，并增加 1.25 亿美元的农业销售额。同时，美国爱科农业集团（Agco）投资 1000 万美元在赞建立了一个农业培训中心。该中心于 2015 年 5 月正式运营，将为赞农民提供涵盖基本农作物到农业机械等一系列课程，以加强赞农民的现代农业技能，增加赞粮食产出。③ 谷歌与 Livity Africa 合作，为一百万非洲青年培训数字技术。培训课程一部分面向青年，另一部分面向专家。目前，类似培训已经在尼日利亚、肯尼亚和南非开展，并将不断扩大培训规模。另外，谷歌还推出了在线学习平台，为非洲人提供免费的学习可能。④ Facebook 创始人扎克伯格及其妻子普莉西拉·陈创立的 480 亿美元慈善基金开始在非洲投资，计划对纽约创业公司 Andela 进行 2400 万美元的 B 轮融资，致力于在尼日利亚和肯尼亚等地培训软件开发者，目标是在未来 10 年内为非洲培养数万名工程师。Alphabet 旗下风投机构 Google Venture 也参投。首轮投资将在尼日利亚和肯尼亚选取 200 名软件工程师进行培训，然后扩展到非洲其他国家。⑤

---

① 驻摩洛哥使馆经商处，2016 年 4 月 19 日。
② 参见《美国国际开发署向坦桑尼亚提供 4.07 亿美元援助》，《国际援助》2016 年 7 月 15 日；驻桑给巴尔总领馆经商室，2016 年 8 月 17 日。
③ 驻赞比亚使馆经商处，2015 年 1 月 13 日。
④ 驻尼日利亚使馆经商处，2016 年 4 月 15 日。
⑤ 驻肯尼亚使馆经商处，2016 年 6 月 20 日。

"电力非洲"即"电力非洲伙伴计划",由美国总统奥巴马推动,2013年开始执行,计划筹资70亿美元,帮助撒哈拉以南地区提供1万兆瓦发电能力,为2000万人口提供电力。美国国际发展机构(USAID)数据显示,截至目前,非洲电力计划动员资金已过520亿美元,其中400亿美元来自私人公司,筹资超过预期。2016年,最新一批"电力非洲"(POWER AFRICA)计划协定在联合国大会期间的美非商业论坛上签署,筹资共计10亿美元。① "电力非洲"计划引导的项目非常多,美国的跨国公司纷纷加入其中。例如,2015年5月,美国Endeavor能源公司向科特迪瓦松贡(Songon)燃气发电站项目提供9亿美元投资。该燃气电站项目位于阿比让以西的松贡地区,设计装机容量375兆瓦,采用高效能的排气再循环式联合发电技术,发电机组由通用电气制造。项目还包括电站配套的浮动式天然气码头和相关储气设施。Endeavor能源公司与该项目持有人科特迪瓦Starenergie 2073公司共同开发。② 自2016年起的五年内,美国千年挑战集团(MCC)将为科特迪瓦提供总额5亿美元的发展援助,支持科政府刚刚通过的总额高达450亿欧元的"2016—2020年国家发展计划"。2004年以来,千年挑战集团在世界范围内促进受援国经济增长、减少贫困,其年度援助预算近10亿美元。目前,MCC支持的项目涉及布基纳法索、加纳、肯尼亚、摩洛哥、马达加斯加、马里、尼日尔、卢旺达、塞内加尔、突尼斯等国在内20多个非洲国家。③ "电力非洲"(Power Africa)计划向马拉维注资1600万美元,为马拉维国家电力公司(Escom)提供咨询服务。2015年,马拉维成为"电力非洲"计划合作国,美国千年挑战集团(MCC)3.507亿美元的电力援助项目也并入其中。④ 赞比亚国家电力公司(ZESCO)获"电力非洲"计划6000万美元贷款支持,为赞比亚国家电力公司的卢萨卡输变电线路修复计划和新的电网节点建设工程提供资金支持。⑤ 通用电气(GE)与埃及电力公司合作,对埃及电网进行技术改造,实施总

---

① 驻肯尼亚使馆经商处,2016年9月26日。
② 驻科特迪瓦使馆经商处,2016年2月25日。
③ 中非基金:《非洲动态》2016年1月。(阿比让新闻网,2016年1月6日)
④ 驻马拉维使馆经商处,2016年2月29日。
⑤ 驻赞比亚使馆经商处,2016年5月31日。

价 2.5 亿美元的输送电力项目。目前埃及发电厂安装和使用着 GE 公司 135 台涡轮发电机，其生产的 14.8 兆瓦电力满足着 1400 万个家庭的用电需求。随着该项目 4 个大型变电站的建成，可满足 650 万个家庭的用电需求，特别是在用电高峰时可保障电网稳定运行。项目中涉及的气体绝缘开关柜（Gas Insulated Switchgear）一半在法国生产。① 美国公司 Solar City 创立的非营利 Give Power 基金会在刚果民主共和国安装首个微电网，采用太阳能和电池储能。该项目坐落于该国东部地区联合国教科文组织世界遗产地维龙加国家公园，采用美国公司特斯拉的电池储能技术，可实现 24 小时电力供给。项目实施后，公园能够使用太阳能电力来运行安全灯及无线电广播设备，用于其野生动物保护工作。基金会负责维龙加社区的安装、工程、设计及培训。② 美国海外私人投资公司向肯尼亚 Kipeto 风电项目提供 2.33 亿美元贷款，为期 17.5 年。此外，美国通用电气公司对该项目投资 3.16 亿美元，③ 世界银行旗下的国际金融公司也投资 2.05 亿美元。Kipeto 风电项目位于肯 Kajiado 郡，发电能力为 100 兆瓦，是肯 5000 兆瓦发电计划项目之一，也是美"电力非洲"计划支持的项目之一。④

（二）美非科技合作的主要领域⑤

1. 农业合作⑥

美国对非洲国家的农业合作方式具有鲜明特点：一是"粮食援助"政策的延续与多维拓展，二是开始重视非洲本土农业发展，侧重投资非

---

① 驻埃及使馆经商处，2016 年 4 月 19 日。
② 世纪新能源网，2016 年 8 月 29 日。中非基金：《非洲动态》2016 年 8 月。
③ 陈万灵、韦晓慧：《广东与非洲经贸合作的挑战与对策》，《广东经济》2015 年第 10 期。
④ 驻肯尼亚使馆经商处，2015 年 1 月 6 日。中非基金：《非洲动态》2015 年 1 月。
⑤ 武涛、张永宏：《美国对非科技合作的特点：法制化、援助化与市场化》，《亚非纵横》2012 年第 6 期；武涛：《美国国际开发署对非洲的科技合作》，《国际资料信息》2012 年第 11 期；武涛、张永宏：《美非科技交往关系的依托机制》，《国际展望》2013 年第 1 期；武涛：《美国贸易发展署对非洲科技合作及其特点》，《国际研究参考》2013 年第 5 期；武涛、张永宏：《美国对非科技合作的历程、途径及趋势》，《国际经济合作》2014 年第 6 期。
⑥ 同上。

洲地区，为非洲国家的农民、小农场提供技术、资金支持，力图从根本上助力非洲国家民众解决吃饭问题。

（1）粮食援助领域。粮食援助是美国对非农业合作的传统与特色。1954年美国通过了著名的《粮食用于和平》（Food for Peace）（又名"480公法"）的援助法案，该法案一直是美国对外粮食援助的主要依据。1985年美国又通过了《粮食用于发展》（Food for Progress）的法案，旨在促进非洲国家的经济结构调整。这一政策得到了很好的延续。例如，2004年，美国农业部将二十万吨联邦储备小麦捐赠给苏丹，用于解决粮食短缺问题。2008年，"美国提供价值约2亿美元的紧急国际粮食援助，以缓解非洲和其他一些地区出现的粮食供应短缺问题"①。另外，美国粮食援助政策的内容与方式并非一成不变，而是持续有所创新与拓展。例如，早在1985年通过的《粮食用于发展》（Food for Progress）法案即规定，"授权农产品信贷资金可运用于农产品的加工、运输以及与该项目相关的非商品性开支。通过该项目捐赠的商品在受援国出售以后，产生的收益用于支持当地的农业、经济或基础设施发展"②。再如，2002年通过的"粮食为教育计划"（FFE，Food For Education）"则将援助的资源用于改善受援国儿童的教育状况"③。粮食援助政策的不断拓展，在解决非洲国家民众的吃饭问题的同时，也促进了经济、教育等各项事业的发展。

（2）对非农业投资与技术援助。近年来，美国对非洲国家的农业合作逐渐由粮食援助向农业投资、农业科学技术援助与推广等方面转变。在农业生产项目合作方面，近年来，美国对非洲的农业合作越来越重视投资与技术转让。希拉里国务卿力倡在非洲国家建立科技小农场，以使非洲国家的粮食生产能够自给自足。美国国际开发署则在非洲开展了一系列农业项目合作，如2008年向20个非洲国家提供农业

---

① 王琳：《一个开放的中国将不会再有粮荒》，2016年12月，http://news.sina.com.cn/pl/2008-04-18/072315381103.shtml；《美国提供2亿美元紧急国际粮食援助》，2016年12月，http://intl.ce.cn/gjzx/bm/200804/15/t20080415_15155903.shtml。

② 王世群：《美国农业出口与粮食援助政策：历史演变与发展趋势》，《农业经济》2010年第1期。

③ 赵放、陈阵：《美国粮食援助政策评析》，《对外经贸实务》2009年第4期。

发展援助1.13亿美元,以帮助这些国家促进农业生产、保证粮食安全;2009年在莫桑比克启动名为agrifuturo的项目,总预算为2000万美元,旨在促进莫农产品生产、加强农业竞争力;2010年在利比里亚实施为期五年的"粮食与企业发展"援助项目,总金额为1.1亿美元。美国国际开发署与非洲国家间的农业项目合作,有力推进了非洲国家的农业发展和农业科技进步。农业科技的直接支援方面,例如,美国国际开发署在乌干达建设新渔业笼具捕捞项目,向乌提供技术方面的支援。美国的大学、公司与相关部门为卢旺达种植除虫菊的农民提供帮助,以提高除虫菊的产量和改善质量。美国国际开发署不仅向尼日利亚7.5万农民免费提供改良木薯种苗,而且还组织木薯栽培和加工技术的培训班,以促进尼日利亚农业的发展;美国先锋杂交种子国际公司与非洲的生物学家开展"非洲高粱作物改良项目"的合作,通过生物技术提高非洲大陆的高粱种质;美国与埃及在小麦研究领域展开生物科技合作。在通过卫星进行粮食收成的遥感预测、自然灾害防治方面,美国对非洲国家给予了大力的支持,提供了许多准确的数据,减少了非洲国家的损失。在农业技术人才培养方面,美国根据《非洲增长、竞争力和多样化法案》,从6个符合条件的非洲国家选派10人到美国的10所名校学习农业,通过学习美国的现代农业技术知识,促使非洲农产品在全球市场具有竞争力。[①] 美国比尔和梅琳达·盖茨基金会为非洲提供约1320万美元资金,支持非洲女性农业研究人员完成农业方面的本科、硕士和博士教育,提高女性在农业生产中的地位,使撒哈拉以南非洲地区至少20个农业机构中有学士学位的女性研究人员的数量增加25%,拥有硕士学位的女性数量增加50%。[②] 农业方面实用型、应用型人才的培养,对于非洲国家农业科技的提高,是基础性的帮助。

---

① 《美国推出促进非洲农业发展新计划》,2016年12月,http://intl.ce.cn/sjjj/gat/200707/26/t20070726_12319767.shtml。

② 《盖茨基金会捐千万美元鼓励非洲女性研究深造》,2016年12月,http://tech.qq.com/a/20071216/000003.htm;《盖茨基金会捐巨款鼓励非洲女性从事农业研究》,2016年12月,http://news.china-b.com/itdt/20090213/54881_1.html。

2. 医疗卫生与疾病防治①

美国与非洲国家间的医疗卫生合作是双方科技合作的主要内容。美国除了帮助非洲国家改善基础医疗条件领域外，重要的合作是艾滋病、疟疾等传染性疾病的防治，这是美国对非医疗卫生合作的突出亮点。美国对非艾滋病、疟疾等疾病的防治援助主要在政府间与非政府间两个层面展开，政府间合作项目主要有《总统艾滋病紧急援助计划》（PEPFAR）、"全球健康行动计划"（GHI），非政府间合作的主要结构有克林顿基金会（William J. Clinton Foundation）、比尔和梅琳达·盖茨基金会（Bill & Melinda Gates Foundation）、埃克森—美孚公司及其基金会（Exxon-Mobil Foundation）等。

3. 石油、天然气等能源与矿产资源②

非洲大陆有着丰富的自然资源，冷战结束后，美国越来越重视非洲地区在美国能源安全与资源保障中的重要地位。美国与非洲在能源、矿产资源方面的开发与合作较为突出，一段时期里，非洲取代中东成为美国最大的石油来源地。③ 布什政府积极开展与非洲的"能源外交"，奥巴马力推"电力非洲"计划，从美国国家利益出发不断加强与非洲国家在能源领域的合作。随之，能源与矿产领域的合作已成为美非双方科技合作的重要内容。

（1）石油、天然气等能源领域的合作。埃克森—美孚石油公司是美国与非洲国家进行石油合作的最重要的石油公司之一。2004年美国埃克森—美孚石油公司同马达加斯加签订了一项石油和天然气勘探协议，勘探投资为2500万美元。2005年，埃克森—美孚公司与利比亚国家石油公司又签署了一项油气勘探和产量分享的协议。同年，该公司又

---

① 武涛、张永宏：《美国对非科技合作的特点：法制化、援助化与市场化》，《亚非纵横》2012年第6期；武涛：《美国国际开发署对非洲的科技合作》，《国际资料信息》2012年第11期；武涛、张永宏：《美非科技交往关系的依托机制》，《国际展望》2013年第1期；武涛：《美国贸易发展署对非洲科技合作及其特点》，《国际研究参考》2013年第5期；武涛、张永宏：《美国对非科技合作的历程、途径及趋势》，《国际经济合作》2014年第6期。

② 同上。

③ 《非洲成美国最大石油来源地》，2016年12月，http://business.sohu.com/20070227/n248379430.shtml。

表示在未来 5 年里要把该公司在非投资额增加 1 倍,达到 240 亿美元。雪佛龙公司是美国与非石油合作的又一重要公司。早在 2004 年,雪佛龙德士古海外石油公司就投资 200 多亿美元,在非洲进行石油天然气的勘探和开采。2006 年,雪佛龙公司与埃克森美孚在非洲西部尼日利亚 Sao Tome 和 Principe 开发区发现了一块蕴藏量巨大的油田,储量可能超过 10 亿桶。2007 年,雪佛龙德士古子公司在安哥拉刚果河口发现了石油,开始与安哥拉开展石油开采合作。同年,几内亚湾沿岸的尼日利亚成为了美国第三大石油进口国。2008 年雪佛龙公司在尼日利亚阿格巴米油田开始生产原油,这个油田在 2009 年年底日产 25 万桶石油和天然气。除了埃克森—美孚石油公司和雪佛龙石油公司外,还有许多美国其他的石油公司与非洲国家进行石油合作。例如,2008 年,美国著名石油大公司西方石油公司与利比亚国有石油巨头利比亚国家石油公司(NOC)签署了一项为期 30 年的协议;① 2009 年,美国阿帕奇石油公司与埃及两家石油公司签署了油气开发协议,总价达 3000 万美元;同年,美国 LUSHANN 公司与加纳签订石油探测协议。此外,美国的先锋石油公司、埃索石油公司、MWA 公司以及阿纳达科石油公司等也与非洲一些国家开展石油勘探、开采领域的技术合作。

(2)矿产资源领域的合作。非洲蕴藏着极为丰富的矿产资源,被誉为"世界自然资源仓库"。据统计,非洲地区储量居世界第一位的矿产资源有金、铬、铂族金属、锰、钴、铀、钒、铝土矿、萤石,片状石墨、磷矿等;储量居世界第二位的矿产资源有金刚石、钛铁矿、钽、锆、碳酸钠等。② 赞比亚就因铜矿丰富而被誉为"铜矿之国"。非洲的矿产资源极大地吸引着各国,美国自然也不例外,早在冷战时期南部非洲的矿产资源就是美国重要矿产资源的进口地。近年来,美国与非洲国家在矿产资源技术领域的合作也较多。例如,铁矿方面,美国 Cotton & Western 矿业公司参股利比里亚铁矿石项目,与其进行铁矿石开采的合

---

① 《美国西方石油公司与利比亚签署为期 30 年的石油协议》,2016 年 12 月,http://www.kyjyw.com/AspCode/NewShow.asp?ArticleId=9592。

② 《非洲,世界矿产资源仓库》,2016 年 12 月,http://www.maoxun.net/Article/Article_28481.shtml。

作；铜矿方面，美国 Freeport-McMoRan 公司与刚果就铜矿开发展开合作；铝矿方面，美国著名的美铝公司（Alcoa）对非洲铝业发展十分看重，该公司除了与几内亚、加纳进行铝业合作外，还积极拓展与其他非洲国家的合作；金矿方面，美国 Newmont 矿业公司与加纳开展金矿开采合作，如位于加纳的 Ahafo 金矿项目；在其他各种矿产方面，美国与非洲间的合作也较多，如美国水利矿业全球公司（Hydrominers Global Mineral）获得喀麦隆的铝矾土矿勘探权，美国自由港迈克墨伦铜金矿公司旗下有刚果 Tenke Furugume 铜钴矿，美国 Geovic 矿业公司获得喀麦隆洛米地区钴镍锰矿勘探权，美国 AMCOL 公司以 1240 万美元收购了南非铬铁矿；等等。

4. 新能源开发[1]

非洲地区的风能、太阳能、地热等可再生资源十分丰富，发展潜力巨大。近来美国政府与其国内新能源公司积极帮助非洲国家开发和利用这些新能源。美国政府不仅与非洲国家签订了一些合作的项目，而且大力支持世界银行和国际金融公司倡导的"照亮非洲"的项目，美国对其提供了资金与技术方面的援助，通过充分利用太阳能、风能等可再生能源，以高效率的现代化照明方式代替对人体有害的、高二氧化碳排放且相对昂贵的化石类燃料灯具，改善非洲照明状况。在太阳能领域，美国太阳能公司投资在乌干达建立东非地区第一个太阳能设备装配厂，以满足和扩大非洲各国市场的需求；美国太阳能热电公司 eSolar 将其业务扩大至南非，与南非的清洁能源解决方案（CES）公司开展合作，并将其在撒哈拉以南非洲 7 个国家独家代理和分配 eSolar 聚热太阳能发电技术的权力给予了 CES 公司。在地热领域，美国政府与埃塞俄比亚在埃塞俄比亚哈拉尔州的坦达乎地区开展地热项目合作。在生物能源领域，

---

[1] 武涛、张永宏：《美国对非科技合作的特点：法制化、援助化与市场化》，《亚非纵横》2012 年第 6 期；武涛：《美国国际开发署对非洲的科技合作》，《国际资料信息》2012 年第 11 期；武涛、张永宏：《美非科技交往关系的依托机制》，《国际展望》2013 年第 1 期；武涛：《美国贸易发展署对非洲科技合作及其特点》，《国际研究参考》2013 年第 5 期；武涛、张永宏：《美国对非科技合作的历程、途径及趋势》，《国际经济合作》2014 年第 6 期。

美国向马里提供371000美元的援助,用于垃圾焚烧发电项目合作。①

5. 饮用水、电力、交通运输等基础设施②

美国与非洲国家在基础设施建设领域的科技合作内容较为广泛,涉及的领域也较多。

(1)饮用水领域。在非洲的饮用水开发项目合作方面,美国"千年挑战账户"项目是重点援助来源,美国国际开发署则是主要执行机构。例如,美国国际开发署(USAID)向埃及提供5.57亿美元水处理工程援助,其中2亿美元为现金援助,2亿美元用于水处理工程和学校建设等项目;美国向莫桑比克提供5.07亿美元的援助,其中包括饮用水的项目建设;美国千年挑战计划援助坦桑尼亚6.981亿美元,其中供水设备建设是重点项目。除政府援助外,美国公司在该领域的对非合作项目也很多,例如,可口可乐公司及其基金会的"非洲水润行动计划"(Replenish Africa Initiative,简称RAIN计划)③,通用电气GE与阿尔及利亚政府、能源公司等共同投资建设非洲最大的海水淡化厂Hamma项目等。④

(2)电力合作。美国与非洲国家的电力合作项目较多,内容广泛,涉及核能、水能、煤、天然气、生物能等,在设备提供与改进、技术支援方面也有着较为密切的合作。例如,核能发电方面,美国支持摩洛哥和平利用核能;与铀矿储藏丰富的阿尔及利亚签署核合作协议共同发展民用核电,帮助利比亚建设首家核电厂,并开展海水淡化、放射学联合

---

① 参见《美国援助马里利用焚烧垃圾发电项目》,2016年12月,中国驻马里使馆经商处网站(http://ml.mofcom.gov.cn/aarticle/jmxw/200810/20081005846782.html)。

② 武涛、张永宏:《美国对非科技合作的特点:法制化、援助化与市场化》,《亚非纵横》2012年第6期;武涛:《美国国际开发署对非洲的科技合作》,《国际资料信息》2012年第11期;武涛、张永宏:《美非科技交往关系的依托机制》,《国际展望》2013年第1期;武涛:《美国贸易发展署对非洲科技合作及其特点》,《国际研究参考》2013年第5期;武涛、张永宏:《美国对非科技合作的历程、途径及趋势》,《国际经济合作》2014年第6期。

③ 《可口可乐公司将为非洲清洁饮水项目投入3000万美元资金》,2016年12月,http://www.cew.org.cn/zixun/guojidianxun/200903/17-44506.html。

④ 《通用电气GE计划建非洲最大的海水淡化厂》,2016年12月,http://www.go-epe.com/news/show.php?id=9480。

研究;① 美国供应商柏克德电力公司（Bechtel Power）与埃及签订发展核电协议，为埃及核电反应堆提供相关的设计。水电方面，美国援助利比里亚咖啡山水电站重建项目；美国 MWH 集团与乌布贾卡里能源公司签订工程合同，为 250 兆瓦布贾卡里水电站提供工程咨询服务；美国公司与喀麦隆政府签署比尼水电项目合作协议，并开展联合研究。天然气发电方面，美国 Globeleq 公司在坦桑尼亚拥有装机 11 万千瓦的燃气电站；美国铝业公司（ALCOA）在加纳建设以天然气为燃料的热力发电厂；美国通用电气公司获得埃及科拉伊迈特电力工程三期项目的燃气发电设备合同；② 石油巨头美孚公司（Mobil）和尼日利亚国家石油公司（NNPC）联合在尼阿夸伊博姆州建设一座 50 万千瓦以天然气为原料的发电站。火力发电方面，美国私人公司（Contour Global）出资兴建洛美火力发电厂。生物燃料发电方面，美国海外私人投资公司（OPIC）向利比里亚布坎南再生能源（蒙罗维亚）电力公司提供 1.12 亿美元贷款，建设一座以老化的橡胶木碎片为燃料具备 35 兆瓦发电能力的生物燃料发电厂。

在发电技术、设备提供方面，美非双方也有较好的合作。例如，技术提供与合作方面，美国通用电气（General Electric）与尼日利亚与公司开展电厂改造合作；美国贸易发展总署与毛里求斯中央电力局开展电网、控制系统技术改造合作；③ 美国"千年挑战账户"通过资金与技术援助等形式帮助坦桑尼亚、马拉维等国进行电力运输网络的建设与改造。设备提供方面，美国通用电气公司向埃及电力控股公司提供价值 8520 万美元的设备供货合同，美国通用公司将向埃及北部努巴里耶发电厂提供发电设备等。美国大多数设备提供项目都与技术援助合为一体。美国国际开发署（USAID）向东非国家投资了价值 5770 万美元的项目，其中农业部门投资为 4030 万美元，非农业部门投资为 1740 万美

---

① 《电力利比亚官方表示美国将帮助其建设首家核电厂》，2018 年 11 月，http：//www.chinadianli.com.cn/n7508c13.shtml。

② 《美国通用电气公司获得埃及电力项目合同》，2018 年 11 月，http：//www.chinapower.com.cn/article/1046/art1046799.asp。

③ 《美国资助毛里求斯中央电力局就提高电网效率进行可行性研究》，2018 年 11 月，http：//lva.chinaelc.cn/tabid/351/ArticleID/8013/Default.aspx。

元。美在东非地区的潜在投资为 1.66 亿美元，其中仅坦桑尼亚就有 4800 万美元。① 2018 年，美国承诺还将通过"非洲电力计划"为东共体能源部门提供 2.2 亿美元，增加非洲的稳定、可负担和可持续的电力供应，支持非洲经济增长。"非洲电力计划"是美国前总统奥巴马于 2013 年 7 月发起，主要内容是在未来 5 年内为撒南非洲提供 70 亿美元，用于资源开发、发电、电力输送以及能源管理电力建设等。②

（3）交通运输方面。美国与非洲国家间在交通运输领域的合作主要涉及两个方面，一是公路、桥梁、港口、机场等的修建与资金、技术支援，二是汽车、火车机车、飞机等交通工具的贸易与维修。

美非间在交通运输基础设施建设领域的合作。在这一领域的合作主要是通过美国"千年挑战账户"等援助项目向非洲国家提供资金援助，技术援助的内容也占一部分。例如，加纳、莫桑比克、坦桑尼亚等国将美国"千年挑战公司"援助的部分资金用于国内的交通基础设施建设。此外，技术与设备方面的合作也有一些，例如，利比亚住房与基础设施项目执行机构与美国 Aecom Technology 公司开展合作，其中包括公路、桥梁、交通等方面的发展规划、设计；美国向利比里亚公共工程部捐赠总价值约 200 万美元的 15 台套道路工程机械设备，同时，美国国际发展署（USAID）向利提供有关设备操作方面的技术培训。③ 在机场建设与技术支援方面，美非双方有着密切合作。例如，美国贸易和开发署（USTDA）分别向莫桑比克与加纳提供援助资金用于莫桑比克机场建设项目、加纳首都 KOTOKA 国际机场升级扩容项目；美国"千年挑战"计划援助马里 18390 万美元，用于扩建巴马科机场跑道、停机坪、办公楼及整治 200 公顷的工业园区;④ 美国 Heritage Corporation 公司和四家尼日利亚本土银行合作融资 2.75 亿美元建设尼日利亚奥贡州 Gateway

---

① 东非经贸在线，2017 年 12 月 6 日。中非基金：《非洲动态》2017 年 12 月。
② 驻坦桑尼亚经商代表处，2018 年 12 月 29 日。中非基金：《非洲动态》2018 年 12 月。
③ 《美国向利比里亚捐赠道路工程设备》，2016 年 12 月，http：//www.tradeinvests.com/hyzx/200705/19/10170.html。
④ 《马里需投巨资扩建机场》，2016 年 12 月，http：//finance.sina.com.cn/chanjing/b/20070316/09521269339.shtml。

国际机场一期工程。①

美国与非洲国家间的飞机、火车机车、汽车等方面的合作。飞机方面，美国对非的飞机出口主要集中于北非地区和一些经济实力较强的非洲国家，而一些贫穷国家则采取租用方式。美国波音公司出口到非洲的飞机型号主要有 737 - 800、777 - 200、777 - 300ER、787 等。在出售、出租飞机的同时，美国负责提供技术支持。火车机车方面，美国通用公司唱主角，如向埃及交通部与军工部提供价值 10 亿埃镑的火车机车，并在埃及军工部所属工厂为埃及组装 40 台机车；美国通用电气下属运输系统（非洲）公司与坦赞铁路局合作，开展机车维修保养，以提高坦赞铁路运力的稳定性；向利比亚铁路项目提供火车机车头，并负责对利籍员工进行操作和维修方面的培训；向尼日利亚铁路公司提供火车机车。② 汽车方面，美国通用汽车公司相继在南非设立"悍马""卡迪拉克"两款车的生产基地，在乌干达设立销售服务公司，主要面向东非国家销售产品；福特汽车公司进入利比亚市场，福特汽车（Ford Motor）印度分公司向南非出口 Figo 小型车，等等。

6. 纺织、服装加工、皮革等轻工业③

近年来，美非间的经贸合作主要是基于克林顿政府 2000 通过、布什政府修正的《非洲增长与机遇法案》（AGOA）以及"美国—撒哈拉以南非洲贸易与经济合作论坛"经贸交流机制来实现的。这项法案为撒哈拉以南非洲国家经济的发展，特别是纺织、服装加工、皮革等产业的兴起、发展及其产品出口产生了较大的影响。肯尼亚纺织业受惠于 AGOA 法案，近年来对美国的纺织品出口保持着良好的收益。法案的实施曾为肯尼亚创造了 3 万个直接就业机会，并另为 15 万人在相关行业

---

① 《美国企业与尼日利亚银行合作融资建设奥贡州机场》，2016 年 12 月，http://finance.sina.com.cn/roll/20090421/03052797673.shtml。

② 《尼日利亚向美国通用电气采购火车机车》，2016 年 12 月，http://finance.sina.com.cn/roll/20090513/17092838880.shtml。

③ 武涛、张永宏：《美国对非科技合作的特点：法制化、援助化与市场化》，《亚非纵横》2012 年第 6 期；武涛：《美国国际开发署对非洲的科技合作》，《国际资料信息》2012 年第 11 期；武涛、张永宏：《美非科技交往关系的依托机制》，《国际展望》2013 年第 1 期；武涛：《美国贸易发展署对非洲科技合作及其特点》，《国际研究参考》2013 年第 5 期；武涛、张永宏：《美国对非科技合作的历程、途径及趋势》，《国际经济合作》2014 年第 6 期。

解决了就业。美国延长 AGOA 第三国布料适用期，进一步使肯尼亚纺织业界看到了希望，它们将市场瞄向美国以图扩大对美贸易额。毛里求斯在享受政策时，获得了输美纺织品原产地豁免的资格，即可以使用第三国面料免税出口到美国。马达加斯加一直是 AGOA 法案的受益者，曾吸引了大量的外资企业投资马达加斯加，促进了马达加斯加相关产业的快速发展。然而由于 2009 年马达加斯加的国内政治问题，美国终止了马达加斯加享受 AGOA 法案的优惠待遇，使其国内的许多纺织企业被迫关闭。由此可见，美国与非洲国家在这方面的合作是有条件限制的，美国掌握着主动权和决策权。南非是 AGOA 法案利用者中的成功代表。2000年以来南非的纺织与服装业出口量猛增，纺织企业发展迅速。与此同时，南非积极引进美国的纺织业投资，敦促美国延长特惠法案的期限。莱索托充分利用 AGOA 法案的规定，成为非洲地区纺织业发展较快的地区。莱索托曾经连续三年对美纺织品出口居于撒哈拉以南非洲第一位，外资企业对莱索托纺织业的投资以及设备、技术的投入，大大促进了莱索托轻工业的发展。马拉维作为非洲的小国，从法案中获益较为明显，其对美的纺织品出口量不断上升。法案为 150 万马拉维民众带来了就业机会，在 2002 年、2003 年和 2004 年，马拉维同美国的贸易分别达到 4690 万美元、5930 万美元和 6442 万美元。① 2006 年度，马拉维向美国的出口农产品、纺织品和服装产品达到了 4740 万美元。乌干达从 AGOA 法案中受益也较为明显，2002 年新建的一家服装厂就得到了美国 160 万条的男裤订单。乌干达政府也积极利用这项优惠政策，大力促进乌干达的纺织等轻工业产品向美国出口。此外，塞内加尔、赞比亚、坦桑尼亚、贝宁、马里等国也在利用该政策的优惠条款，促进国内纺织产业的发展。

"非洲增长与机遇法案"（AGOA）是美国单方面对非的贸易优惠政策，这项政策的享受国有一定的条件，必须经过美国政府的考察通过后才可获准。同时，又有一定的时限。尽管限制多，但它明显促进了撒哈拉以南非洲相关产业的发展和技术与资金的引进，推进了一些非洲国家

---

① 《2006 年度马拉维向美国出口的超过 4700 万美元》，2016 年 12 月，http: // news. wears. com. cn/data/2007/0512/11789596881629. html。

的经济迅速发展。

7. 教育与人才培养①

教育援助计划是美国对非援助的重点内容之一，也是近年来美国对非科技合作的主要体现。美国国际开发署（USAID）对非洲基础教育援助投入了大量的资金，开发了各种各样的教育项目。② 仅在布什政府执政时期，美国就推动了两项重要的教育援非计划，即"粮食为教育计划"（FFE，Food For Education）③、"非洲教育行动计划"（African Education Initiative，简称AEI）。此外，美国有许多非政府组织也为非洲的教育事业提供了诸多援助。

（1）美国政府的项目援助。例如，美国向乌干达提供4900万美元的援助，其中包括贫困援助下的教育项目；美国向吉布提提供400万美元（约70亿吉郎）援款，主要用于发展吉基础教育，解决失学青少年儿童就学问题；④ 美国国际开发署（USAID）向利比里亚提供3800万美元援助，用于帮助利比里亚发展教育，实施教育系统升级；美国政府向尼日利亚提供430万美元的奖学金；美国国际开发署（USAID）向埃塞俄比亚提供2300万美元的援助，用于改善埃塞初级教育质量。美国政府对非教育援助的项目较多，主要是面向非洲国家的基础教育展开，其"非洲教育行动计划"（AEI）即主要针对基础教育，内容也在不断创新，在埃塞俄比亚、坦桑尼亚、南非等国，该计划都得到落实并取得了良好的效果，共计约有8000万非洲儿童从该计划中受益。

（2）非政府组织的援助。例如，美国比尔及梅琳达·盖茨基金会的对非援助项目；美国纽约的卡耐基公司支持加纳温尼巴教育大学

---

① 武涛、张永宏：《美国对非科技合作的特点：法制化、援助化与市场化》，《亚非纵横》2012年第6期；武涛：《美国国际开发署对非洲的科技合作》，《国际资料信息》2012年第11期；武涛、张永宏：《美非科技交往关系的依托机制》，《国际展望》2013年第1期；武涛：《美国贸易发展署对非洲科技合作及其特点》，《国际研究参考》2013年第5期；武涛、张永宏：《美国对非科技合作的历程、途径及趋势》，《国际经济合作》2014年第6期。

② 郭婧：《美国国际开发署对非洲基础教育援助的评价》，《基础教育》2010年第8期。

③ 赵放、陈阵：《美国粮食援助政策评析》，《对外经贸实务》2009年第4期。

④ 《美国向吉布提提供400万美元教育援助》，2018年12月，http://www.35global.com/tradenews.asp?ns_id=53656。

(UEW)发展该校的远程教育和图书馆自动化等项目。① 美国公司对非的远程教育援助,有助于非洲国家利用现代科技手段推进教育模式的转变。此外,美国"和平队"志愿者队伍在马里、加纳、马拉维、喀麦隆、莱索托广泛开展教育援助活动。②

8. 信息通信与空间科技③

美国与非洲国家在信息通信领域的合作较为广泛和活跃,主要包括两个方面的合作,一是电信、信息通信网络的建设与通信服务,二是微软、谷歌、惠普等电脑与软件企业进入非洲,与非洲国家展开合作。

(1)电信网络的建设与通信服务。非洲地区移动通信业务增长非常快,是一个信息产业发展潜力巨大的市场。美国电信运营商近年来在非洲地区大力开拓商业空间,与非洲许多国家有着紧密的合作。例如,美国ASG电信公司与佛得角电信学会(ICTI)合作,参与佛得角移动通信业务;美国最大的电信运营商AT&T与南非运营商Telkom合作,将业务扩展到非洲市场;摩托罗拉网络事业部与南非跨国运营商MTN合作,为其提供移动网络优化服务。④ 美国通用电缆公司作为通信网络建设的主要提供商与服务商,与非洲国家的合作较多,例如,成立阿尔及利亚合资公司,与阿尔及利亚进行相关内容的合作;收购南非的一家公司,进一步扩大企业规模。近几年,通用电缆已逐渐成为撒哈拉以南非洲地区重要的电缆供应商。美国与非洲国家间的电信、通信产业的合作有助于缩小非洲国家与发达国家间的"数字鸿沟",促进非洲信息通信事业实现跨越式的飞速发展。

(2)电脑、软件与互联网等领域。近年来美国的微软、惠普、谷

---

① 《美国企业援助加纳温尼巴教育大学》,2016年12月,http://finance.ifeng.com/roll/20100827/2558593.shtml。

② 杨宝荣:《美国对非洲的官方援助》,《亚非纵横》2005年第2期。

③ 武涛、张永宏:《美国对非科技合作的特点:法制化、援助化与市场化》,《亚非纵横》2012年第6期;武涛:《美国国际开发署对非洲的科技合作》,《国际资料信息》2012年第11期;武涛、张永宏:《美非科技交往关系的依托机制》,《国际展望》2013年第1期;武涛:《美国贸易发展署对非洲科技合作及其特点》,《国际研究参考》2013年第5期;武涛、张永宏:《美国对非科技合作的历程、途径及趋势》,《国际经济合作》2014年第6期。

④ 《摩托罗拉与南非MTN签署2年期框架协议》,2016年12月,http://it.sohu.com/20100526/n272352702.shtml。

歌等电脑、软件、互联网公司纷纷进军非洲广阔的市场。面对非洲国家的实际情况，它们推出了一些符合非洲地域的产品和服务，体现了人性关怀，其服务的理念受到了非洲国家政府与民众的欢迎。例如，微软公司（Microsoft）将发展的目光瞄向具有潜在巨大市场的非洲地区，推出了一系列针对非洲本地的低端产品及特色服务项目，如非洲"绿色笔记本"计划，非洲版 Office 2007 软件，Windows 7 视窗操作系统、"IE8"浏览器等，在阿尔及利亚建立分公司，与埃及合作生产低端电脑，与利比亚多家公司在软件购买、信息化技术等领域展开合作，联合英特尔公司为利比亚政府提供 15 万台电脑，向马里技术中学赠电脑设备，在乌干达推出绿色计划以原价的 1/3 出售旧电脑等。在与非洲国家的合作中，微软公司一直致力于降低成本，降低非洲国家购买费用，推出符合非洲实际的产品。谷歌（Google）积极拓展非洲地区的市场，在向非洲推广其服务理念的同时，不断推出了特色服务，如谷歌向非洲国家大力推广其搜索引擎以及非洲全域地图服务业务；面对非洲地区电脑普及率低，手机用户较多的特点，谷歌推出"Google SMS"服务，用户可以通过发送手机短信获取关于健康、农业、本地天气、新闻和体育等方面的信息。[①] 惠普（HP）在非洲推出可供四人同时使用的桌面电脑；与阿尔及利亚 Wataniya 电信合作，为其提供全新惠普计费的解决方案。除了以上的公司外，还有诸如 IBM、英特尔等公司也与非洲有着合作。

（3）卫星通信服务。美国的卫星通信公司近几年也将发展的战略目标瞄向非洲地区，为非洲国家提供卫星通信服务业务。例如，Gateway 通信公司与非洲国家开展卫星通信业务转让合作，南非最大移动运营商 Vodacom 以 7 亿美元价格收购 Gateway 公司在非洲的网络和卫星业务，Gateway 通信公司利用 VT iDirect 公司的"进化"平台进行非洲地区 DVB－S2/ACM 卫星网络的建造工作。[②] 美国通信公司对非洲国家的卫星通信业务合作虽然刚起步，但其发展潜力巨大，并把高科技信息技

---

① 《谷歌在非洲推出基于手机短信的信息服务》，2016 年 12 月，http://news.xinhuanet.com/world/2009-07/01/content_ 11636178. htm。

② 《Gateway 公司在非洲扩展卫星通信服务》，2016 年 12 月，http://news.mod.gov.cn/tech/2009-07/11/content_ 3088170. htm。

术带入非洲。

9. 军事领域①

"9·11"事件后,美非之间的军事科技合作不断加强。美非之间的军事科技合作主要包括两个方面,一是美国对非军事援助项目计划和美国非洲司令部的设立,二是美国与非洲国家的军事演习以及对非军火武器的出口。

(1) 美国对非军事援助项目。早在1997年克林顿政府时期,美国就出台了"非洲危机反应计划"（Africa Crisis Response Initiative,简称"ACRI"）,意在通过该计划"训练非洲国家的传统维和能力,包括船队护航、通信安全、后勤保障等方面"。② 这项计划显著提升了非洲国家军队的信息化能力、现代化水平。2002年,布什政府通过了"非洲应急行动培训与援助计划"（Africa Contingency Operations Training and Assistance,简称"ACOTA"）,取代"非洲危机反应计划"（ACRI）。该计划中,军事技术与信息化、高科技的军事装备的提供,使得非洲国家的整体军事能力得到了较大的提升。③ 此外,美国还通过其他类型的军事援助项目向非洲国家提供军事支持,如《国际军事教育与培训》(MET)援助项目,该项目资金主要用于非洲国家军队的教育与培训,有47个非洲国家受益;美国向尼日利亚和安哥拉提供高达3亿美元的军事援助,向两国军队出售武器,帮助训练军官和招募军人。④ 美国对非军事援助项目是双方之间进行军事科技合作的重要途径。

(2) 美国非洲司令部（U.S. Africa Command,简称AFRICOM）。2007年,布什政府设立非洲司令部。非洲司令部主要是基于"反恐、能

---

① 武涛、张永宏:《美国对非科技合作的特点:法制化、援助化与市场化》,《亚非纵横》2012年第6期;武涛:《美国国际开发署对非洲的科技合作》,《国际资料信息》2012年第11期;武涛、张永宏:《美非科技交往关系的依托机制》,《国际展望》2013年第1期;武涛:《美国贸易发展署对非洲科技合作及其特点》,《国际研究参考》2013年第5期;武涛、张永宏:《美国对非科技合作的历程、途径及趋势》,《国际经济合作》2014年第6期。

② 黄杰:《从ACOTA看美国对非洲的政策》,《湘潮（下半月）》2008年第11期。

③ 同上。

④ 刘飞涛:《美国对非军事战略探析》,《国际问题研究》2008年第3期;尚玉婷:《美国对非洲的军事化能源政策》,《国际资料信息》2008年第11期。

源安全以及平衡其他大国在非洲的影响"① 三个重要战略因素的考量而设立的。从非洲司令部的职能上来讲，"非洲司令部兼具军事和民事双重职能，发挥美国对非政策事实上的协调和执行作用"②。司令部的常规职能主要在于军事方面，而司令部的民事职能则是其职能的重要补充。在民事职能方面，美国"帮助非洲各国训练军队，加强与各国政府的协调，搜集情报，举行联合军事演习，以及为当地提供医药、教育、工程建设等援助争取民心，等等"③。非洲司令部设立的根本出发点是从美国自身国家利益出发的，不是对等的合作。因此，自美国设立非洲司令部以来，非洲国家普遍对此持抵制的态度，非洲司令部的建设面临着重重阻力。

（3）美非之间的军事演习。军事演习不仅有助于维护和平，遏制恐怖主义的威胁，而且也有助于非洲国家军队信息化、现代化水平的提升。随着恐怖主义的抬头与非洲地区的形势变化，美国与非洲国家之间的联合军事演习越来越频繁。例如，与肯尼亚开展名为"利槌行动"的联合军事演习，旨在加强双方在军事行动、医疗救助等方面的战术交流；与乌干达开展联合军事演习，演习的主要目的是"针对突发事件实施长距离医疗救助，并为双方医务人员提供训练机会"④；与加蓬开展"西非游弋"联合医疗、救护军演，演习分为"理论"与"实践"两个阶段，主要内容是海上救护和为当地百姓义诊；与摩洛哥开展"非洲狮08"例行联合军演，演习的内容包括"司令部演习、火力测试、维和行动、空投演练、低海拔飞行训练等内容"⑤；美国非洲司令部牵头的"非洲努力"通信技术军演，非洲25国联合参加，旨在协调美军与各非洲参演国部队在指挥、控制、通信和信息系统一体化等方面协同作战能力；与埃及在红海开展"雄鹰致敬"军演，演习意在交流

---

① 李平：《布什任期美国对非安全战略的演变》，《西亚非洲》2008年第7期。
② 刘飞涛：《美国对非军事战略探析》，《国际问题研究》2008年第3期。
③ 刘军：《美国缘何设立非洲司令部》，《西亚非洲》2008年第2期。
④ 《美国、乌干达在乌北部举行联合军事演习》，2016年12月，http://news.xinhuanet.com/newscenter/2002-09/01/content_546011.htm。
⑤ 《美国和摩洛哥在摩南部举行联合军事演习》，2016年12月，http://news.xinhuanet.com/newscenter/2008-06/03/content_8308005.htm。

经验，提高海军的战斗力和指挥官的指挥技能；与莫桑比克举行代号为"共享协议"的联合军演等。此外，美国与非洲国家还有许多其他军演，军演有助于不断提升非洲国家军队的技术能力与信息化水平。

（4）军火武器的出口。美国向非洲国家出口武器，条件是必须是美国认可的民主国家并实行良政。从分布区域来看，主要集中在北非地区，其中对埃及的军火出口最多也最全面，涉及各领域。埃及是非洲美制武器装备的最大进口国，从美进口的军事装备价值数百亿美元。[①] 战机方面，美国向埃及空军出售改造、升级后的 CH-47D "支奴干" 重型运输直升机、E-2C 空中预警机、由洛克希德—马丁公司制造的新型 "先进52批次" F-16战机。舰艇方面，埃及海军先后从美国购买 "大使" MK III 型导弹快艇、"鹗" 级扫雷艇、"佩里" 级和 "诺克斯" 级护卫舰等。导弹和火炮方面，美国向埃及出售先进的中程空对空导弹防御系统，AIM-9M-2 "响尾蛇" 近距空对空导弹，M109A5 型自行榴弹炮，RGM-84L/3 "鱼叉" Block II 型反舰巡航导弹，包括控制台、软件、舰载发射器以及维修所需零部件在内的 AN/SWG-1A "鱼叉" 舰载指挥发射控制系统以及相关保障设备，其中包括技术与人员培训的内容。坦克方面，美国向埃及出售 M1A1 "艾布拉姆斯" 坦克。此外，在雷达、通信设备等军事装备的出口方面，美国与埃及的合作也是较为频繁。此外，北非多国都与美国开展军售合作。例如，美国与利比亚关系改善后，美国取消了对利比亚武器出口的部分限制条款，允许美国公司参与摧毁该国的化学武器并修复运输机；美国向阿尔及利亚出售武器，以支持该国的反恐行动；美国向摩洛哥提供 M109A5 式 155 毫米自行榴弹炮及必要的装备与相关服务、湾流 G550 飞机以及相关的服务和配件、F-16 战斗机；突尼斯购买洛马公司 C-130J "大力神" 运输机等。除了北非的主要国家外，美国与其他的非洲国家也有一定的合作，例如，美国向肯尼亚海军转让巡逻艇，用于肯尼亚政府的海岸线巡逻和

---

① 《美国会报告称埃及已成为美制武器的最大进口国》，2016 年 12 月，http://news.xinhuanet.com/mil/2004-12/28/content_ 2387083.htm。

反恐。① 武器出口是美国与非洲国家间军事科技交流的重要内容,但合作对象、内容上并不均匀,主要集中于北非地区和一些"民主"国家。

10. 生态环境、自然灾害防治与气候变化②

美国重视与非洲国家在生态与环境保护、自然灾害防治、气候变化等方面开展合作,通过资金、技术等各种手段支援非洲国家。在非洲生物多样性的保护方面,美国国际开发署提供了大量的援助,制订了各种援助项目计划。例如,较早的援助项目有加纳的"生物多样性资源区保护"、刚果的"森林保护项目"、马达加斯加的"对生存环境管理的可持续方法"、坦桑尼亚的"野生动物管理的计划制订与估价"、乌干达的"环境行动计划"、纳米比亚的"在有限的环境中生存"项目等。长期以来,美国国际开发署是撒哈拉以南非洲生物多样性保护的经济和技术援助的主要来源。③ 美国国际开发署作为美国对外援助的主要机构,在非洲的生物多样性、自然灾害防治等领域发挥着重要的作用,是美国官方对非这一领域援助的中坚力量。"千年挑战账户"援非计划中的一些项目也包含着生态、环保、自然灾害防治的内容。美国的基金会、科研机构、高校也积极参与非洲地区的科研工作,探索非洲生物多样性与环境保护的科学方法。例如,克林顿基金会就有克林顿气候倡议(CCI)项目,与南非政府合作建立太阳能公园,以充分利用太阳能;美国"和平队"在环保、自然灾害防治等方面也发挥着一定的作用。此外,在全球气候变暖与温室气体排放的国际性会议与交流中,美国与非洲国家也有一定的接触,但双方就发达国家与发展中国家的排放问题上一直存在较大的争议与分歧。

---

① 《美国向肯尼亚转让6艘巡逻艇用于反恐》,2016年12月,http://mil.qianlong.com/4919/2006/10/17/1040@3463428.htm。

② 武涛、张永宏:《美国对非科技合作的特点:法制化、援助化与市场化》,《亚非纵横》2012年第6期;武涛:《美国国际开发署对非洲的科技合作》,《国际资料信息》2012年第11期;武涛、张永宏:《美非科技交往关系的依托机制》,《国际展望》2013年第1期;武涛:《美国贸易发展署对非洲科技合作及其特点》,《国际研究参考》2013年第5期;武涛、张永宏:《美国对非科技合作的历程、途径及趋势》,《国际经济合作》2014年第6期。

③ 鲍显诚:《美国国际开发署(USAID)在撒哈拉以南非洲保护生物多样性的扩大项目》,《AMBIO——人类环境杂志》1994年第2期。

二 欧洲与非洲的科技合作

欧洲一贯把非洲视为后院，经略非洲从来都是欧洲主要大国的重点方向之一。但是，在科技合作领域，由于欧非科技发展水平差距较大，合作的对接条件有限，所以，虽然欧洲在非洲纵横驰骋数百年，欧洲技术并未大规模根植非洲，非洲的国际科技合作水平依然落后。进入21世纪以来，欧洲力推低碳发展转型，非洲资源的重要性再度显现，欧洲一些学者甚至把非洲看作新能源时代的中东，看作未来欧洲的能源基地，加大力度与非洲开展低碳领域的投资开发与技术合作。然而，受2008年金融危机影响，欧洲许多国家遭受重创，大多国家自顾不暇，与非洲开展科技合作进展有限。总体上看，欧非科技合作主要在新能源领域建树较大，欧盟层面与非洲的合作十分活跃，欧盟主要成员国则从各自的需要和优势出发，与非洲开展广泛的科技合作。[①]

（一）欧盟与非洲在清洁能源、气候变化领域的合作

1. 欧非清洁能源合作[②]

欧盟积极开展对非清洁能源合作主要基于四个目的：第一，保障欧盟能源供应多元化。主要是摆脱能源供应受制于俄罗斯的局面，实现能源供应多元化目标。中东地区局势不稳，且美国势力根深蒂固，欧盟在那里的利益空间受限。非洲是欧盟传统"后院"，有地利人和之便。地利，欧盟与非洲在地理上邻近，而且双方联系紧密；人和，不仅非洲多数国家语言为英语、法语，而且在意识形态、价值观认同上也趋同。当前，欧非合作正在如火如荼地开展，非洲已成为欧盟实现能源供应多元

[①] 2016年6月，英国脱欧问题将影响下一个时期英国在欧盟框架下的对非科技合作，未来走势及前景等问题还需要进一步跟踪评估。

[②] 张永宏、梁益坚、王涛、杨广生：《中非低碳发展合作的战略背景研究》，世界知识出版社2014年版，第168—175页。

化的重要合作方。第二，实现欧盟能源结构多元化。欧盟能源消耗总量中，传统化石能源的比例接近15%，这对于保障未来欧盟能源安全是不利的。① 欧盟计划到2020年清洁能源使用占能源消耗总量20%的目标，大大压缩化石能源的占比。② 要实现这一目标，仅靠欧盟内部国家现有的清洁能源潜力是很难实现的，而非洲在清洁能源领域的开发潜力巨大，因此，欧盟需要加强与非洲在清洁能源领域的合作。第三，通过清洁能源合作，推进南邻的稳定与发展。南欧与北非仅隔着地中海，非洲国家的经济落后也给欧盟带来负担，如非法移民问题、地区安全问题等。欧盟通过加强与非洲在清洁能源领域的合作，帮助非洲国家特别是北非国家的发展，有利于自己周边环境的稳定。而北非撒哈拉沙漠地区具有发展太阳能和风能的巨大潜力，为双方合作提供了有利的基础条件。第四，加强欧非合作，可扩大欧盟在非洲的影响力，提高欧盟在非洲与中国、印度等竞争的实力。非洲历史上是欧洲列强殖民地，虽然20世纪50年代以后非洲国家陆续取得了独立，但欧洲国家对非洲的政治、经济、文化影响力仍十分巨大。③ 不过进入21世纪以来，随着中国、印度等国"走进非洲"，扩大了在非洲的影响，让欧盟深感不安。为了重塑在非影响力，与中印等国展开竞争，清洁能源领域是欧盟精心打造的强项，是其重点推进的对非合作方向。

欧盟与非洲在清洁能源领域的合作已较为深入，尤其集中在太阳能、风能、生物质能等领域。在撒哈拉沙漠地区的太阳能合作，是欧非合作的典型范例之一。其中，德国等在太阳能领域的技术优势，德国、丹麦等在风能领域的技术优势，与北非沙漠地区的太阳能、风能资源潜力有机结合起来，孕育出著名的"沙漠技术"（Desertec）项目。④

在"地中海联盟"计划下，由欧洲和中东公司组成的财团在北非和中东的摩洛哥、约旦、突尼斯、埃及和阿尔及利亚等国投资研

---

① 胡润青：《欧盟可再生能源发展到2010年将达到12%》，《中国能源》2004年第11期。

② 王冰、孙中锋：《欧洲战略2020》，《华东科技》2010年第8期。

③ 陆庭恩、彭坤元：《非洲通史（现代卷）》，华东师范大学出版社1995年版，第618—623页。

④ 金枫：《欧美可再生能源计划炫目登场》，《中国石化》2007年第7期。

发聚光太阳能项目，预计到2020年完成该项目，建成后的太阳能发电厂装机总量达到2000万千瓦，其中一部分电力用于缓解当地国家电力供应紧张的问题，另一部分电力通过20条海底电缆输出至欧洲国家。该项目2009年9月获得世界银行的批准，总投资估计将达到50亿欧元，涉及200多个具体的实施项目。其中的"沙漠科技"项目，计划在安哥拉、摩洛哥、突尼斯、利比亚以及埃及修建太阳能发电厂，并逐步延伸至土耳其、沙特阿拉伯、约旦等国。"沙漠技术"计划的太阳能发电站建成后，可实现550吉瓦的太阳能发电，能满足全欧洲15%的电力需求，同时可以淡化大量的海水盐度，有助于解决水安全问题。这座大型太阳能电站将是人类史上最大的清洁能源项目。

"沙漠技术"计划是个双赢的计划。欧非中东三方力图使该项目在未来10到15年里形成竞争力，成为国际能源市场上举足轻重的一极。就欧盟国家而言，可摆脱对俄罗斯天然气的过度依赖，摆脱不断上升的原油价格的烦恼，摆脱核废料处理的难题，还可减少排放大量二氧化碳的煤火电厂，从而降低二氧化碳的排放量，减少对环境的污染。对于太阳能丰富的北非和中东国家而言，该计划的实施除了可以满足其日益增长的电力需要外，还可以用剩余的热量来供海水净化工厂使用，从而能够为这些干旱国家提供大量的饮用水。而且，更具长远战略意义的价值是，北洲中东可得到一个极富价值优势的出口产品——环保电力，并据此建立起可持续发展的能源产业，促进基础设施建设，创造巨额的电力出口收入和大量的就业岗位。

"沙漠技术"项目的牵头者是慕尼黑再保险公司，但幕后真正发起人是罗马俱乐部（Club of Rome），[1] 整个计划由德国航空航天中心（German Aerospace Centre）负责草拟并进行科学规划。[2] 该项目早在2008年就已趋于成熟，2009年12个来自欧洲的公司和北非沙漠基金会发起一个工业倡议，加速沙漠技术在欧洲、中东和北非的实施。[3] 同

---

[1] 于欢：《德巨头联手打造史上最大太阳能电站》，《中国能源报》2009年6月22日。
[2] DESERTEC Foundation, "From Vision to Reality", 2010-12-24.
[3] Times of Malta, "400 Billion Plan to Bring African Solar Energy to Europe", 2009-07-15.

年，德国成立企业联合企业，在北非撒哈拉沙漠投资4000亿欧元打造一座人类有史以来最大的太阳能发电站。这些大企业包括德国能源巨头E. ON能源集团、REW能源集团、西门子公司、德意志银行、慕尼黑再保险公司、ABB公司、阿文戈亚太阳能、Cevita、德国北方银行有限公司、M&W的桑德尔控股、城域网太阳能千年和肖特太阳能公司。① 据估计，全世界沙漠六个小时所产生的能量比世界每年消耗的能量还多，而且撒哈拉沙漠几乎无人居住，是世界上阳光最充足的地区，且接近于欧洲。根据沙漠技术的计划，聚光太阳能发电系统、光伏发电系统和风力发电场将遍布撒哈拉大沙漠的北部地区。

欧非合作的另一项重要成果是"欧非可再生能源合作计划"。

2010年9月，首届非洲—欧盟能源伙伴关系高级别会议在奥地利维也纳召开，会议启动了"欧盟—非洲可再生能源计划"。

非洲能源市场潜力很大，目前约有6亿人口不能获得能源服务，占非洲总人口的3/5。例如，在水力发电方面，非洲仅利用了其蕴藏量的8%，而许多非洲国家却大量进口化石燃料能源。非洲与欧盟开展可再生能源合作的目标是，到2020年，使非洲的水力发电量增加1000万千瓦，风力发电增加500万千瓦，太阳能发电增加50万千瓦，使非洲使用现代能源服务的人口增加1亿人；到2050年，在北非和中东地区投资4000亿欧元，建设大型太阳能发电站和风力发电站。②

非洲和欧洲在加快可再生能源资源的开发和使用方面拥有许多共同利益。对两个大洲来说，可再生能源可以减少它们对化石燃料的依赖，利于促进能源安全，并且这还是未来低碳能源系统的支柱。非洲—欧盟能源合作伙伴关系反映了双方的这种共同利益需求。因此，欧非在扩大可再生能源使用领域采取了积极且卓有成效的具体行动和措施。"欧非

---

① Rzhevskiy, Ilya, "World's Most Daring Solar Energy Project Coming to Fruition", *The Epoch Times*, 2009-07-03; Kanter, James, "European Solar Power From African Deserts?", *The New York Times*, 2009-07-03; Van Loon, Jeremy; von Schaper, Eva, "Siemens, Munich Re Start Developing Sahara Project", Bloomberg, 2009-07-15; DESERTEC Foundation, "From Vision to Reality", 2010-12-24.

② 刘华新：《欧盟与非洲强化能源合作》，2011年9月30日，http：//world. people. com. cn/GB/1029/42408/12736960. html。

可再生能源合作计划"的主要内容包括以下两个方面。

其一,两洲承诺可再生能源份额。国际可再生能源机构(IRENA)的137个签署国,大部分国家是来自欧洲(26%)和非洲(33%)。在全球范围内,欧盟在可再生能源领域处于世界领先地位,科研水平高,工业基础好。无论在欧盟一级,还是在许多欧盟成员国的国家一级,可再生能源在实际能源消费中占相当大的份额,是能源政策中的关键要素。[1] 未来可再生能源的份额将大幅增长。2008年通过的欧盟可再生能源指令表明,欧盟承诺要达到一个具有约束力的目标,即到2020年实现可再生能源比例较当年增加1倍多。对所有会员国来说,意味着他们国家的承诺也将大幅增加。该指令认为,除了能源安全和减缓气候变化外,可再生能源对欧洲工业的发展至关重要,可以创造就业机会、经济增长、出口前景、社会凝聚力和竞争力。非洲拥有从可再生能源获得的相当份额的能源供应。部分非洲国家,如南非、埃及、摩洛哥、肯尼亚、马达加斯加、卢旺达、佛得角、马里已制定了可再生能源国家目标,南非和肯尼亚已经引入了可再生能源上网电价。[2] 在洲一级,非洲提出了若干政治承诺,增加可再生能源的利用率。2008年非洲专门召开了可再生能源国际会议,为促进非洲可再生能源的发展,拓宽获得现代能源的途径,加强非洲大陆的能源安全造势。2009年,非盟首脑会议承诺大力发展可再生能源资源以提供清洁、可靠、价格低廉和环保的能源。[3] 非洲的重要发展机构,如非洲开发银行,[4] 努力帮助非洲国家特别是撒哈拉以南非洲国家更好地利用丰富的、大部分尚未开发的可再生能源潜能。尽管投资水不高,[5] 但非洲开发银行(ADB)的非洲基础

---

[1] Directive of the European Parliament and of the Council on the promotion of the use of energy from renewable sources. [COM (2008) 19 final].

[2] *Renewables 2007 Global Status Report*. REN 21. p. 40, table R7: Share of primary energy from renewables.

[3] AU Declaration on Development of Transport and Energy Infrastructure in Africa, Doc. Assembly/AU/9 (XII) . 2009.

[4] AFDB, *Clean Energy Investment Framework for Africa*, 2008.

[5] Together with the Middle East, Africa received only 2.8% of global investments in sustainable energy in 2008. Source, *Global Trends in Sustainable Energy Investment*, 2009. New Energy Finance, UNEP and SEFI, 2009.

设施发展计划以及其他计划，都优先投资大中小规模的水电、生物质能、热电联产项目。近年来，一些国家如南非、摩洛哥、埃及、佛得角、埃塞俄比亚、肯尼亚和坦桑尼亚正在开发风电场，东非大裂谷地热投资不断增加，非洲的水电、风电场、太阳能光伏和聚光太阳能发电、地热发电和生物燃料，逐渐成为吸引投资的热点领域。

其二，两洲联合实施可再生能源合作项目。非洲—欧盟可再生能源合作包括许多双边项目和方案，有代表性的有国家或地区层面的框架，以及大量发展银行和私营企业的联合投资，涉及基础设施信托基金、能源设施和欧洲发展金融机构。另外，还涵盖了广泛的技术期权，可以应用在区域、国家和地方层面，涉及大、中、小规模的技术，如利用可再生能源用加热和冷却，包括可持续地、更有效地利用薪柴，太阳能热水/空调；改进建筑设计和能源效率的架构，以更适合非洲的气候；集成系统和智能电网，能更多地利用以电力为基础的可再生能源。其中也有一些"跨越式"的技术，例如，投资更大、更为有效的、易于电网连接的风力涡轮机，先进的、分散的电力应用系统，生物质热能技术等。

总体上，欧非可再生能源合作计划旨在调动欧洲的技术专长和创新能力，在非洲建立新的工业部门，开发非洲巨大的、尚未开发的可再生能源潜力，同时也为非洲未来低碳能源系统的建立奠定基础。为此采取的行动主要包括六个方面。（1）建设非洲可再生能源产业和市场。具体目标是加强可再生能源企业和市场的培育，促进非洲可再生能源系统的生产。措施包括为可再生能源企业提供技术和业务培训，促进欧盟和非洲公司开展项目合作、商业合作（其中包括技术转让和在非洲设立工业生产），促进公私伙伴关系，举办欧盟—非洲可再生能源贸易展览会、地区投资者论坛，互派贸易代表团等，并重视与欧洲和非洲企业和行业协会及其成员、业务培训中心、欧洲开发银行和融资机构、非洲开发银行（ADB）、非洲发展银行（如DBSA）、非洲重要国家银行以及区域可再生能源中心开展合作。重点涉及的特定技术包括生物质热电联产、集中太阳能发电和风力发电场、太阳能热水器、太阳能水泵、高效炉灶的相关技术。（2）发展可再生能源政策。具体目标是推进政策的研发、实施和监管，使非洲能源机构、监管机构和其他机构实施可再生能源目标的能力得到增强。如通过目标设定、调控、上网电价、授权的上网电价和改进的 PPA/ IPP 期权，以及非洲生物能源生产的可持续性规划等手段，推出国家和区域政策、战略、法律和法规，来鼓励可再生能源投资，鼓励通过非洲—欧洲之间、非洲国家之间的能源机构、监管机构的跨境交流合作。(3) 促进电网可再生能源一体化。在欧非公用事业机构、能源机构和电力监管机构的指导下，通过提高公用事业管理和操作能力，增强电网对可再生资源（例如水电、地热、风力发电场、大型太阳能或生物质能）的整合能力，不断提高非洲电网可再生能源的比例份额。(4) 调动金融工具支持非洲可再生能源的开发和利用。通过改进金融工具的审查、监测、分析机制，掌握非洲可再生能源投资的期权和缺口，在清洁发展机制和其他碳筹资机制下，最大限度地支持可再生能源，扩大非洲可再生能源的投资规模。(5) 推进可再生能源研究、开发和技术转让。具体目标是加强可再生能源知识和技术研究，提升非洲的开发和创新能力，重点放在对不断增长的市场和技术转让期权的需求上；通过联合、学术交流和欧盟—非洲联合研发计划（包括非洲区域资源中心和组织、欧洲研究中心及欧盟联合研究中心）实施，发展新一代非洲可再生能源学科、专业。(6) 民众动员。目的是促进公众对非洲可再生能源的行动、期权和潜力有更多的认识和了解，动员大众和政治力量支持非洲可再生能源的使用，确保非洲—欧盟可再生能源合作计划有效执行。

综上，欧盟与非洲在清洁能源领域的国际合作已经形成了相应的合作机制，并设定了较为完善的政策服务体系，合作的内容不断向纵深发展。2014 年伊始，欧盟即宣布将在 2020 年前向中非地区（含 10 个国家）援助 30 亿欧元，帮助该地区 1.62 亿民众改善能源、卫生条件。[①] 欧非合作有利于非洲国家利用欧盟先进的技术和资金优势，这与欧非间历史上的紧密联系是分不开的，相较于其他地区，欧非双方的相互了解与认知度更高，这应当是双方合作得以顺利推进的一个关键前提。

2. 欧非气候变化合作[②]

欧盟及其成员国与非洲在气候变化领域的合作开展得比较深入。从

[①] 驻刚果（布）经商参处，2014 年 2 月 12 日。中非基金：《非洲动态》2014 年 2 月。
[②] 张永宏、梁益坚、王涛、杨广生：《中非低碳发展合作的战略背景研究》，世界知识出版社 2014 年版，第 252—254 页。

欧盟方面来看，主要有三方面的目的：第一，在气候谈判领域加强与非洲的立场协调，使非洲国家普遍接受欧盟的低碳理念、战略、规制，从而巩固、增强欧盟在世界低碳发展上的优势地位。第二，欧盟加强在气候变化谈判领域与非洲协调，分化非洲国家立场，瓦解非洲在国际气候谈判中合理诉求的集体发声，并在此领域抑制中印等国对非洲国家的争夺。第三，欧非气候谈判是欧盟向非洲灌输其民主、人权理念的一个工具。欧非气候变化领域的合作是欧盟推动对非"新型关系"的一个重要表现。在1975年《洛美协定》中，欧盟对非政策基调是承认欧非双方差别，进而制定符合欧非关系实际的对非政策，如对非洲的各种单方面优惠举措；而到2000年《科托努协定》后，欧盟对非关系从片面单边优惠贸易转变为"自由贸易"，同时还强调良治、人权等政治前提。[①]在清洁开发机制上，欧盟方面特别突出在机制实施过程中的投资环境问题，造成非洲国家很难获得资助和利益。[②]这种"自由贸易"的新型关系，正反映了欧盟输出民主、人权观的意图。

近年来，欧盟对气候变化的日益关注以及非洲受到气候变化消极影响的现状为双方开展在气候变化相关领域的对话提供了条件。欧非双方认为有必要采取减少灾害风险和加强生态系统管理的措施，并增强协同优势，在气候变化问题上从被动适应转变为主动出击，同时将非洲作为一个整体来考虑应对气候变化问题。

欧非双方经过对话与谈判，确定以下领域是比较重要的合作领域：非洲国家应对气候变化、谈判和执行多边环境协定的能力建设；支持非洲适应和减缓行动的投资和融资；加强非洲更好地开发碳市场机会的能力；水资源管理和农业方面的适应；荒漠化、土地退化和水资源短缺的应对；合理的城市发展；减少森林砍伐；对非洲薪柴供应的可持续管理；小岛屿和三角洲地区在海平面升高时的应对措施；发展清洁能源，尤其是合作开发利用撒哈拉沙漠的太阳能资源；减少灾害风险等。

欧非间的这一合作已取得不少成果。继2008年欧非共同发布气候

---

① 秦亚青：《观念、制度与政策——欧盟软权力研究》，世界知识出版社2008年版，第216—217页。

② 詹世明：《应对气候变化：非洲的立场与关切》，《西亚非洲》2009年第10期。

变化联合声明之后，欧盟方面不仅不断加强战略层面与非洲合作，而且实施了一揽子具体合作项目。例如，加强对非洲气候政策中心、联合国非洲经济委员会、非洲开发银行等机构的资金支持，加强与马里、毛里求斯、莫桑比克、卢旺达、塞内加尔和塞舌尔等国家在气候变化领域的合作，支持非洲的"绿色长城"计划，拨款900万欧元支持非洲土地政策的转型。欧盟积极推动与非洲签订关于共同应对气候变化、在国际谈判中协调立场的、并具有法律约束力的条约，以加强欧非关于气候变化政策的系统整合，以及共享气候风险管理数据、监测网络和国际碳交易市场平台等。不过，欧非在气候变化领域的合作也面临着一系列的挑战，例如，帮助非洲应对气候变化的融资机制尚未建立完善，对"绿色长城"计划与萨赫勒倡议的支持力度有限，在国际气候变化谈判中立场的协调尚存在分歧，双方在合作方式上也存在诸多具体分歧等。

另外，欧盟的大国多视非洲为其"后院"，在全球低碳发展转型的关头，越来越加大经营非洲的力度。例如，德国主导着一系列涉非的低碳大型项目，法国政府近期宣布，未来法国对非洲外交政策的重点在于三个方面：重塑和平与安全，推动更多法国企业进入非洲，应对气候变化。2013年12月在巴黎举行的法非合作峰会上，法国明确表示将促进法国在非利益，增强法国在非传统影响力。[①] 在巴黎气候大会上，非洲可再生能源计划获多国注资100亿美元。非洲各国领袖提出非洲可再生能源计划（African Renewable Energy Initiative，AREI），预定要在2030年建立300吉瓦可再生能源发电容量，这个计划在巴黎气候大会上受到多国支持，包括G7国家以及欧盟和瑞典，总计将注资100亿美元，其中德国贡献32.5亿美元、法国22亿美元、瑞典5亿美元、加拿大贡献8100万美元。非洲缺电人口接近七亿，约占全球缺电人口的一半，撒哈拉沙漠南缘是全球唯一无电可用人口还在增长的地区；同时，非洲也是对气候变迁最敏感的地区之一，气候变迁造成自然灾害频发。[②] 欧洲投资银行（EIB）在尼日利亚、肯尼亚、埃塞俄比亚和乌干达推广太阳能发电系统，目的是践行巴黎气候协定，为非洲提供实惠、可靠、可持

---

① 驻肯尼亚使馆经商处，2014年1月21日。
② 非洲商业观察，2015年12月16日。

续的能源。欧洲投资银行计划五年内在撒南非洲地区安置 1000 万个该系统。① 欧盟通过第十一期欧洲发展基金（FED）为几内亚城市发展和清洁项目提供 3500 万欧元资助，比利时发展署负责具体实施，该项目主要分为两大部分：一是促进几城市发展，优化城市规划，提高城市管理水平；二是在首都科纳克里等重点城市建设优质、长久的垃圾管理体系，在科纳克里和金地亚进行环卫基础设施建设，优化垃圾收集体系。② 2007 年以来欧盟在水资源领域向埃及提供资金近 20 亿欧元，其中直接赠款近 4.25 亿欧元；实施项目 16 个，直接受益人口达 1150 人；向中小农业企业提供 3600 余笔贷款，支持 2.6 万多个农户增加农业产出；欧盟还将帮助埃及完成 6000 多公里水网和污水管线建设，新建或扩建 120 个污水处理厂和 60 个水加工厂。③ 因此，积极发展可再生能源，对非洲有多重意义。

（二）欧盟主要成员国与非洲的科技合作

1. 英国与非洲的科技合作④

英国曾是欧洲殖民非洲的老牌帝国，其与非洲的科技交往历程，反映了历史上欧洲与非洲科技合作的基本面貌。

英国与非洲大陆的关系，历史悠久，内涵丰富，英非科技交往关系是其中的重要组成部分。与英非关系所经历的不同历史发展阶段相对应，英非科技交往关系也走过了不同的发展时期。总体上看，历史上，英国在各种利益的驱使下，曾直接或间接地向非洲输入了许多科学技术。特别是 20 世纪 60 年代以来，虽然英国政府与非洲国家政府之间也很少有正规的科技合作协定与合作项目，但英国和非洲的企业、大学及研究机构等签订有科技合作协议或建立了专项科技合作关系，这在一定程度上促进了非洲国家的经济技术发展。与此同时，英国还积极参与一些国际性或区域性的对非科技交流与合作项目。回顾英非科技交往关系

---

① 驻拉各斯总领馆经商室，2018 年 3 月 28 日。中非基金：《非洲动态》2018 年 3 月。
② 驻几内亚使馆经商处，2018 年 6 月 27 日。中非基金：《非洲动态》2018 年 6 月。
③ 驻埃及使馆经商处，2018 年 5 月 14 日。中非基金：《非洲动态》2018 年 5 月。
④ 李洪香、张永宏：《英非科技合作的历程和特点》，《全球科技经济瞭望》2012 年第 9 期。

的历史，可以看出，英非科技交往关系具有历时长、成果少、不平衡和专门合作机制缺失等特点。

（1）英非科技交往的历程

第一，奴隶贸易时期的英非科技交往。①

"由于地理位置的关系，英国与非洲的交往比地中海各国的希腊、意大利、法国、西班牙等国要晚。直到1530年，英国人才首行非洲，之后又进行了多次商业性航行。"② 但那时的英国人还没有开拓殖民地或开展奴隶贸易的观念，到非洲主要是为了采购黄金、象牙和胡椒等商品。英国人用铜盆、铁器和珠子饰物等商品换取非洲人的黄金、象牙和香料等货物，经常是满载而归，从中获取暴利。在商品互换持续了30年左右之后，英国人开始对非洲大陆进行殖民。正如马克思所说："殖民主义具有双重使命。"英国曾是非洲大陆最大的殖民宗主国，在其对非洲进行殖民统治的几百年中，它的政治、经济、文化等都对非洲产生了重大影响，并严重破坏了非洲传统的社会文化结构。然而，英国对非洲的殖民统治客观上也为非洲带去了一些新技术。

英国正式从事奴隶贸易始于1562年，到1806年明令禁止，历时244年。③ 由于英国人想要从非洲王国藩属和土邦首领那里购得奴隶，因此，英国人向他们提供的不仅仅是用来换取奴隶的铜铁器皿、棉织品、珠子饰物等物品，更重要的是火器、弹药和刀剑等武器，使他们得以巩固地位，拓展地盘，掠取更多的奴隶。④ 客观上的英非科技交往关系也随之发展。这些科技产品的输入给非洲带来了技术进步，尤其是作战技术的进步，但它严重破坏了非洲传统的农业、工业和手工业的发展。奴隶贸易使非洲丧失了大量的青壮年劳动力，更为严重的是，用奴隶换取英国乃至欧洲的廉价商品，导致非洲原有的铁器制造、纺织、制陶和铜器制造工艺等衰落。例如，贝宁王国和奴隶海岸原先织布业已有

---

① 李洪香、张永宏：《英非科技合作的历程和特点》，《全球科技经济瞭望》2012年第9期。
② 高晋元：《英国—非洲关系史略》，中国社会科学出版社2008年版，第1—2页。
③ 同上书，第3页。
④ 同上书，第9页。

发展,其产品远销黄金海岸一带,① 但随着奴隶贸易的扩大,英国人从西印度殖民地运往该地区换取奴隶的棉布增多,黄金海岸对贝宁布的需求减少,这给贝宁的纺织业造成严重打击。② 又比如,英国的非洲商业公司在 1810 年总结业务时说:"非洲一直是我们西印度殖民地的牺牲品……非洲的庄稼人被卖到海外去种庄稼,而我们为促进种植业和改良农业的一切努力都遭到本国(英国政府)的阻挠,唯恐非洲产品干扰我们那些更受宠爱的殖民地的产品市场。"③ 由此可以看出,奴隶贸易时期的英非科技交往活动给非洲带来的负面影响更大。相反,由于市场的巨大需求,大西洋奴隶贸易却促进了英国科技的发展,尤其是刺激了英国的造船业和航运业、纺织工业、兵器工业、金属业以及制糖业和酿酒业等行业的技术进步。

第二,后奴隶贸易时期的英非科技交往。④

1807 年,英国宣布禁止奴隶贸易,英非科技交往关系进入了后奴隶贸易时期。这一时期的英非科技交往主要应归功于英国的地理探险家和传教士。

19 世纪以前,英国人跟其他欧洲人一样,对非洲的了解和交流仅限于沿海地区,对广大内陆几乎一无所知。从 19 世纪初开始,非洲协会和英国政府组织了多次非地理考察活动,增加了人们对非洲内陆的了解。⑤ 通过一批又一批探险家的考察,英国扩大了对东非、中非的地理、矿产资源和农业资源的了解,促进了英国与广大非洲内陆的交往,也为世界了解非洲做出了贡献。这一时期,英国的伦敦布道社、圣公

---

① 联合国教科文组织文件:《15—19 世纪非洲的奴隶贸易》,中国对外翻译出版公司 1984 年版,第 79 页。

② 李新、文宇、张岳霖:《浅谈英国奴隶贸易对非洲的影响》,《学理论》2011 年第 7 期。

③ [苏联]斯·尤·阿勃拉莫娃:《非洲——四百年的奴隶贸易》,商务印书馆 1983 年版,第 82—83 页。

④ 李洪香、张永宏:《英非科技合作的历程和特点》,《全球科技经济瞭望》2012 年第 9 期。

⑤ 李新、文宇、张岳霖:《浅谈英国奴隶贸易对非洲的影响》,《学理论》2011 年第 7 期;[英]杰·德·费奇:《西非简史》,上海人民出版社 1977 年版,第 240—246 页。

会、大学教会及浸礼会等教会组织纷纷到非洲传教,这些传教团除了在非洲各地传教以外,还在一些地方开办学校或讲习班,传授读书、写字等文化知识和一些劳动技能。例如,在黄金海岸,传教团开办的学校课程非常注重实用性,特别强调农业、木工和纺织技术以及贸易和工业基础知识的传授。① 在中部非洲,英国传教团建立的培训班主要教授打铁、木工、印刷、装订和电报等手工艺课程。② 这些举措客观上对非洲的文化教育、卫生事业等做出了贡献,大大促进了科技知识在非洲的传播和非洲生产技术的进步。

第三,两次世界大战时期的英非科技交往。③

由于战争的需要,第一次世界大战期间,英国人先后在非洲征用了100多万名脚夫,用来修桥、铺路、挖沟、造房和搬运武器等,④ 客观上为非洲培养了一批技工。除此之外,在乌干达,英国人还组织了一支"非洲土著医疗队",也有利于非洲人学习英国的医疗技术。第二次世界大战期间,英国人为了培养各类技工、办事员和"政治合作者",成立"西非高等教育委员会",开办了两所大学:伊巴丹大学和勒贡大学,并在各地实施扩大中小学教育的计划。例如,黄金海岸由政府主办和资助的中小学校1935年为389所,1940年增加到472所,1945年再增至503所;这类学校的在校生人数也相应由45305人先后增至62946人和74183人。⑤ 这批人很多成为后来非洲独立运动的主力军。

二战后初期,英国于1945年修改了《1940年殖民地发展和福利法案》,将计划拨款由以前的每年500万英镑调整到每年1000万英镑,为期10年,之后又逐年增加此项拨款,到1950年已增拨2000万英镑,

---

① Michael Crowder, *West Africa under Colonial Rule*, Hutchinson of London, 1968, p. 21.

② L. H. Gann and P. Duignan, eds., *Colonialism in Africa* 1870 - 1960, Volume 1, Cambridge U. P., 1975, p. 488.

③ 李洪香、张永宏:《英非科技合作的历程和特点》,《全球科技经济瞭望》2012年第9期。

④ 高晋元:《英国—非洲关系史略》,中国社会科学出版社2008年版,第143页。

⑤ Philip J. Foster, *Education and Social Change in Ghana*, Routledge and Kegan Paul, 1965, pp. 113 - 116.

1955 年增拨 8000 万英镑。① 从 1946 年开始到 1958 年，英属非洲从这项拨款中获得了约 7600 万英镑，占了总拨款数的约 34.4%。② 这些拨款大多被用于修建基础设施和改善教育、医疗卫生等社会设施，也有一部分被用来支持当地农业和采矿业的发展，增加了当地农矿产品的生产和出口。另外，1945 年后，英国还资助了不少研究机构，如东非农林研究组织、东非兽医研究组织、东非医药卫生研究所、东非病毒研究站、西非锥虫病研究所和西非渔业研究所等研究机构，在一定程度上促进了非洲科技的进步。

第四，二战后英国与非洲的科技交往。③

经过两次世界大战的洗礼，非洲人民在战争中逐渐觉醒，他们在战后纷纷要求独立。经过 20 世纪 60 年代的"去殖民化"运动以后，非洲大陆的大多数国家获得了独立，这标志着英国殖民统治时代的结束，英非科技交往关系进入了新阶段。

首先，英国为英联邦国家提供技术援助和人才培训。1961 年，英国政府成立技术合作部作为专门管理技术援助的政府部门，对非开展技术援助和培训。根据英国官方统计，1964—1973 年的十年中，英国给英联邦非洲的技术援助每年在 1600 万到 2600 万英镑，共计约 1.92 亿英镑。④ 在人才培训上，主要是英国政府提供资金，为留在前殖民地工作的公务员发放补助、津贴和退休金，让他们继续留在非洲为非洲国家服务。

其次，英国不断扩大英联邦的非洲成员。20 世纪 90 年代初期，英联邦接纳了纳米比亚、新南非、莫桑比克和喀麦隆等新成员。1995 年后英联邦成立了一系列促进内部贸易和投资的新机构，如英联邦私人投

---

① Lord Hailey, *An Africa Survey: A Study of problems Arising in Africa*, Oxford University Press, 1957, pp. 1323 – 1336. 高晋元：《英国—非洲关系史略》，中国社会科学出版社 2008 年版，第 225 页。

② Yusuf Bangura, *Britain and Commonwealth Africa*, Manchester University Press, 1983, p. 61.

③ 李洪香、张永宏：《英非科技合作的历程和特点》，《全球科技经济瞭望》2012 年第 9 期。

④ Yusuf Bangura, *Britain and Commonwealth Africa*, Manchester University Press, 1983, p. 154.

资规划、英联邦技术管理合伙公司、英联邦投资担保署、英联邦发展集团公司和建立于1997年的英联邦实业理事会,这些机构有些已经在非洲发挥作用,如英联邦私人投资规划设立了包括非洲在内的4个地区基金;英联邦发展集团公司于1998年开始在南非、加纳、坦桑尼亚、乌干达以及南亚各国设立分公司等,促进英非间的贸易和技术合作。[1]

再次,英国积极参与预防冲突和一些非洲国家的维和行动。1996年英国成立了"非洲维和训练支持计划署",每年预算经费约400万美元,以帮助非洲国家增强维和能力。1997年5月该署并入"三方联合机构",另外两方是美、法;2001年3月又并入了"非洲冲突预防联合基金组织"。[2] 这有利于促进非洲国家国防科技的发展。

最后,21世纪以来,英国继续加大对非洲的援助力度。欧洲经合组织的资料显示,2000年至2003年的四年中,英国持续成为第四大官方援非国家,援助金额分别为11.5亿美元、12.04亿美元、10.48亿美元和15.08亿美元,[3] 共计49.1亿美元,超过前6年的总和。2007年,英联邦为非洲成员国启动了乡村电信连接计划,"目的是利用信息通信技术促进英联邦非洲成员国的乡村发展。该计划预计将耗资120万英镑,帮助英联邦非洲成员国在乡村地区发展电信技术和信息通信网络"[4]。这有利于促进非洲在通信领域的技术进步,同时,通信领域的科技进步具有"外溢"效应,能够带动非洲其他领域的科技发展。

在国别合作方面,虽然英国的各种机构与尼日利亚、肯尼亚等国的企业、大学或研究机构等签订有专门的科技合作协议或建立了专项科技合作关系,但是,英国只与南非、尼日利亚、肯尼亚等少数国家签订有政府间科技合作协定。

1994年9月,时任英国首相的梅杰在访问南非时,双方签订了《英南科技合作协定》。在非洲大陆,南非是英国与之进行科技合作项

---

[1] 高晋元:《英国—非洲关系史略》,中国社会科学出版社2008年版,第294页。
[2] 同上书,第295页。
[3] UNCTAD, *World Investment Report*, p.50. 转引自高晋元《英国—非洲关系史略》,中国社会科学出版社2008年版,第347页。
[4] 刘颖、田野:《英联邦为非洲成员国启动乡村电信连接计划》,2016年12月,http://news.xinhuanet.com/newscenter/2007-11/23/content_7131719.htm。

目最多、合作最为深入的国家，例如，南非重要的技术和研究机构 CSIR 与英国的坎普登和查莱伍德食品研究协会的合作，内容包括双方进行科学数据的交换、从事共同的研究计划，同时允许 CSIR 向某些南部非洲发展共同体（SADC）国家提供该协会与食品有关的培训课程；CSIR 与英国的萨雷大学食品研究所之间的合作，内容包括开展共同研究项目，交流管理体制，探讨商务机会等。萨雷大学食品研究所还与 CSIR 属下的生化技术部在一项由英国委员会资助的婴儿食品项目方面开展合作研究。①

2001年9月，英美烟草公司与尼日利亚联邦政府合作，该公司为尼日利亚提供技术支持，以保证实行现代耕作法和增加烟叶产量，该公司还为尼日利亚一个农业社区的粮食耕作提供技术支持。②

英国与肯尼亚的科技合作内容丰富，较有影响的项目有伦敦著名的 KEW 植物园与肯尼亚农业研究所、肯尼亚林业研究所、乔莫·肯雅塔农业与技术大学、肯尼亚国家博物馆、肯尼亚环境与自然资源部林业司、肯尼亚森林研究所和肯尼亚野生动物服务局等单位建立的合作关系；牛津大学与肯尼亚内罗毕大学共同开展艾滋病疫苗研究，这项研究是由国际艾滋病规划组织资助的"肯尼亚艾滋病疫苗规划"项目，双方科学家曾研究出轰动一时的 Kemron 抗艾滋病疫苗。

（2）欧盟框架下的英非科技交往③

欧非间较为系统地开展科技合作，始于1983年的《欧洲科学与技术发展计划》（简称"框架计划"），自此以后，双方科技交往与合作关系稳定发展。英国作为欧盟的重要成员之一，在欧非科技交往与合作关系中起着举足轻重的作用。

第一，英国严格遵守欧共体（欧盟）与非盟、加勒比海及太平洋国家签订的历次公约。④

自1957年《罗马条约》签订以来，欧共体通过欧洲发展基金

---

① 高晋元：《英国—非洲关系史略》，中国社会科学出版社2008年版，第356页。
② 同上书，第357页。
③ 李洪香、张永宏：《英非科技合作的历程和特点》，《全球科技经济瞭望》2012年第9期。
④ 同上。

(EDF)和欧洲投资银行(EIB)向非盟、加勒比海及太平洋国家提供了大量援助(见表2—1)。

表2—1　1957—2000年欧洲发展基金和欧洲投资银行提供的资金额①

(单位:百万欧洲货币)

时间	名称	EDF数额	EIB自有财源数额
1957—1962年	《罗马条约》EDF1	581	/
1963—1968年	《雅温得协定》Ⅰ,EDF2	666	64
1969—1975年	《雅温得协定》Ⅱ,EDF3	828	90
1975—1980年	《洛美协定》Ⅰ,EDF4	3072	390
1980—1985年	《洛美协定》Ⅱ,EDF5	4724	685
1985—1990年	《洛美协定》Ⅲ,EDF6	7400	1100
1990—1995年	《洛美协定》Ⅳ,EDF7	10800	1200
1995—2000年	《洛美协定》Ⅴ,EDF8	12976	1658
2000年6月	《科托努协定》	/	/
2005年6月	《科托努修改协定》	/	/

《洛美协定》曾是非加太集团和欧盟间进行对话与合作的重要机制和重要的南北合作协定,自1975年以来共执行了4期,欧盟一直通过该协定向非加太集团成员国提供财政、技术援助和贸易优惠等。该协定2000年为《科托努协定》所取代。② 与此同时,为了执行《科托努协定》,欧盟和非加太集团成立了组织机构,农业及农村合作技术中心是其中之一,该中心设在荷兰的瓦赫宁恩,负责向非加太集团成员国提供农业技术信息、培训。英国在1973年1月加入欧共体(欧盟),自从加入欧共体以来,就积极遵守和执行欧共体的对外多边合作协定。在欧共体(欧盟)资金的援助下,非盟、加勒比海及太平洋国家的经济技术取得了较大发展。

---

① 表格引自蒋京峰、洪明《欧盟对非洲的援助简述》,《华中科技大学学报》(社会科学版)2004年第4期。本课题组做了补充。

② 参见《欧盟与非加太集团间的〈科托努协定〉》,2016年12月,http://euroasia.cass.cn/chinese/data/org/cotonou.htm。

第二，英国积极参与和实施欧盟科技研究框架计划。[①]

20世纪80年代初，为了与美国、日本竞争，欧洲开始走向科技联合。从1984年起，欧洲开始实施自己的研究与技术开发计划。迄今为止，欧盟已经执行了七个框架计划（见表2—2）。

表2—2　　　　　　欧盟科技研究框架计划的发展历程[②]

时　间	名　称	投入总金额
1984—1987年	第一框架计划	37.5亿埃居
1987—1991年	第二框架计划	54亿埃居
1991—1994年	第三框架计划	66亿埃居
1994—1998年	第四框架计划	123亿欧元
1998—2002年	第五框架计划	149.6亿欧元
2002—2006年	第六框架计划	175亿欧元
2007—2013年	第七框架计划	505.21亿欧元

欧盟前四个框架计划不是由欧盟委员会雇员实施，而是由数以万计在大学、研究机构、公共和私人公司的研究人员实施，欧盟对这类研究工作不提供资金支持，只是负责协调成员国的科研项目，避免重复研究。欧盟实施研究与技术发展政策的一个重要手段是建立联合研究中心，以提供科学建议和技术知识来支持欧盟的政策。欧盟从第五研究框架开始强调加强国际科技合作。[③] 但是，广大发展中国家尤其是非洲国家真正参与欧盟框架计划，是从第六研究框架开始的。

欧盟第六研究框架计划于2001年2月由欧盟委员会提出，2001年6月被欧盟议会和理事会批准，并于2002年开始实施，至2006年

---

① 李洪香、张永宏：《英非科技合作的历程和特点》，《全球科技经济瞭望》2012年第9期。

② 《欧盟科技框架计划》，2008年4月28日，石家庄科技网站（http://www.sjzkj.gov.cn/cyportal/template/site00_submodal_art.jsp?article_id=f99ccc82199489650119948a825c0000&href=ArticleTransfer）；《欧盟研究与技术发展政策过程研究》，2007年11月28日，内蒙古科技信息网（http://www.nmsti.com/newsplay.asp?id=1313）。

③ 冯兴石：《欧盟的研发政策研究及启示》，《中国科技论坛》2007年第12期。

止。该计划主要包括以下9个研究领域：生命科学，基因和有关健康的生物技术；信息社会技术 IST（即信息化）；纳米技术、智能材料和新的生产方法；航空航天；食品质量和食品安全；可持续发展（能源，地面交通，全球气候变化和生态系统）；知识社会的公民与政府；政策支持和可预见的科技需求以及国际合作计划（支持发展中国家的项目）。① 在欧盟第六研究框架计划（FP6）总投入的175亿欧元中，有3.15亿欧元用作支持与发展中国家的合作项目，还有2.85亿欧元专门用来为第三国参加主题项目提供经费，这使国际合作的总金额达6亿欧元。② 2002 至 2006 年，先后有51个非洲国家向欧盟提出了3888份联合研究申请，其中有39个国家的873份申请获得了批准，欧盟为此提供了9300万欧元的资金援助，③ 非洲国家从中受益，科研能力得到一定的提升。

历经两年的精心准备后，总预算为505.21亿欧元的欧盟第七研究框架计划（2007—2013）获得了欧洲议会的批准，并于2007年1月下旬正式生效并实施。该计划主要涉及健康，食品、农业和生物技术，信息通信技术，纳米科学、纳米技术，材料和新制造技术，能源，环境，交通，空间和安全十个领域。与前几个框架计划不同，第七框架计划（FP7）为期7年，更重视欧洲工业需求的开发研究、设立技术平台和新的技术合作项目，研究经费也有了较大幅度的提高。仅在该研究计划实施的头两年，就有来自37个非洲国家的368份申请获得批准，欧盟为此提供了约5300万欧元的资金支持，④ 研究领域包括医疗健康、食品农业、环境、自然资源、信息和通信技术等。该行动最大的价值在于通过合作可以促进国际知识网络的建立和提高非洲的科技研发能力。

欧盟第六、第七科技研究框架计划的实施，促进了一系列的欧非科

---

① 《欧盟第六框架计划（2002—2006）》，2005年4月4日，http://www.research.pku.edu.cn/files/FP6.pdf。

② 马晓中：《欧盟第六框架计划期待中国学者加盟》，2002年12月5日，http://www.cas.cn/rc/gzdt/200212/t20021205_1694339.shtml。

③ European Commission, "Scientific and Technological Cooperation between Africa the European Union: Past Achievements and Future Prospects", *European Research Area*, 2009, p.5.

④ Ibid..

技合作项目诞生。

首先,撒哈拉以南非洲与欧盟科技合作的协调和发展网络（CAAST-Net）建立。该网络建立的目标是支持撒哈拉以南非洲国家与欧盟开展科技政策对话,并提高非洲研究者与欧盟研究者的合作及联合研究。CAAST–Net 网络于 2008 年 1 月 1 日开始运作,其预算经费为 300 万欧元,管理机构为英联邦大学协会,该机构是英国政府的科学代表。CAAST–Net 网络的合作伙伴有喀麦隆、佛得角、德国、加纳、芬兰、法国、肯尼亚、马达加斯加、挪威、葡萄牙、卢旺达、塞内加尔、南非、乌干达和英国等 18 个国家。[1]

其次,欧盟与非洲国家在医疗领域建立了临床试验伙伴关系（EDCIP）。该伙伴关系于 2003 年创立,是欧盟为应对全球因艾滋病问题引起的健康危机状况而与撒哈拉以南非洲国家建立的伙伴关系,其成员包括当时非盟的 14 个成员国及撒哈拉以南的所有非洲国家。EDCIP 的目标是致力于提高撒哈拉以南非洲国家抵抗艾滋病、肺结核和疟疾等疾病的能力。为完成这一目标,EDCIP 大量的研究资金被集中用于非洲国家的能力建设,以确保该项目的可持续发展。EDCIP 的预算金额为 4 亿欧元,其中 2 亿欧元来自项目参与国,另外 2 亿欧元来自欧盟委员会。为了提高 EDCIP 的影响,欧盟还接收了一些"第三方"如公共与私人伙伴关系（PPP）等提供的资金。在 EDCIP 项目的接收者中,60% 的都是非洲人,[2] 有力地促进了非洲医疗科技的进步。EDCIP 项目本应于 2010 年到期,但由于其成效显著,已经获得了新的发展方式,并且不断获得更多的支持。

再次,在农业领域,欧非之间建立了一系列的合作关系。例如,"班巴拉花生的分子、环境和营养评估:班巴拉花生在干旱半干旱非洲和印度的食品生产"项目就是为了改善非洲的粮食问题而开展的。由于班巴拉花生对于世界最贫穷的人们的食品安全具有重要作用,因此,来自欧盟、印度和非洲的科学家们致力于对班巴拉花生的分子成分、生长

---

[1] European Commission, "Scientific and Technological Cooperation between Africa the European Union: Past Achievements and Future Prospects", *European Research Area*, 2009, p. 7.

[2] Ibid., p. 9.

环境和营养价值进行综合研究，以期提高班巴拉花生的产量和品质。该项目于 2006 年 1 月 1 日起开始实施，至 2009 年 12 月 31 日结束。其预算金额为 150 万欧元，管理机构为英国的诺丁汉大学，参与国包括博茨瓦纳、丹麦、德国、加纳、印度、纳米比亚、坦桑尼亚和英国。① 经过四年的联合研究，该项目已经取得了许多重要成果。

总之，在欧盟的帮助和扶持下，非洲大陆在农业和医疗等各个领域的总体科技实力得到了不同程度的提高。并且随着欧非科技交流与合作关系的不断加深，非洲科技的自主发展能力进一步得到加强。英国作为欧盟的主要成员之一，其对非洲科技进步的影响作用是突出的。

2. 欧盟其他主要成员国与非洲国家开展单边技术合作

（1）法国。主要在气候变化、能源、核电、通信领域开展对非技术合作，例如，法国总统奥朗德在巴黎气候大会上表示，从 2016 年至 2020 年，法国将向非洲国家提供价值 60 亿欧元的电力供应，以及提供 20 亿欧元用于帮助非洲国家发展可再生能源，减少气候变化对非洲的危害。② 法国投资 20 亿美元，用于莫桑比克等非洲国家的可再生能源项目、可持续旅游项目、资源开发与利用项目、渔业项目等，该计划是法国巴黎气候首脑大会的承诺项目之一。③ 法国企业 Neoen 在莫兴建一座造价逾 5000 万美元的太阳能电站，该电站选址在德尔加度角省 Ancuabe 市 Metoro 区，设计装机容量为 41 兆瓦。④ 法国与摩洛哥开展风能合作，法国阿尔斯通公司向摩洛哥新建风电场提供关键设备；与肯尼亚地热发电厂合作，建 4 座装机容量均为 100 兆瓦的地热发电厂。法国和欧盟联手向几内亚提供 5000 万欧元混合贷款帮助几改造首都电网。法国驻几内亚使馆、欧盟驻几内亚使团、法国对外援助署（Agence Francaise de Developpement，AFD）等联手与几内亚政府合作，其中，法国对外援助署向几内亚提供 3000 万欧元主权优惠贷款、欧盟向几内亚提供 2000 万欧元赠款，法方的优贷与欧盟的赠款结合起来，组成混合贷款，用于帮

---

① European Commission, "Scientific and Technological Cooperation between Africa the European Union: Past Achievements and Future Prospects", *European Research Area*, 2009, p. 13.
② 非洲商业观察，2016 年 1 月 5 日。
③ 驻莫桑比克使馆经商处，2016 年 8 月 11 日。
④ 中非基金：《非洲动态》2018 年 12 月。（Macauhub, 2018 – 12 – 18）

助几内亚改造首都科纳克里的城市电网。① 法国 Orange 电信公司在几内亚已拥有三大业务板块：3G 网络、手机银行、太阳能发电。② 法国阿尔斯通公司参与拉各斯蓝线轻轨项目电气化工程，并通过出口信用保险机构融资的方式为项目提供车辆、信号系统、运营控制中心、票务系统等。③ 法国与阿根廷、中国、美国、俄罗斯、南非等国家在阿尔及利亚开展核能合作，计划在 2020 年左右运行首个阿尔及利亚商用核电站，之后将每隔 5 年再建一座新的反应堆；2023 年前法国与突尼斯建成首座核电站，发电能力为 600 兆瓦，并与突尼斯签订和平利用核能等八项协议，内容包括两国政府和平利用核能合作协议、成立和平利用核能合作委员会协议、两国海陆空和铁路运输合作协议；2025 年与埃及合作建立 4 座核电站等。法国电信集团 Orange 收购卢森堡 Millicom 集团在非洲刚果（金）从事电信运营的 Tigo 公司，收购价为 1.6 亿美元，以强化法国电信 Orange 在刚的业务能力。此前，法国电信 Orange 已收购了布基纳法索和塞拉利昂的两家电信运营商（印度的 Airtel）。目前，Orange 的用户占非洲手机用户的 1/10，刚约 8000 万人口，手机普及率不足 50%，具有较大增长空间。④ 同时，该公司投资 8500 万美元入股尼电商集团 AIG。AIG 成立于 2012 年，目前股东包括高盛、MTN 和德国火箭网络，旗下公司包括在线零售平台 Jumia、HelloFood 应用、酒店预订平台 Jovago 和在线房屋交易平台 Lamudi，Orange 公司通过投资 AIG，将在快速发展的非洲电子商务市场中发挥领军作用。⑤ 2017 年底，法国 AMR 矿业公司（Alliance Minière Responsable）在几内亚博凯大区的铝土矿项目投产，开始采矿。几内亚矿区所出产的铝土矿将全部出口到中国。⑥ 欧盟和法国联手向几内亚提供 6000 万欧元优贷用于建设 6 座小水

---

① 驻几内亚使馆经商处，2016 年 3 月 29 日。
② 驻几内亚使馆经商处，2018 年 7 月 8 日。中非基金：《非洲动态》2018 年 7 月。
③ 驻尼日利亚使馆经商处，2018 年 7 月 14 日。中非基金：《非洲动态》2018 年 7 月。
④ 驻刚果（金）使馆经商处，2016 年 4 月 26 日。
⑤ 驻尼日利亚使馆经商处，2016 年 4 月 7 日。
⑥ 驻几内亚使馆经商处，2017 年 12 月 14 日。中非基金：《非洲动态》2017 年 12 月。

电站。①

（2）德国。德非技术合作最突出的领域是新能源开发，例如，德国主要的大企业成立联合企业，投资4000亿欧元在非洲北部建立太阳能发电站——北非国家沙漠技术（Desertec）计划，占地面积约为50万平方公里，到21世纪中叶，欧洲15%的能源需求可由"沙漠技术"提供。德国与阿尔及利亚举办阿尔及利亚—德国可再生能源战略合作研讨会，德国政府向阿尔及利亚太阳能产业的企业提供财政补贴和法律援助，同时向阿方出售太阳能相关产品、转让技术、培训技术人才、创造新就业岗位。德国公司在坦桑尼亚启动廉价太阳能电力计划，该计划旨在改善未通电地区数万名坦桑人的生活，由德国Mobisol坦桑尼亚公司向塔波拉、多多马、卡盖拉和滨海区等坦桑边远地区家庭配备德国太阳能系统，这一系统起初容量为80瓦，可以升级到120瓦、200瓦，可为整个家庭提供照明、电视机、手提电脑、冰箱和手机供电，每天只需999先令（约0.64美元）。截至2015年末，Mobisol公司已经为坦桑3.5万户家庭提供了绿色可靠的太阳能电力，该公司的目标是为数百万低收入家庭提供电力，促进经济和社会发展，同时为全球环境保护做出贡献。② 德国向摩洛哥贷款4亿欧元，主要用于努奥（NOOR）Midelt太阳能项目，该项目采用光热和光伏两种技术。之前，德国已向摩洛哥太阳能领域提供了8.64亿欧元的资金，即NOOR I（160兆瓦）1.15亿欧元、NOOR II（200兆瓦）3.3亿欧元、NOOR III（150兆瓦）3.24亿欧元和NOOR IV 0.95亿欧元，加上这笔4亿欧元，德国共向摩洛哥太阳能领域投入12.6亿欧元资金，这些资金主要通过德国复兴信贷银行（KFW）操作。③ 德国与摩洛哥开展风能合作，德国西门子向摩洛哥风电场供应风电机组，支持摩洛哥建设两大风电场。德国西门子公司在坦桑尼亚投资电站，可发电1000兆瓦，其中80%是天然气发电。④

此外，德非在现代农业、医药、汽车制造两大领域也建立了深入的

---

① 驻几内亚使馆经商处，2017年12月8日。驻几内亚使馆经商处，2017年12月8日。中非基金：《非洲动态》2017年12月。
② 驻坦桑尼亚使馆经商处，2016年3月1日。
③ 驻摩洛哥使馆经商处，2016年3月3日。
④ 驻坦桑尼亚经商代表处，2018年4月25日。中非基金：《非洲动态》2018年4月。

第二章　美、欧、日、印与非洲开展科技合作的特点与走势　/　157

技术合作关系。例如，由德国经济合作发展部发起的"全球绿色创新中心"农业与粮食培训项目在尼日利亚多个州开展，有 20 万名尼农户获得相关培训，另有 40 万农户获得电子多媒体培训教材。"全球绿色创新中心"项目首期行动计划执行周期为 2015 年至 2017 年，倡议口号为"同一世界，没有饥饿"，三年期的发起金额为 8000 万欧元，试点和受惠国家有贝宁、布基纳法索、喀麦隆、埃塞俄比亚、加纳、印度、肯尼亚、马拉维、马里、尼日利亚、多哥、突尼斯及赞比亚 13 国，项目在各国的培训内容各有特色，不尽相同。[1] 德方帮助东共体发展医药产业，帮助东非各国解决所面临的健康、卫生和医疗等方面的问题和挑战。2013 年至今，德国已经向东共体医疗免疫项目提供累计 1.2 亿欧元的资金，其中 6000 万欧元用于轮状病毒防治、肺炎双球菌疫苗、五联疫苗。目前东非各国的疫苗年销售量增长非常快，达 12.4%，是整个非洲大陆增长最快的区域。但是东非各国仅能提供不足 30% 的疫苗，70% 以上需要从外国进口。[2] 大众汽车与肯尼亚车辆制造有限公司合作，在 Thika 郡设立组装厂，该厂首先重点完成大众旗下 Vivo 四门轿车的组装，未来将扩大生产线，组装其他系列产品。肯政府认为，大众汽车的回归证明了政府推动经济转型的四项举措收效良好，这四项举措包括：重点推动基础设施领域的投资，如公路、铁路和能源领域开发建设；通过改革监管措施提供更便利的营商环境；强调加强外国投资者和当地企业的合作；关注技术人才能力的建设，提高当地人力资源的竞争力。[3]

近年来，德国越来越重视对非合作。德国政府计划用 3 亿欧元帮助非洲吸引私人投资，为突尼斯、加纳和科特迪瓦的职业培训和就业计划提供资金。多个非洲国家的领导人称此倡议为"默克尔计划"[4]。默克尔认为，非洲大陆在可再生能源和数字化发展等领域拥有潜力。再如，为了争夺影响力，德国多个政府部门提出对非合作新倡议。德国经济合

---

[1] 驻尼日利亚使馆经商处，2015 年 12 月 1 日。
[2] 驻坦桑尼亚经商代表处，2018 年 5 月 11 日。中非基金：《非洲动态》2018 年 5 月。
[3] 驻肯尼亚使馆经商处，2016 年 9 月 12 日。
[4] 《德总理欲推"默克尔计划" 3 亿欧元援助非洲》，2018 年 6 月，http://www.cankaoxiaoxi.com/finance/20170614/2119192.shtml。

作与发展部制订了"非洲马歇尔"计划,经济部把现有的一些计划合并为"支持非洲倡议",还制订了借 G20 国家之力去推进的"与非洲有约"伙伴计划,大力加强新技术背景下的对非合作。①

(3) 意大利、葡萄牙、丹麦等。欧盟其他成员国根据本国需要和技术优势,与非洲国家开展广泛的技术合作,例如,喀麦隆—意大利合作逐渐升温,主要标志是重启了喀—意两国间的发展融资机制。2006 年,意大利向喀提供了 327 亿非郎(约合 5559 万美元)用于执行喀 2009—2011 年的三年计划。喀—意第二个融资计划将覆盖 2016—2018 年,总金额约 900 亿非郎,主要用于教育、卫生及乡村发展。此外,喀—意还在农业技术、基础设施、房地产等领域有合作。② 欧盟第七研发框架计划(FP7)投入 1250 万欧元与埃及在太阳能技术领域开展科技合作,合作项目 MATS(Multipurpose Application by Thermodynamic Solar)由意大利 ENEA 集团和意大利国家技术、能源与可持续发展署总负责,法国、英国、德国科技界参与研发。摩洛哥与葡萄牙正在可再生能源开发领域开展合作,双方致力于成为整个非洲绿色能源向欧洲输出的联合领导者,目前,摩洛哥已成为非—欧可再生能源枢纽,光热发电或唱主角,到 2020 年摩洛哥可再生能源发电量占总发电量的 42% 以上,通过开发 Noor 等太阳能项目每年可减少石油使用量 250 万吨,光热发电总装机高达 510 兆瓦。③ 1997 年摩洛哥与西班牙两国间电网通过一条 700 兆瓦的海底电缆互连,2006 年扩容到 1400 兆瓦,2016 年摩洛哥与西班牙第三条 700 兆瓦的电力互连电缆项目启动,与葡萄牙签署 1000 兆瓦电网互连项目技术合作。④ 丹麦电力公司 Vestas 与埃电力部合作投资 22 亿美元开发风能,该项目包括总发电量 2200 兆瓦的多个风能项目。⑤ 丹麦诺维信公司与莫桑比克合作,项目涉及生物乙醇替代木炭的生活能源试验,用非粮食原料生产生物乙醇取代烧炭炉,以期降低碳排放,改善

---

① 德媒:《争夺对非影响力 德国推出"与非洲有约"计划》,2018 年 6 月,http://www.cankaoxiaoxi.com/finance/20170711/2180198.shtml。
② 驻喀麦隆使馆经商处,2016 年 3 月 21 日。
③ 北极星太阳能光伏网,2016 年 9 月 1 日。中非基金:《非洲动态》2016 年 9 月。
④ 驻摩洛哥使馆经商处,2016 年 4 月 18 日。
⑤ 驻埃及使馆经商处,2016 年 4 月 11 日。

环境。瑞士公司投资2亿美元在几内亚卡姆萨市（KAMSAR）建设精炼厂，并向几提供成套产业链技术，日炼油能力为1万桶。① 丹麦风力涡轮制造商维斯塔斯向坦桑尼亚政府提供技术援助或兴建风电场，为坦提供负担得起和可靠的可再生资源。② 荷兰发展银行和共生学（Symbiotics）投资公司为左拉（Zola）电力公司在坦拓展业务提供3250万美元的融资支持，目的是促进坦电力服务发展，并在离网太阳能领域提供了2100个就业岗位。Zola目前在5个国家为近100万名客户提供服务，有员工1000人，主要业务是向家庭出售或租赁太阳能家用电器。③

值得注意的是，欧盟及其成员国在与非洲国家开展技术合作时，十分重视推广欧洲标准和欧洲管理模式。例如，肯尼亚采用欧洲建造标准。肯尼亚原来采用英国建造标准，2016年又开始推行欧洲标准，要求到2021年所有相关工程必须符合欧洲标准。新标准要求在建筑物结构设计、土木工程项目建造等方面完全符合欧洲标准的规定，为此，肯尼亚标准局与莫伊大学开展合作，计划用五年时间分批次对全国的结构工程师和其他有关人员进行培训。④ 欧盟及其成员国近十年在塞内加尔投资达4500亿西非法郎，涉及振兴计划优先发展领域，如农业、水利、城市净化、交通基础设施和能源等，但要求资金主要以欧洲开发基金（Fed）和欧洲预算资金形式出资。⑤ 欧洲投资银行给予突尼斯电信1亿欧元借款用于全国范围内覆盖4G网络，为实施好该项目，突尼斯电信将重点投向光纤搭建和信息系统建设，整体提升通信质量，成为数字化服务的运营商，此举是突尼斯电信作为国家电信运营商的一项新策略。为此，欧洲方面要求突尼斯该笔资金未来启用的程序须遵守欧洲投资银行相关规定，依照欧洲投资银行指南及欧盟市场适用的标准进行采购。⑥

（4）在欧盟层面与非洲开展多边技术合作。欧盟主要成员国在欧

---

① 驻几内亚使馆经商处，2016年1月19日。
② 驻坦桑尼亚经商代表处，2018年1月30日。中非基金：《非洲动态》2018年1月。
③ 驻坦桑尼亚经商代表处，2018年12月29日。中非基金：《非洲动态》2018年12月。
④ 驻肯尼亚使馆经商处，2016年5月25日。
⑤ 驻塞内加尔经商处，2015年1月12日。
⑥ 驻突尼斯使馆经商处，2016年7月5日。

盟层面对非提供技术援助、技术支持的领域十分广泛，涉及工业、农业、能源、环保、安全等领域。例如，第一，工农业方面。欧洲复兴开发银行向摩洛哥提供9.3亿欧元的资金，其中，37%的金额用于基础设施；24%的金额向金融机构提供资金，主要包括向人民中央银行提供信贷额度，用于支持中小企业发展；23%用于能源领域，主要是与摩外贸银行共同向丹吉尔大区的 Khalladj 风电站项目投资1.26亿欧元（约合1.37亿美元）；16%用于工业、商业和农产品加工业技术，包括2014年向葡萄牙 Frulact 集团摩洛哥公司提供400万欧元（合434.92亿美元）用于支持水果深加工项目。[1] 2016年为安哥拉 Sanga 项目第二阶段工程提供500万欧元资金。Sanga 项目的重点是基础设施建设——支持安哥拉五个省份（威拉、本格拉、纳米贝、库内内和万博）的畜牧业发展，第一阶段项目耗资超过500万欧元，恢复了上述五省的15个市级兽医药店，建立了三个疫苗接种所，第二阶段工程是建设15个市级兽医药房。上述资金将用于支持牛疫苗接种运动、建设康复中心和疫苗接种所、当地牲口的饮水箱和饮水孔。[2] 欧盟及其成员国向赞比亚提供约9000万欧元发展农业多样化生产。该资金用于将赞目前以玉米生产为主的农业转向水产养殖和大豆种植等多元化农业生产，同时还将提高赞农业灌溉率和国民的均衡饮食水平。[3] 第二，能源方面。2015年，欧盟及其成员国宣布2016—2020年将向厄特提供2亿欧元援助，支持提升社会服务领域的用电可及性。该计划包括修复阿斯马拉和马萨瓦的电力网络以提高电力效率，同时制订厄立特里亚未来25年的国家能源发展计划，其中包括其他清洁能源如地热资源利用的研究。[4] 由丹麦、荷兰、德国、挪威和英国等提供资金支持 Energizing Development 在埃塞发起的埃塞俄比亚全国生物沼气计划。该项目第一阶段资金投入达2630万欧元，受惠家庭已超过13000户，第二阶段计划在2018年前投入3000万欧元建设10万个沼气发电池，将惠及50万人。[5] 欧盟及其成员

---

[1] 驻摩洛哥使馆经商处，2016年3月3日。
[2] 中非基金：《非洲动态》2016年1月。（MACAUHUB，2016-01-14）
[3] 驻赞比亚使馆经商处，2016年6月30日。
[4] 驻厄立特里亚使馆经商处，2016年1月26日。
[5] 驻埃塞俄比亚使馆经商处，2016年4月11日。

国向赞比亚提供4000万欧元支持可再生能源发展。该项资金用于加快赞可再生能源发展，为增加赞电力供应提供支持。同时，法国可再生能源公司 Neoen 与美国第一太阳能公司组成的联合体，以及意大利国家电力公司 Enel，分别与赞工业发展公司合作建造两座50兆瓦太阳能电站，电站位于卢萨卡南多功能经济区。①欧盟及其成员国援助坦桑尼亚电力设施建设，拨付1.8亿欧元帮助坦莫罗戈罗、多多马、曼亚拉、依林加和辛阳噶5省23个地区的250—275个村子架设供电网络。能源是欧盟未来与坦合作的三个优先领域之一，其他两个领域为农业和良政。欧盟认为，能源和电力是坦桑实现减贫目标的关键，欧盟将继续给予支持，以帮助坦实现可持续发展目标。该项目是坦加快边远地区电力建设计划的一部分，起初三年将使约8万—9万坦桑百姓获得电力，未来预计受益总人口将达到72万。②欧盟及其成员国支持厄立特里亚开发太阳能，该项目计划在厄南方省 Areza、Mai-Dima 等地区援建2.7兆瓦的太阳能光伏电站。项目金额约1100万欧元，其中欧盟援助800万欧元，厄特政府和联合国开发署筹资300万欧元。③第三，环保方面。欧盟及其成员国计划在2017—2020年向埃及提供11亿欧元发展援助，领域包括城市住房开发、教育、医疗、环境、气候变化、文化、基础设施、社会保障和非政府组织等。④欧盟出资1.2亿欧元支持刚果（金）环保项目，主要用于 Upemba、Virunga、Garamba、Yanga 和 Salonga 五个湖区的生态保护，并促进当地农业发展。刚果（金）地处世界第二大森林地带，如何加强环境保护，增加当地农民收入，应对全球气候变化，是刚政府面临的重要课题。欧盟强调，刚政府应采取措施，努力提高全民的环保意识，以实现国家可持续发展。⑤第四，安全方面。支持非盟筹集专项资金提高打击"博科圣地"的技术能力。在非盟国际出资人会议上，非盟

---

① 驻赞比亚使馆经商处，2016年6月23日。
② 驻坦桑尼亚使馆，2016年6月6日。
③ 《欧盟拟援建厄立特里亚2.7兆瓦的太阳能光伏电站》，2016年12月，http://www.chemall.com.cn/chemall/infocenter/newsfile/2015-1-16/201511690144.html。（驻厄立特里亚经商处，2015年1月15日）
④ 驻埃及使馆经商处，2016年6月7日。
⑤ 驻刚果（金）使馆经商处，2015年1月29日。

共筹资约2.5亿美元,专门用于资助乍得湖流域四国联合部队(MNJTF)打击"博科圣地"恐怖组织。其中,尼日利亚出资1.1亿美元位居第一,欧盟紧随其后出资5450万美元;其他出资方包括英国872万美元、瑞士392万美元以及"萨赫勒—撒哈拉国家共同体"的150万美元。"博科圣地"自2009年起不断在尼日利亚北部地区进行恐怖活动,已造成至少1.7万人死亡,260万人沦为难民。近年来,其活动范围逐渐扩张至乍得湖流域其他国家,并宣布效忠"伊斯兰国"极端组织,引起国际社会广泛关注。为有效应对恐怖主义威胁,尼日利亚、喀麦隆、乍得、尼日尔四国于2015年2月宣布成立一支8700人的联合部队,共同打击"博科圣地"。[1] 欧盟及其成员国向几比提供2000万欧元预算,支持几比发展,主要用于教育、卫生和国防等领域的改革与安全事务。欧盟特派团表示,几比政府在加强民主、法治、尊重人权、良好施政等方面有进步,欧盟将通过欧洲发展基金和其他筹资机制长期支持几比发展。[2]

三 日本与非洲的科技合作

(一)日非科技部长会议

2008年10月8日,第一次日本与非洲科技部长会议(Japan-Africa Science and Technology Ministers' Meeting,以下简称JASTMM)在日本首都东京召开,包括19个非洲国家的科技部长在内的53个非洲国家的科技官员参加了会议。这次会议结束后,日本政府组织了日本官员非洲科技调查团赴非洲多国考察,迅速推进日本和非洲国家间的科技合作。2010年10月3日,第二次日本非洲科学技术部长会议在日本京都举行,包括非洲11个国家的科技部长在内的21个非洲国家的代表团以及非盟委员会和非洲发展新型伙伴计划组织(简称NAPAD)、世界银行、非洲发展银行的代表出席了会议,就进一步促进日本和非洲国家间的科学·技术·创新合作展开了讨论。

---

[1] 驻尼日尔使馆经商处,2016年2月2日。
[2] 驻几内亚比绍经商处,2015年1月19日。

1. 日非科技部长会议召开的背景

日非科技部长会议的召开，有三个方面的背景，一是日非关系发展的需要，二是日本积极探索科技外交的结果，三是日本一贯重视国际科技合作。

（1）日非关系发展的需要

二战结束至今的日本对非关系，以 1993 年第一次东京非洲开发会议（Tokyo International Conference on Africa Development，以下简称：TI-CAD）的召开为界，大致可划分为两个时期。从这两个时期的日本对非关系的发展来看，无论是 TICAD 会议的举办，还是 JASTMM 的召开，都是日本为了进一步拓展对非外交空间所做出的选择，而后者则是日本为 TICAD 解困、实现日非关系有新突破的产物。

日本对非关系的第一个时期为二战结束后到 1993 年第一次 TICAD 举行之前。

二战结束后到 20 世纪 70 年代初期，日本对非援助在日本官方发展援助中所占比率几乎为零。70 年代爆发的两次石油危机，使日本意识到要保障日本经济安全发展，需要与非洲产油国建立稳固的外交关系。以日本外相 1973 年首次访问非洲五国为契机，① 日本开始显著增加对非援助。1970—1980 年，日本对非援助费用比 20 世纪 50—60 年代增加了 5.3 倍，援助项目增加了 27.5 倍。② 日本对非援助的目的也极为明确。第一，开发非洲这块世界原材料产地，保证日本经济安全发展；第二，针对 70 年代东南亚各国爆发的反对日本经济侵略的运动，积极发展与非洲外交关系以防止日本的出口受到东南亚"反日运动"的影响；第三，利用非洲实现日本的各种战略目标。③ 到 80 年代，为了满足日美关系和日欧关系的发展需要，日本不断扩大对非援助规模，对非政府发展

---

① 佐藤誠、『日本のアフリカ外交―歴史に見るその特質』、『成長するアフリカ－日本と中国の視点』の会議報告書、アジア経済研究所、2007 年、3 ページ。当时日本外相木村俊夫，一口气出访了四个非洲国家加纳、尼日利亚、刚果布和坦桑尼亚。

② 日本通商産業省編、『経済協力の現状と問題点 1984 年版』、1984、日本外務省ネット：http://mofa.co.jp/mofaj。

③ 佐藤誠、『日本のアフリカ外交―歴史に見るその特質』、『成長するアフリカ－日本と中国の視点』の会議報告書、アジア経済研究所、2007 年、2 ページ。

援助首次占日本两国间 ODA 的 10%，非洲成为除东南亚外日本的主要援助地区。进入 90 年代，日本在政治、经济和外交方面都有了新的需求。政治方面，日本希望通过扩大对非援助的规模与影响能助其实现政治大国的梦想；经济方面，日本工业的持续发展离不开非洲原材料的供应。由于 90 年代以前的日本对非援助影响力十分有限，为了能全方位介入非洲事务、扩大其在非洲地区政治经济影响力，在 1991 年西方七国首脑会议提出要加强对非洲的援助后，日本跟随此决议向联合国申请举办"东京非洲开发会议"。

1993 年首次"东京非洲开发会议"是日非关系进入第二个时期的转折点。从 1993 年至 2008 年，"东京非洲开发会议"召开了四次，日本对非援助得到了长足的发展。2006 年，在日本官方发展援助中，对非援助的比例首次超过了对东南亚的援助，日本媒体宣扬日本准备将对外援助的重心从亚洲转向非洲。[1] 日本外务省也认为 TIACD 已经成为世界上最大的"非洲开发政策论坛"，会议的《横滨行动计划》得到举办方和非洲国家的支持，日本对非发展援助的倍增计划以及民间投资倍增计划都得到了非洲国家的高度评价。[2]

但是，非洲国家的反应却与此相反。比如，南非总统姆贝基表示，能够推动非洲未来经济增长的是贸易，而不是援助；博茨瓦纳副总统认为，非洲和日本企业的关系非常淡薄；卢旺达总统认为，很少看到日本商人的身影。[3] 日本"入常"的破产，也是一个佐证。除开坦桑尼亚——这个接受日本援助很多的国家明确肯定了 TICAD 会议的成果，并表示全面支持日本"入常"外，大部分非洲国家对日本表示理解，但很少有国家采取比以往更进一步的态度。[4] 特别是 2005 年的"争常"中，日本由于没有得到非洲国家的支持票，导致票数不够再次失败。

---

[1] Reiji Yoshida, "Tokyo Ready to Shift Foreign 2aid Focus from Asia to Africa", *The Japan Times*, May 26, 2008.

[2] 参见『第 4 回アフリカ開発会議（TICAD IV）：概要及び評価』，2016 年 12 月，日本外务省网页，http://www.mofa.go.jp/mofaj/area/ticad/tc4_gh.html。

[3] 白如纯、吕耀东：《日本对非洲政策的演变与发展——以"非洲发展国际会议"为视点》，《日本学刊》2008 年第 5 期。

[4] 同上。

此外，在发展与非洲国家关系中日本的竞争对手相当多。除开传统的欧美援助国外，中国、印度都加大了对非援助的力度。无论是中国还是印度对非洲的援助，由于游离于国际援助体系之外，加之不附加任何政治条件，更能受到非洲国家的欢迎。① 这就不难理解在中非合作论坛召开后，非洲国家纷纷对中国做出的积极反应是日本的"非洲国际发展会议"所无法相比的了。尽管TICAD已经举办了多次，但并未让日本在与中国、印度等国的竞争中获得特别的优势。

为了改变这种局面，日本意识到需要开展更具特色的对非外交，才能在竞争日趋激烈的国际对非援助中凸显自己的地位和作用。为此，日本政府做出了很多调整，除开不断增加援助金额和削减债务，开始重视国际科技合作的权重。

（2）日本积极探索科技外交的结果

20世纪90年代末期，随着日本经济的下滑，日本官方发展援助的绝对数额开始逐年下降，这让以官方发展援助为主要外交手段的日本受到了极大冲击，日本的国际地位也随之受到影响。日本政府欲为日本外交找到新的突破口，发挥日本的科技优势，实现科学技术与外交的结合，以寻找能为日本政府在21世纪的外交活动打开另一扇窗。为此，日本展开了积极的探索。在政策调整方面，2000年日本综合科技会议明确提出了日本政府应让科技与外交巧妙结合、让科技为日本对外关系服务。2005年发布的ODA中期政策中提出，为了人才培养以及加强经济合作，也为了解决全球性问题，应该发挥日本的科技优势，让科学技术合作成为主要的外交手段。② 随后日本政府举办了各种会议讨论如何将科技与外交相结合。在促进科技合作的行动方面，2002年日本开始

---

① 王祎:《日本对非援助政策的演变与特点——以东京非洲发展国际会议为例》，中国优秀硕士论文库，2010年4月，第44页。

② 小岛誠二、『日本の科学技術外交——開発の視点から』、5ページ、2009年6月，日本财团法人国际发展高等教育机构网站，2016年12月，www.fasid.or.jp/chosa/forum/bbl/pdf/189_1.pdf。

和南非签署科技合作协定,这是日本和第一个非洲国家签署合作协定;① 同年日本科技大臣访问了埃及,这是日本科技官员第一次访问非洲国家,提出了科技合作的意愿。2008 年在第四次 TICAD 上日本提出了要在科技领域展开合作的倡议,经过日本与非洲国家的协商决定,在 TIACD 会议闭幕后就召开第一次 JASTMM。

应注意的是,2008 年 5 月日本召开的综合科学技术会议,不仅首次提出了"科学技术外交"这个概念,而且还确立了发展日本科学技术外交的三战略。此次会议指出,所谓"科学技术外交"的内涵可以概括为,将日本的科学技术作为外交手段,为解决全球所面临的问题(环境、气候变化、能源和传染病等)贡献日本的力量;包括为了在世界科学技术发展中占据主动、实现日本科技立国的目标而开展的所有外交活动;充分发挥作为日本软实力重要组成部分的科学技术的力量——在全球树立起日本是科学技术强国的形象,让优秀人才和各种资金都能向日本流动;不仅让科学技术成为外交政策形成以及实施的根基,更要让国家的外交政策因具备科学性而具有可靠性和信任感,增强日本外交政策的合理性。② 日本的科学技术外交的三战略,即为了解决全球范围内存在的问题,要加强和发展中国家的科技合作,加强和先进国家间尖端科学技术发展的合作,奠定科技外交的基石。

在这三项科技外交的战略指导下,日本开始在国际和国内的各种会议上表达要将科技与外交相结合的意愿和在国际科技合作中凸显日本地位的诉求。比如,在 2008 年召开的第四次 TICAD 会议上,日本政府提出要加强日本与非洲国家间的科技合作。同年 7 月在日本北海道召开的 G8 会议上,日本提出要在国际科技外交中发挥主导性作用。2010 年日本再次召开了日本国综合科学技术会议。此次会议在对比了世界其他国家的科技政策和科技外交结合的状况后,更加明确地提出日本科学技术发展必须深化国际合作,必须加强对发展中国家科技交

---

① 小島誠二、『日本の科学技術外交——開発の視点から』、1ページ、2009 年 6 月,日本財団法人国際発展高等教育機構网站,www.fasid.or.jp/chosa/forum/bbl/pdf/189_1.pdf。

② 橋本道雄、『日アフリカ科学技術協力とアフリカ科学技術調査ミッションの教訓』、アフリカ科学技術協力シンポジウム、2009 年 4 月、日本科学技術政策网站,2016 年 12 月,www8.cao.go.jp/cstp/gaiyo/sisatu/hashimoto_cao.pdf。

流的具体措施，发展民间为主体的科学技术外交、承担起科学技术外交人才培养工作；加强生产部门、科技部门、外交部门的合作。可以看出，日非科技部长会议的召开，其实是日本积极探索科技外交的直接产物。当然，日本政府在积极参与国际科技合作过程中形成科技与外交相结合的理念，还与日本从20世纪70年代就开始与世界各国的科技合作密不可分。

（3）日本一贯重视国际科技合作

自20世纪70年代以来，日本已和43个国家有科技合作，并与其中的28个国家缔结了科学技术协定，与20个国家制定了科学技术合作框架。特别是90年代以来，日本政府开始关注通过国际科技合作实现可持续发展，并通过出台法律、制订科技发展计划和在国内国际召开各种类型的科技会议，探索如何通过国际科技合作实现日本科技的可持续发展以及日本外交在国际关系舞台上具有更深远的影响力。事实上，日本对国际科技合作的重视，起源于90年代初期国际社会提出的可持续发展浪潮。

1992年6月世界各国签署了《里约环境与发展宣言》，该宣言的第9条提出，通过促进包含新革新事物在内的技术发展、使用、普及以及转移事业，共同提高科技的应对能力，从而实现可持续发展。继《里约环境与发展宣言》之后，1999年7月，联合国教科文组织和国际科学协会共同在布达佩斯召开世界科学会议，发布了《科学与利用科学知识宣言》，其中提出了科学要服务于发展和为了社会发展的科学这两个概念。在这两个宣言的影响下，日本首先于1995年11月15日开始实施《科学技术基本法》。[1] 该法案的实施，为日本科学技术政策的制定奠定了基本的框架，并成为推动科学技术发展的法律支持。该法案的第四个基本点明确指出日本要推进国际科学技术研究的均衡发展，推进与研究发展相关的科技交流等。

自《科学技术基本法》出台后，日本政府开始制订科技发展计划。从1997年开始，日本政府连续制订了三个科学技术基本计划，第一个科学技术基本计划（1997—2002年）中的日本科技国际合作方面提出，要扩大与发展中国家的科学技术合作，并进一步健全接收赴日留学研

---

[1] 小島誠二、『日本の科学技術外交——開発の視点から』、8ページ、2009年6月、日本财团法人国际发展高等教育机构网站：www.fasid.or.jp/chosa/forum/bbl/pdf/189_1.pdf。

究者的研究环境；第二个科学技术基本计划（2003—2007年）的国际合作方面，提出要实现日本科学技术发展事业进一步国际化；第三个科学技术基本计划（2008—2012）中针对日本科技国际合作，提出进一步促进日本科研事业的国际化、加强与亚洲各国的科技合作、加大力度接收外国研究者。① 在第二个科技基本计划出台后，日本积极同世界各国开展共同研究，并向发展中国家进行技术转移以及科技合作。在《科学技术基本法》支持下的三次科学技术计划的颁布与实施，让日本产生了通过不断扩大与世界各地区、各个国家经济科技合作推动日本自身科技发展的需求。同时，在这个过程中，国际科技合作也逐步成为日本科技发展的主要趋势之一。

在此基础上，日本从2005年开始积极开展国际科技合作交流。主要的活动有以下几项，一项是从2005年开始举办"国际科学技术部长会议"，到2010年已经举办了五次会议，有30个国家参加，每次会议讨论各国如何就提高国民生活、解决共同面临的问题而展开科技合作。另一项是"亚洲科学技术官员会议"，2006年举行了一次，2008年举行了第二次会议。此外还有"G8国家科学技术部长会议"，2008年6月15日在冲绳举行。这些国际科技合作活动，为日本东京非洲开发会议的裹足不前带来了新的希望，也为JASTMM的召开准备了条件。

最终，在日本的科技立法、科学技术外交战略的推动下，日本决定于2008年10月举办JASTMM。JASTMM的召开，是日本政府让科技与外交相结合开展科技外交的一次实践，本质上是为了日非关系的需要。作为日本对非外交的新组成，JASTMM得到了多方关注，并且在第一次会议召开后，日本与非洲科技合作得到了迅速推进。

2. 日非科技部长会议的内容和成果

（1）第一次日本非洲科学技术部长会议

2008年10月8日，日本及32个非洲国家的科学技术部长、非洲联

---

① 岩瀬公一、『わが国の科学技術政策とアフリカ協力への取り組み』、アフリカ科学技術協力シンポジウムの講演、2009年4月、日本科学技术网站：http://www8.cao.go.jp/cstp/gaiyo/sisatu/iwase_mext.pdf。

盟委员会和 NAPAD 的代表在日本东京参加了"第一次日本与非洲科学技术大臣会议",日本和非洲国家的科学技术部长共同讨论科学技术合作的方式。会议认为,对科学技术欠发达的非洲国家,日本要加强与这些国家的科技外交;为了让日本灵活运用优秀的科学技术解决全球范围的问题,有必要进一步扩大日本与非洲国家间的科学技术合作。会议就进一步扩大日本与非洲国家间的科学技术合作形成了两个合作框架,第一个框架为政策对话机制,内容包括:①继续召开日本非洲科学技术部长会议;②在部长会议中,设立由各国的科学技术政策制定者组成的技术工作小组;③日本向相关国家政府机构以及研究机构派遣非洲科学技术调查团;④与非盟委员会和 NAPAD 机构加强合作。第二个是扩大日本和非洲国家间的科学技术合作的机制,包括:①继续积极推进由日本各个部门执行的多样化的科学技术合作;②积极利用由科学技术振兴机构以及日本国际协力集团所实施的全球范围内课题,应对国际科学技术协力事业。

为了深化第一次 JASTMM 会议的成果,2009 年 2 月 18 日—3 月 8 日,由日本政府的多个部门组成的 28 人技术调查团赴埃塞俄比亚、南非、博茨瓦纳、肯尼亚、乌干达、埃及和加纳七个国家考察。此次考察涉及非洲的北部、东部、西部和南部的主要国家,考察团访问了这些国家的政府机关,与它们就科技合作交换意见;召开地区讨论会,会议中专门设立了研究人员交流专场;考察每个地区代表国家的研究机构。在 18 天的调研过程中,日本考察团访问了非洲联盟科学技术部、南非科技部、南非气象局、南非国家传染病研究所、博茨瓦纳通信科技部、博茨瓦纳 JOGMEC 人造卫星中心、肯尼亚高等教育科学技术部、肯尼亚标准局、乌干达情报通信技术部、乌干达卫生部、乌干达能源资源部、埃及高等教育科学技术部、开罗大学、加纳高等教育科学技术部、加纳野口英世纪念研究所等,共计 9 个政府机构、24 个研究机构。

日本非洲科学技术调查团的研究成果主要包括以下几个方面:①提出日本对非洲开展科学技术合作的价值。认为日非科技合作不仅能促进非洲国家的发展,而且有助于解决非洲国家发展过程中的各种问题;非洲国家对与日本建立科学技术合作关系的期待值很高,期望得到日本在农业发展、能源利用、传统知识保护与利用、空间技术、材料学和水资源的利用方面给予技术指导与援助。① ②提出差异化合作的方针。非洲国家普遍希望日本通过技术合作、提供科研资金支持、完善研究设施等方式帮助其提高科技发展水平，但是，非洲有53个国家，国与国之间在科技发展水平差异极大，需要分类别、根据不同国家的需求开展合作。② ③充分发挥日本援助的综合效益。之前的日本对非援助中，在科技合作方面多半以提供各种科学技术的设备和设施为主，当建设工作完成后日本就撤出，而欧美援助国随后就利用这些设施和设备与非洲国家开展更加深入的合作，这使日本援助的功效有所降低，日本应根据非洲国家的需要开展科技合作，充分提高日本对非援助的有效性。④建立社会资源网络。和欧美国家相比，日本在非洲的影响力还比较薄弱，因此，日本需要充分发挥曾赴日留学的归国人员的作用，建立起社会资源网络，并让这些留日人员在非洲科技发展和与日本的科技合作中发挥主导作用，最终实现扩大日本影响力的目标。同时应加大向非洲派遣科技人员和研究人员的力度。综合以上问题，需要政府和非洲建立全方位合作机制。③

除考察外，JASTMM会后，还举办了日本与非洲国家科学技术合作研讨会。该会2009年4月27日在日本文部省召开，有大约110名官员、学者以及相关人员参加。会议对日非科技合作进行了深入研讨。日本外务省中东非洲局的官员从日本对非外交意义的角度讨论了第四次TIACD的成果和后续的对非援助应该结合科学技术合作展开的必要性；日本文部省的官员从日本的科学技术政策及与非洲合作的角度，讨论了日本文部省应该在对非合作中发挥哪些作用。日本内阁官员就日本与非洲的科学技术合作的政策背景，日本政府组织的非洲科技合作调查团的目的、调查内容及其调查结论做报告。三菱综合研究所的研究员对非洲各国的科学技术政策以及研究现状做报告。就"今后非

---

① 橋本道雄、『日アフリカ科学技術協力とアフリカ科学技術調査ミッションの教訓』、アフリカ科学技術協力シンポジウムの講演、2009年4月、4ページ、日本科学技術网站：www8. cao. go. jp/cstp/gaiyo/sisatu/hashimoto_ cao. pdf。

② 同上。

③ 同上。

第二章 美、欧、日、印与非洲开展科技合作的特点与走势 / 171

洲科学技术合作应如何展开"和"对非洲发展援助中是否有必要进行尖端科技合作"进行了讨论。会议认为,①所谓科学技术外交,就是如何让科学技术和外交相结合并得到两者相乘的效果。②提出了日本对非科技合作所要解决的五个课题:对非洲传染病的防治等进一步展开科学技术合作;无论是农业还是医疗领域,抑或能源和高科技等领域的合作,都应该在充分了解非洲国家的需求后再展开合作;要从对"设施"这些"物质"援助,向"研究"这种"人才"援助上转变,要从 ODA 向科学技术合作转变;从日本的 ODA 发展而言,应该更广泛发挥作为日本软实力的科学技术的作用;在日本的研究发展中,应该考虑如何让赴日留学的非洲研究人员发挥更大的作用。③提出了今后日本与非洲国家科技合作的两个方向:一个是应该与非洲国家的相关政府机构和研究机构达成共识,合作开展科技项目。另一个是非洲国家的研究资源极为不平衡,如何推进与它们的科技合作,需要考虑与核心研究者建立战略合作关系。

(2) 第二次日本非洲科学技术部长会议内容与成果

2010 年 10 月 3 日第二次日本非洲科学技术部长会议在日本京都举行,日本科学技术大臣主持,埃及高等教育与科学研究部的副部长 Magudo 是本次会议的主席。非洲 11 个国家的科技部长在内的 21 个非洲国家的代表团、非盟委员会和 NAPAD、世界银行、非洲发展银行的代表出席了会议,就进一步促进日本和非洲国家间的科学·技术·创新合作展开了讨论。会议提出了《日本与非洲国家间科学技术创新合作倡议》,倡议就以下问题达成共识:①日本和非洲国家在 2011 年 5 月前制定出与科学技术创新相关的合作战略框架。②以非洲各个地区(东非、西非、南部非洲、北非以及中部非洲)的研究机构、日本和非洲国家间的研究与创新机构网络为核心,设立"创新合作地区中心",并充分使之发挥作用。③援助要与日本的国家战略中的环保创新和生活创新相关,或者与非洲科学技术综合行动计划(Africa Science and Technology Consolidated Plan of Action;CPA)保持一致,在此基础上确定援助的领域。④为了促进日本和非洲国家间的对话,建立以下长期机制:隔年召开日本非洲国家科学技术部长会议;设立由 AMCOST 机构的政府高官以及日本政府内阁代表组成的高级官员会议;成立由非洲联合委员会人力资源部·科学·技术部、NEPAD 代理、日本政府内阁代表、非洲驻日本大使馆科学技术官员代表组成的联合特别研究组织（Joint Task Force）；为确保非洲联合委员会的人力资源·科学·技术部门能充分实施这些合作，日本提供人力资源保障。

（二）日非科技合作的走势

上述两次日非科技部长会议为日非科技合作制定了方向和路线图，也为之后的科技部长会议奠定了基础。在这两次科技部长会议的推动下，日非科技合作呈现出两个方面的走势，一是有越来越完善的机制，二是针对性越来越强。

长期以来，日本与非洲国家间的科技交流合作总量不足，在合作规模上远远无法和日本与世界其他地区的科技合作相比。比如，2006 年，日本总共接收了 35083 名外国研究人员，其中非洲研究人员 789 名，仅占总人数的 2%，同期日本所接收的亚洲研究人员为 17179 人，占总人数的 49%；日本向海外派遣了 136751 名研究人员，向非洲派遣人数为 1711 名，仅占 1%，但同期向亚洲派遣了 48753 人，占 36% 的比例；同年日本政府与世界各国大学总共缔结了 13484 份合作协议，其中与非洲国家大学缔结了 153 份，仅占 1% 的比例，而与亚洲国家缔结了 6042 份合作协议，占总量的 45%。[①]

2008 年第一次 JASTMM 举办后，日本积极与非洲国家开展科技合作。但是，比较 2008—2010 年日本与世界各个地区开展科技合作项目的数量，日非科技合作似乎并没有成为日本对外科技合作中关键地区的态势。2008 年日本仅对三个非洲国家开展科技合作，但同一时期日本与亚洲国家间开展了六项科技合作，其中仅泰国就有三项、印度尼西亚两项；2009 年日本与非洲国家仅实施了五个科技合作项目，但是与亚洲国家开展了七个科技合作项目，与南美洲国家也开展了五个科技合作项目；2010 年与非洲国家间的科技项目仅有四项，但与此同时与亚洲

---

① 岩瀬公一、『我が国の科学術政策とアフリカ協力への取り組み』、アフリカ科学技術協力シンポジウムの講演，11-13 ページ 2009 年 4 月、日本科学技术政策网站：http://www8.cao.go.jp/cstp/gaiyo/sisatu/iwase_mext.pdf。

国家开展了七项。① 虽然，日非科技部长会议的召开短期内不可能扭转对非科技合作规模偏小的局面，但是，在建立机制、增强针对性这两个方面，已经取得了实质性的进展。

1. 日非科技合作有了依托机制

长期以来日本和非洲国家间缺乏科技合作的机制。在 2008 年之前，日本与非洲国家间分散开展的交流中，没有定期的沟通机制和平台。由于缺乏一个合作的机制、定期沟通的平台，造成的问题就是上面所提到的科技合作没有计划、零星开展，限制了本身就极为有限的日非科技合作项目发挥应有的作用，并且很可能所提供的援助并非对方最急需的或者所能接受的。

自 2008 年以来，经过两次 JASTMM 会议的举办，基本形成了日本对非科技合作的框架和长期规划。在长期合作机制方面，定期会议中，JASTMM 和日本和非洲国家高官会议这两种会议的定期举行，确保了日本和非洲国家间的定期沟通，这不仅能确保合作的项目是非洲方面所需要或者能"消化的"，而且能为非洲科学技术综合行动计划和各项具体的合作项目的落实提供监督。此外，两次 JASTMM 会议召开后，对于科技合作中最关键的人才队伍合作培养方面，设立了由各个非洲国家、非洲地区组织和日本政府相关部门组成的联合特别研究组织，而且还计划联合非洲国家的科研机构、非洲地区组织中的科研机构和日本的科研机构成立科研与创新合作网络——"创新合作地区中心"，为日非科技合作有序开展奠定了基础。

2. 日非科技合作项目的针对性有所增强

由于日本和非洲国家各自所拥有的科技资源存在巨大的差距和不对称性，日本方面缺乏各非洲国家急需的、并能"消化"的合作项目与援助。因此，让日本科技转化为非洲国家能消化运用的技术，提供非洲国家急需的科技合作项目，成为日非科技合作中的重点。但是，由于之前的科技合作都是日本国内各个机构或者大学分散进行，缺乏和非洲国家间的沟通，造成科技合作或者援助效果不佳。文部省的官员就在"日

---

① 日本科学技術振興機構、『地球規模課題対応国際科学技術協力研究課題』，2016 年 12 月，http://www.jst.go.jp/global/kadai.html。

本与非洲国家科学技术合作研讨会"上明确指出，日本的大学和研究机构无法准确把握住非洲国家对科技发展方面的特殊需求和时机，造成日本与非洲国家间的科技合作很难取得预期效果。①

2008年第一次JASTMM会议举办后，2008—2009年日本政府通过国内的日非科技合作研讨会和调研不断明确日非科技合作的主要领域，如农业发展，粮食自给和出口；实现能源的可持续发展；提高医疗水平；水资源的保障，不仅能满足饮用所需，而且能满足农业生产所需等。根据这些主要科技合作方向，日本与多个非洲国家开展了科技合作，如与埃及开展"尼罗河流域的粮食和燃料生产的可持续发展"合作，与加蓬开展"热带雨林生物多样性保护以及野生动物和人的和谐共处"合作，与赞比亚开展"结核病的防治"合作，与南非开展"气候变化预测在南部非洲的运用"和"减低地震中矿山的受灾程度的观测研究"合作，与苏丹开展"去除寄生草的根部实现农业发展"合作，与突尼斯开展"干燥地区生物资源的功能分析与有效利用"合作，与布基纳法索开展"非洲萨赫勒地区水资源与卫生系统的可持续发展"合作，与加纳开展"利用加纳的药用植物中提炼出抗病毒和抗寄生虫的活性成分的研究"合作。② 合作的方式包括向合作方派遣日本研究人员，与非洲国家官员就如何解决问题开展讨论，与当地研究人员开展共同研究。

由此观之，JASTMM的召开让日非科技合作形成了合作机制，并有针对性地提出了日非科技合作的主要领域，还对人才培养方面的问题建立了长期发展的规划。这一变革性的进展，使日非科技合作日益成为推动日非关系的一个新支点。

在此形势下，近年来，日非科技合作越来越广泛，日本的资金、技术深度介入非洲多国的工业、农业、民生、地区一体化和"高质量基础

---

① 岩瀬公一、『我が国の科学術政策とアフリカ協力への取り組み』、アフリカ科学技術協力シンポジウムの講演，14ページ，2009年4月、日本科学技术网站：ww8. cao. go. jp/cstp/gaiyo/sisatu/hashimoto_ cao. pdf.

② 日本外務省/文科省/JICA/JST、『日本の優れた科学技術とODAとの連携により、アフリカ等開発途上国と環境、防災、感染症等における科学技術協力を推進』，2016年12月，http://www. mofa. go. jp/mofaj/area/ticad/report/status/PR000142. html。

设施"建设。例如，日本已成为莫桑比克政府在基础设施建设方面的重要合作伙伴，莫桑比克纳卡拉市港口现代化和扩建项目工程由日本提供贷款，并由日本公司承建、提供技术支持。① 向马达加斯加提供3000万美元援助用于农业项目，修复马昂巴通德拉扎卡阿劳特拉湖（Lac Alaotra）地区的农田灌溉设施和护坡，资助马实现农业产业链、农业研究和农业机械化等。同时，日本派遣一名专家长期在马农业部工作，以提供技术支持，并为马青年提供农林牧渔领域的学历学位教育。② 由于桑给巴尔打井供水设施严重老化和损毁，造成水资源大量浪费，如何保障城市清洁供水是桑给巴尔发展中面临的严峻挑战，日本长期向桑给巴尔清洁供水项目提供援助性贷款和技术支持，用于挖掘深井和现有水库、打井设施改造。此外，日本协力基金还与桑水利局开展了2项技术合作，加强水利局对水资源的管理能力。③ 2016年8月，第六届东京非洲发展国际会议在肯尼亚举行，会议主要关注两个主题：人力资源和区域联通。安倍在会议上发表主旨演讲时，提出了"自由开放的印度洋太平洋战略"，即重视"从太平洋到印度洋的海洋安全"以及"非洲发展"，宣布今后三年内日本政府与民间将向非洲投资总计300亿美元，同时培养1000万名人才。在联合国安理会改革方面，安倍也明确表示，希望能得到非洲国家的支持。此外，安倍还提议设立"日本非洲官民经济论坛"，日本的阁僚和经济团体、企业高层每三年一次访问非洲。④ 会议指出，日本将在非洲推动高速通信网和城市公共交通工具等"高质量基础设施建设"，力争为日企获得订单。在会议举行之际，约20家日企与非洲各国政府和当地企业等签署约70项备忘录，如日本电气公司（NEC）与科特迪瓦政府就利用生物认证技术等新技术来实施治安合作达成协议，将为加强反恐对策和网络安全开展合作；丸红公司共计签署了14份备忘录，决定与尼日利亚政府开展合作，建造规模为1900亿日元（约合18.6亿美元）的火力发电站，发电能力达到180万千瓦。丰

---

① 驻莫桑比克使馆经商处，2016年1月25日。
② 驻马达加斯加使馆经商处，2016年3月29日。
③ 驻坦桑尼亚使馆经商处，2016年4月12日。
④ 环球网，2016年8月18日。中非基金：《非洲动态》2016年8月。

田通商在卢旺达进行旨在缓解拥堵的交通管制系统试验。类似东京临海线的新交通系统也在设想之中。在计划中，将扩大地热发电和下水处理等日本企业的优势领域的合作。① 会议期间，"日本展销会"在内罗毕举行，84家企业加上地方政府共有96家企业和团体参展，这是日本企业在非洲举办的空前规模展览会。② 第六届东京非洲发展国际会议（TICAD）的包括超过1000名商界人士组成的代表团，其中有超过70人是日本各大企业的董事会主席。会后，日本外务省表示，非洲是世界经济的"最后边界"，非洲大陆所能够提供的发展潜力对于日本来说是非常具有吸引力的，日本企业对非洲的兴趣日益增加；对于日本的贸易公司和电站建设公司来说，非洲对新型基础设施的需求意味着利润丰厚的商业机会，东京政府全力支持这些项目，愿意通过扩建基础设施让非洲国家建立起自己的工业，并创造就业机会，如此一来，就能够保证经济的可持续发展，各方也都能从中受益。《日本经济新闻》认为，随着经济下行压力降低了中国对非洲原材料的需求，如今非洲已经开始认真思考自身对中国的依赖性；以前日本的做法是向非洲提供发展援助，而如今看中的是投资、技术合作。③ 近年来，日非科技合作不断拓展、深化。例如，日本国际协力机构和坦桑尼亚能源部合作对当地天然气资源发展规划进行研究，并形成坦全国天然气化框架方案，推动天然气在工业和商业中的利用。④ 2018年，全球知名光纤制造商日本古河电气工业株式会社在摩洛哥丹吉尔免税区的工厂落成。⑤ 日本国际合作署（JICA）为刚果（金）国家生物医学研究中心（INRB）提供约2100万美元的无偿援助，包括为刚国家生物医学研究中心建设高级生物安全实验室、临床实验中心和培训中心，并供应相关设备。⑥

---

① 环球网，2016年8月18日。中非基金：《非洲动态》2016年8月。
② 同上。
③ 《日本看中非洲发展潜力欲与中国一争高下》，2018年6月，http://www.cankaoxiaoxi.com/world/20160907/1295421.shtml。中非基金：《非洲动态》2016年9月。
④ 驻坦桑尼亚经商代表处，2018年1月30日。中非基金：《非洲动态》2018年1月。
⑤ 驻摩洛哥使馆经商处，2018年5月14日。中非基金：《非洲动态》2018年5月。
⑥ 驻刚果（金）使馆经商处，2018年7月11日。中非基金：《非洲动态》2018年7月。

四 印度与非洲的科技合作

(一) 印非开展科技合作的进程

印度与非洲的科技合作开启于印度支持非洲人民反殖民统治、民族压迫的民族解放运动时期。20世纪90年代，随着非洲民族解放运动的完成，非洲国际影响力的不断凸显，印度加强了与非洲的科技合作。进入21世纪之后，随着非洲资源、市场的不断扩大，印度更加认识到了非洲的重要性，与非洲的科技合作逐步走向系统化、制度化。

1. 20世纪90年代之前的科技合作[①]

印度与非洲作为历史上的殖民国家，共同的历史遭遇使它们在摆脱殖民统治的历程上就开始了互助。这种互助关系在非洲国家纷纷独立后，发展为一种更为密切的政治、经济上的往来。

尼赫鲁是印度对非政策的奠基人，他认为，虽然从地理上看，印度与非洲被印度洋分开，但从情感上来看，它们仍是邻居。尼赫鲁的对非政策主要有两点：一是支持反殖民主义和南非的种族主义斗争；二是鼓励在非洲的印度人积极地融入到当地社会中去。[②]

1964年，英迪拉·甘地非洲之行的目的就在于进一步加深印度与非洲的关系，之后，印度对其非洲政策进行了调整，不再将非洲国家看作一个政治集团，而是重点选择一些非洲国家发展友好关系。另外，出于抗衡中国所实行的援助外交的目的，印度开始实行经济外交政策。[③]之后，20世纪70、80年代印度政府发起了印度对外援助与合作的"经济技术合作项目"（India Technology and Economic Cooperation Division 简称为"ITEC"）。英迪拉·甘地1967年当选总理后，主张在不结盟运动框架下加强南南合作，对非提供援助。此外，印度还积极推动国际社会

---

① 张永宏、赵孟清：《印度对非洲科技合作：重点领域、运行机制及战略取向分析》，《南亚研究季刊》2015年第4期。

② Ruchita Beri, "India's African Policy in the Post-Cold War Era: An Assessment", *Strategic Analysis*, Vol. 27, No. 2, Apr.-Jun. 2003, p. 218.

③ 刘宗义：《印度对非洲政策的演变及其特点》，《西亚非洲》2009年第3期。

对非洲人民反殖民主义、反种族隔离主义的支持，如，印度配合"联合国纳米比亚基金"（UN Found for Namibia）、"联合国南非教育、培训项目计划"（UN Educational and Training Programme for South Africa），设立了"抵抗入侵、殖民主义和种族隔离基金"（Action for Resisting Invasion, Colonialism and Apartheid），该基金是由拉吉夫·甘地领导下的不结盟运动在 1986 年发起的，主要用于支持前沿国（frontline states）南非和纳米比亚的民族解放运动的援助。[①] 印度不仅在道义上，而且在军事上加大对纳米比亚、津巴布韦、安哥拉、莫桑比克、几内亚（比绍）人民争取民族解放运动的援助。[②]

这一时期，印非科技合作的主要特点有：第一，科技合作的主要形式表现为印度对非洲国家的无偿援助。印度通过非洲联合组织、联合国纳米比亚基金、联合国南非教育与培训计划特别是殖民主义、种族隔离基金等机构向非洲提供援助。据统计，印度在 1977—1978 年向殖民主义、种族隔离基金会提供了私人的、个人的援助共计 50 亿卢布。[③] 第二，与印度进行科技合作的非洲国家仅限于"不结盟国家"和英联邦国家。印度与不结盟国家之间的科技合作，这主要是因为印度与不结盟国家具有共同的历史遭遇，在反对殖民统治、争取民族独立的道路上，相互扶持过，关系较为密切。在 1964 年开罗召开的不结盟运动首脑会议上，印度就提出了"通过国际合作加快经济发展"以及"免于外国统治、侵略、颠覆和种族歧视"等不结盟政策的主要内容。[④] 印度与非洲的"英联邦"国家合作，主要在南南合作背景下展开。英联邦的成员国有 53 个，除少数几个发达国家之外，其他均为发展中国家，所以，印度与非洲英联邦国家的合作多属南南合作。另外，在非洲的英联邦成

---

① Ruchita Beri, "India's African Policy in the Post-Cold War Era: An Assessment", *Strategic Analysis*, Vol. 27, No. 2, Apr. -Jun. 2003, p. 218.

② 朱明忠：《印度与非洲（1947—2004）》，《南亚研究》2005 年第 5 期。

③ Ruchita Beri, "India's African Policy in the Post-Cold War Era: An Assessment", *Strategic Analysis*, Vol. 27, No. 2, Apr. -Jun. 2003, p. 218.

④ 张贵洪：《印度的国际组织外交》，《国际观察》2010 年第 2 期。

员国中有大量印裔,这些人既是印度的利益所在也是强化印度与非洲合作的桥梁。① 如在印裔占国民绝大多数的毛里求斯,早在 1978 年就与印度签订了《印度政府与毛里求斯政府关于经济、科技和文化的合作协议》,之后又在 1982 年签订了《印度政府与毛里求斯政府关于避免双重征税以鼓励多边贸易和投资协定》。② 第三,为了支持非洲的民族解放运动和反种族隔离主义斗争,印度政府鼓励印裔积极地融入当地社会中,但并没有给予特殊的照顾,甚至当肯尼亚和乌干达驱赶印度人时,印度政府也没有采取任何应对措施。

2. 经济调整时期的印非科技合作③

20 世纪 90 年代初,苏联解体,印度失去了主要的外援,印度外交重点开始转向北美、欧洲和东南亚国家,同时,其外交人员和资源也大量转移到以色列和中亚国家,非洲几乎淡出了印度的视野。④ 但很快印度又找回非洲。1991 年纳拉辛哈·拉奥政府上台后,印度进入了经济改革和工业发展的新时期。在这一时期,印度急于发展多种合作网络,非洲资源丰富、市场潜力大、地缘位置重要,成为印度对外合作的重要方向。90 年代中,印度政府宣布:"未来,印度与非洲的新型关系将以经济、技术和教育的合作为基础,这种新关系将具有越来越重要的意义。"⑤ 从此之后,双方高层往来频繁,这为双方的科技合作提供了有力的合作契机。如 1995—1997 年,印度领导人出访非洲多国,推动农业合作。1996—1997 年,印度与非洲统一组织(OAU)、联合国非洲经济委员会(UNECA)、南部非洲发展共同体(SADC)、西非经济共同体(ECOWAS)和非洲发展国际会议(TICAD)等都开展了科技交往。⑥

这一时期,印度与非洲科技合作的主要特点有:第一,合作范围上

---

① 张贵洪:《印度的国际组织外交》,《国际观察》2010 年第 2 期。

② 印度外交部,网址:http://meaindia.nic.in/meaxpsite/foreignrelation/burkina.pdf。

③ 张永宏、赵孟清:《印度对非洲科技合作:重点领域、运行机制及战略取向分析》,《南亚研究季刊》2015 年第 4 期。

④ 刘宗义:《印度对非洲政策的演变及其特点》,《西亚非洲》2009 年第 3 期。

⑤ Ruchita Beri, "India's African Policy in the Post-Cold War Era: An Assessment", *Strategic Analysis*, Vol. 27, No. 2, Apr.-Jun. 2003, p. 219.

⑥ "India's Foreign Policy: Africa (South of the Sahara)", 2008-06-01, available at http://www.indianembassy.org/policy/Foreign_ Policy/africa.htm.

超出了传统的"不结盟国家"和英联邦国家,加强与西非国家开展合作。① 第二,合作的规模扩大了。随着冷战的结束,印度通过"印度与非洲技术和经济合作计划"对非洲的援助越来越大。该计划到1996年共出资25亿美元,在经济和技术方面援助了1/4的非洲国家,主要包括毛里求斯、肯尼亚、埃塞俄比亚、加纳、乌干达、赞比亚、坦桑尼亚、尼日利亚、莫桑比克、纳米比亚等。②

印度人民党和全国民主联盟执政时期,经过90年代中期的调整,后冷战时代印度对非政策框架基本形成。它主要包括五方面的内容:(1)促进印度与非洲国家的经济合作;(2)关心和保护印裔居民在非洲的权益;(3)防范和打击恐怖主义;(4)积极参加联合国维和活动;(5)帮助非洲国家进行国防建设。这些政策既体现了印度对非政策的历史延续性,同时又包含了新的时代特色,为印度在21世纪加强对非合作奠定了基础。③

3. 进入21世纪的印非科技合作④

进入21世纪,随着非洲经济的不断发展、市场的不断扩大,各个国家对于资源、市场的需求,出现了"热恋"非洲的局面。2000年中非合作论坛成立,2004年第4届东京国际发展会议的召开,到2008年印非峰会的开启,非洲同时被亚洲三大国"热恋"。为了抢占非洲的市场和资源,印度加大了与非洲科技合作的步伐,陆续出台了一系列科技合作项目。

2002年,印度发起了"聚焦非洲计划"(Focus Africa);2003年,发起了旨在援助非洲、南亚发展中国家的"印度发展计划"(India Development Initiative);2004年3月,同8个西非国家建立"印非技术经济协作运动"("TEAM-9"计划),随后,印度又宣布提供2亿美元支持"非洲发展新伙伴计划"(NEPAD);印度总统卡拉姆在2004年约翰

---

① 刘宗义:《非洲政策的演变及其特点》,《西亚非洲》2009年第3期。
② 朱明忠:《印度与非洲(1947—2004)》,《南亚研究》2005年第5期。
③ Ruchita Beri, "India's African Policy in the Post-Cold War Era: An Assessment", *Strategic Analysis*, Vol. 27, No. 2, Apr. -Jun. 2003, p. 219.
④ 张永宏、赵孟清:《印度对非洲科技合作:重点领域、运行机制及战略取向分析》,《南亚研究季刊》2015年第4期。

尼斯堡召开的"泛非国议"（Pan-African Parliament）上提出"泛非洲电子网络连接计划"（E-Network）。2008年印非峰会上，通过了《印度—非洲论坛峰会德里宣言》和《印度—非洲合作框架》。① 其中，《印度—非洲合作框架》清楚地规划了印非科技合作的主要领域和合作方式，其主要合作领域包括经济合作、政治合作、科学、技术、研究和发展合作、社会和能力建设等诸多方面，印非科技合作逐步走向系统化、制度化。

这一时期，印非科技合作的主要特点有：第一，印度基于非洲在市场、资源等方面的重要性，对非科技合作项目越来越多。由上述的一系列事实，我们可以看出，在21世纪的前几年里，几乎每一年印度都会发起一个重大的科技合作项目，其启动新合作项目的频率之高，是史无前例的。第二，这一时期的印非科技合作在组织上更加系统化，其合作的目的也更加明朗化。如"聚焦非洲计划"的实施国由2002年初的撒哈拉以南7国扩展到2003年印度设有大使馆的所有撒哈拉以南地区国家和6个北非国家。② "泛非洲电子网络连接计划"的目的在于利用印度信息技术方面的特长，使非洲各国在医药保健和高等教育方面受益。该计划利用卫星／光纤网络为非洲国家提供远程医疗、远程教育、VVIP联通等。2008年印非峰会上通过的《印非合作框架》，更是详尽地规划了印非科技合作的主要领域和主要合作方式。第三，印非科技合作项目覆盖了整个非洲大陆。印度通过与非洲国家签订双边科技合作协议，由通过与非盟、南部非洲发展共同体（SADC）、西非经济共同体（ECOWAS）等区域组织之间各种多层次的合作，使得印度的科技合作伙伴国遍布非洲大陆各地。

（二）印非科技合作的重点领域和运行机制

如前所述，受地缘及历史因素的影响，印度与非洲政治经济往来密切，二者的科技关系也由来已久。1964年施行的"印度经济技术合作

---

① 刘宗义：《印度海外利益保护及其对中国的启示》，《现代国际关系》2012年第3期。
② "Africa Focus- Africa", 2015-01, EEPC India -, http://www.eepcindia.org/africa.asp.

计划"(ITEC)及配套的"英联邦非洲国家特别援助项目"(SCAAP),可以看作是现代印非科技合作关系的开端。但总体而言,冷战时期印非关系处于"政热经冷"的状态,对非科技合作成果有限。冷战后,特别是印度 1991 年经济改革开放后,其对非政策有所转变,宣称"印非新型关系将以经济、技术和教育合作为基础",以此政策为基点,印度在非洲兴建了一批创新培训和展览中心,并开始了与非洲开发银行等国际合作机构的技术合作。进入 21 世纪,印非双方在发展上的相互诉求使其经济交往更为紧密。2002 年,印度发起了"聚焦非洲计划"(Focus Africa),围绕这一计划,印度政府与非洲国家签署了各类贸易技术协定,双方科技合作关系进一步深化。2008 年,第一届印非论坛峰会召开,其成果性文件《印非合作框架协议》将科技与研发合作列为新时期印非合作的重点内容之一,印非科技合作关系日臻成熟。经过几十年的发展,印度已走出了一条以民生发展与能力建设为重点的对非科技合作之路,印非科技关系在广度和深度上都不断加深,双方合作领域日渐拓宽,并积极建构极具战略性的对非科技合作机制。

1. 印度对非洲科技合作的重点领域[①]

在对非科技合作的具体领域,印度一般以本国优势和国内发展需要为关注点,双方合作的重点领域往往是其正在执行的科技项目的外延。同时,非洲在民生领域的科技发展缺口巨大,迫切需要在改善民生的关键领域,如粮食、能源、健康等方面,加强资金、技术的投入力度。[②]由此,印度充分利用其在信息、生物制药等领域的技术优势,拓展与非洲的科技合作。两届印非论坛峰会均将能源、医疗卫生、农业生产、信息通信作为印非合作的重点内容。

第一,能源领域的科技合作。[③] 印度十分重视在传统能源领域与非

[①] 张永宏、赵孟清:《印度对非洲科技合作:重点领域、运行机制及战略取向分析》,《南亚研究季刊》2015 年第 4 期。

[②] 张永宏、王涛、李洪香:《论中非科技合作:战略意义、政策导向和机制架构》,《国际展望》2012 年第 5 期。

[③] 张永宏、赵孟清:《印度对非洲科技合作:重点领域、运行机制及战略取向分析》,《南亚研究季刊》2015 年第 4 期。

洲的科技合作。印度石油进口总量的近两成来自非洲,① 为强化对非能源外交效能,在对非能源投资过程中,印度十分重视与非洲分享技术经验,并进行相关的技术转让。2007 年,"印非能源合作会议"在印度新德里召开,"以援助换石油"项目作为印度拓展非洲石油市场份额的策略开始迅速发展。其基本内容就是印度以提供低息贷款、发展基金以及经济技术援助等方式来换取非洲的石油资源。比如,帮助非洲国家建立国家间互联互通输配电网络,积极与非洲能源部门开展技术转让,并对非洲相关从业人员进行培训使其掌握这些技术。印度的 RIL 公司(Reliance Industries Limited)与尼日利亚签订了一份关于技术转让的协定,其中就涉及印度对尼日利亚工人进行炼油、油气资源开发等相关技术培训的内容。②

印度在清洁能源领域的科技发展水平不高,但是,出于战略考虑,印度一向积极与非洲开展清洁能源合作。如在亚的斯亚贝巴举行的国际可再生能源机构(IRENA)非洲高级别论坛上,印度清洁能源与可再生能源部提出,印度要加强与非洲国家在新能源领域的合作,在实施非洲农村地区电气化项目的基础上,进一步开展太阳能和生物质能合作,计划在非洲建设 40 个太阳能电站和 40 个生物质能燃气工程。③ 同时,印度愿意与非洲国家共享新能源方面的发展经验,仅 2011 年到 2013 年,印度可再生能源部就为非洲免费提供了 250 个培训名额,培训内容涵盖农村电气化、小水电建设、太阳能和风能等领域。④ 从国家间的双边及多边合作来看,印度与南非、埃及合作较多。例如,印度、巴西和南非三国政府签订了《印度、巴西、南非关于风能领域合作备忘录》;与埃及签署了《印度—埃及可再生能源合作谅解备忘录》,合作领域包括基于多边利益之下的联合研究和科技项目的实施等。

---

① 王新影:《印非关系新发展及其中印在非洲的合作》,《和平与发展》2011 年第 6 期。
② 常思:《印度对非洲能源外交研究》,硕士学位论文,上海师范大学,2013 年,第 22 页。
③ 《印度加强与非洲国家新能源领域合作》,2015 年 1 月,http://www.most.gov.cn/gnwkjdt/201107/t20110726_88508.htm。
④ 同上。

第二，医疗卫生领域的科技合作。① 落后的医疗卫生条件一直是困扰非洲人力资源建设乃至整个经济社会发展的难题。长期以来，印度在非洲的医疗服务领域有着广泛的存在，印度及印度裔医生在非洲国家广受赞誉，印度国际医院在非洲落地生根，并且有许多非洲人前往印度就医。近年来，以第二届印非峰会通过的《印非加强合作框架协议》为指导，印非在国民健康领域的科技合作不断加强。双方在传统药物研发领域通力合作，将最新技术成果应用于艾滋病、结核、疟疾等疾病的防治中，并共同分享在医疗保健系统和社区医疗项目建设中的实践经验；印度充分发挥其远程电子医疗技术的作用，改善非洲农村地区的基础医疗供给，还通过对非洲本土医疗从业人员的专业培训及后续教育，为非洲"快速减少产妇死亡率行动"提供支持。②

非洲一半以上的药品需要进口，由于印度生产的药品（尤其是非洲国家所急需的抗艾滋、疟疾药品）质量好且价格远低于欧美国家，因此，印度成为非洲最重要的药品进口市场，2002年至2010年，医药行业占印度对非贸易成交量的21%。③ 印非双方在生物制药领域有着很强的互补性，其科技合作很大程度上是顺势而为，其中印度制药企业发挥了重要的作用。例如，2008年，印度西普拉制药公司（Cipla Pharmaceuticals）注资乌干达品质医药，并为其提供制造、检测及工厂日常运营所需的技术，品质医药随之成为当地最大的本土制药企业，其生产的抗逆转录酶病毒药品单位成本降至10美元，极大地造福了乌干达艾滋病患者并带动了当地就业。④ 2011年以来，在"印非医药制造与采购框架协议"下，印非双方加大了对伪劣药品的打击力度，在制药与供应领

---

① 张永宏、赵孟清：《印度对非洲科技合作：重点领域、运行机制及战略取向分析》，《南亚研究季刊》2015年第4期。

② "Second Africa-India Forum Summit 2011: Africa-India Framework for Enhanced Cooperation, MEA", 2015-03-29, http://www.mea.gov.in/bilateral-documents.htm? dtl/34/Second + AfricaIndia + Forum + Summit + 2011 + AfricaIndia + Framework + for + Enhanced + Cooperation.

③ Dipali Krishnakumar, Madhvi Sethi, N. K. Chidambaran, "Foreign Direct Investment and Strategic Partnerships: Cross Border Acquisitions between India and Africa", *Procedia-Social and Behavioral Sciences*, Vol. 157, 2014, p. 49.

④ 刘二伟：《印度走向政治大国的非洲外交研究》，硕士学位论文，上海师范大学，2010年。

第二章　美、欧、日、印与非洲开展科技合作的特点与走势　／　185

域的公私部门合作也得到进一步强化。

第三，农业生产领域的科技合作。① 非洲大陆拥有丰沛的农业资源，但专业能力的缺乏制约其农业发展潜力的释放。生物技术及农民自主开发能力是非洲农业实现跨越式发展的关键要素。长期以来，印度非常重视与非洲共享农业发展经验。21 世纪之初，印度政府发起了"印非农业合作伙伴计划"（India Africa Partnership in Agriculture，IAPA），以此支持非洲国家解决粮食与农业发展问题。② 第二次印非峰会期间，印非双方就"非洲农业综合发展计划"（CAADP）的合作实施达成一致，围绕联合国千年发展计划，努力将遭受饥饿与营养不良的人口比例减少一半。以此为基点，印度与非洲国家在提高粮食产量、保护耕地与自然环境、保证粮食安全、抑制不断上涨的食品价格方面展开了广泛的农业科技合作。③ 如埃塞俄比亚和印度签署了农业科研合作备忘录，④ 尼日利亚与印度公司合作提高棉花产量，⑤ 印度投入 2700 万美元用于塞内加尔的农业帮扶计划，以期能够在三年内使其稻米产量翻倍。事实上，印度与多个非洲国家签署了双边农业合作协议。例如，印度与埃塞俄比亚签订协定，帮助埃塞俄比亚大幅提高糖产量，涉及金额达 13 亿美元，其中，印度通过进出口银行提供总额 6.4 亿美元的信贷和技术支持；与博茨瓦纳、加纳签署协议，开展农业研究与生产合作，实施农村电气化建设和饮用水净化工程。⑥ 印度与莫桑比克在农业（例如豆类的种植和销售）、打击跨境贩毒、促进青年体育事业等方面进行合作。印

---

① 张永宏、赵孟清：《印度对非洲科技合作：重点领域、运行机制及战略取向分析》，《南亚研究季刊》2015 年第 4 期。

② Sukalpa Chakrabarti, Ishita Ghosh, "FDI in Africa A Comparison of the Indian and Chinese Experience", *Procedia-Social and Behavioral Sciences*, Vol. 157, 2014, p. 344.

③ "Second Africa-India Forum Summit 2011: Africa-India Framework for Enhanced Cooperation, MEA ", 2015 – 03 – 29, http://www.mea.gov.in/bilateral-documents.htm? dtl/34/Second + AfricaIndia + Forum + Summit + 2011 + AfricaIndia + Framework + for + Enhanced + Cooperation.

④ 《埃塞俄比亚和印度签署农业科研备忘录》，2015 年 1 月，http://www.mofcom.gov.cn/aarticle/i/jyjl/k/201112/20111207889025.html。

⑤ 《尼日利亚与印度公司合作提高棉花产量》，2015 年 4 月 1 日，http://www.mofcom.gov.cn/aarticle/i/jyjl/k/201207/20120708221131.html。

⑥ 朱顼：《浅谈印度与非洲经贸关系发展现状及原因》，《现代经济》2008 年第 11 期。

度提供4000万美元贷款支持赞比亚农业发展,内容包括帮助赞农民改进种植方法、灌溉系统和收获技术,以提高赞粮食产量和农民收入。此前,印度政府已向赞政府提供5000万美元贷款,帮助后者在农村地区建立650个医疗点。此外,印度政府还拨款500万美元支持赞卫生、教育和社会领域的发展。① 印度 Mahindra and Mahindra (M&M) 公司在内罗毕开设东非农机设备交易中心,为当地农机设备、技术提供交易平台,同时也方便国际农机合作伙伴间的交流。另外,印度 Sanghi 水泥公司在肯新建水泥厂,该绿地投资项目占地650英亩,造价约为15000万美元。② 此外,印度还积极利用多边机制开展对非农业科技合作,如印度与美国共同推出了针对肯尼亚、利比里亚、马拉维三国的"印美非三边农业培训项目"③。

　　第四,信息通信领域的科技合作。④ 近年来,印度发挥自身在信息技术方面的传统优势,加大了与非洲在信息通信领域的科技合作,其中,自2007年以来开始推行的"泛非电信网络计划"影响十分突出。"泛非电信网络计划"是由印度与非洲联盟共同合作开展的,印方出资10亿美元用于项目建设,计划通过卫星、光纤及无线网络实现非洲大陆所有国家之间的互联互通,印度还将通过该网络协助非洲的远程教育和远程医疗,缩小非洲地区的数字鸿沟。例如,印度与埃塞俄比亚开通"远程医疗网"作为"泛非电信网络计划"的试运行项目,通过"远程医疗网",埃塞俄比亚医生可以就医疗上的疑难问题向印度同行求助,这对缓解非洲国家医疗资源匮乏的境况大有助益。印度出资1.25亿美元,在塞舌尔、津巴布韦等11个非洲国家开始了第一阶段的通信项目建设。2014年以来,该计划已扩展至48个非洲国家,其涉及内容也更

---

① 驻赞比亚使馆经商处,2016年6月30日。
② 驻肯尼亚使馆经商处,2016年5月31日。
③ "U. S. -India-Africa Triangular Partnership to Improve Agricultural Productivity and Innovation in African Countries, MEA", 2015 - 04 - 06, http: //www. mea. gov. in/press-releases. htm? dtl/21058/USIndiaAfrica + Triangular + Partnership + to + Improve + Agricultural + Productivity + and + Innovation + in + African + Countries.
④ 张永宏、赵孟清:《印度对非洲科技合作:重点领域、运行机制及战略取向分析》,《南亚研究季刊》2015年第4期。

加宽泛,包括电子政务、电子商务、信息娱乐、资源映射等各种技术支持,此外还有专供非盟成员国首脑间会谈的安全系统。远程教育受到了非洲学生的极大欢迎,现今已经有2000多名非洲学生在线学习印度五所重点大学的课程。在远程医疗方面,印度医学专家已经举办了近700场继续医学教育讲座。为了使项目更为优化,印度还在非洲区域设置讲习班专门提供远程教育与远程医疗方面的培训。① 在移动通信领域,巴蒂集团(Bharti Group)等印度大型电信公司通过对部分非洲国家电信市场的注资与技术援助,进一步提升了相关国家在信息通信领域的市场竞争力。2010年7月,印度太空与研究组织将安哥拉的卫星ALSAT 2A成功地送上太空。②

第五,工业领域的科技合作。③ 印度将在莫桑比克设立"逆向经济特区"。印度化工和化肥部计划在拥有大量石油和天然气储备的莫桑比克设立"逆向经济特区",兴建化肥与石油化工厂。从印度的角度看,"逆向经济特区"是在他国设立"一小块印度",生产专门输往印度的产品。所选的特区通常拥有丰富的所需原材料(因此成本较低)。产品运抵印度时,可免缴进口税。④ 印度帮助非洲国家发展珠宝黄金业。印度已为包括南非在内的非洲钻石与黄金生产国提供技术支持和技能培训,帮助其发展珠宝业。印度相信,作为世界上最大的原石黄金消费国,自身也将受益匪浅。尽管非洲一地在全球钻石总产量中就占了将近50%的份额,但传统上,印度的大部分原石都来自安特卫普、比利时。印度希望南非、博茨瓦纳、加纳、纳米比亚和安哥拉成为其新的原石供应商国,以巩固印度作为全球最大的钻石切割与抛光中心的地位。⑤ 南印合作领域包括农产品加工、医药生产、矿业、信息技术、可再生能

---

① "Power of an Idea: Connecting India and Africa via e-network, MEA", 2015 – 04 – 01, http://www.mea.gov.in/in-focus-article.htm? 23935/Power + of + an + Idea + Connecting + India + and + Africa + via + enetwork.

② 《印度对外事务部年度报告(2010—2011)》,2010年8月,第46页。

③ 张永宏、赵孟清:《印度对非洲科技合作:重点领域、运行机制及战略取向分析》,《南亚研究季刊》2015年第4期。

④ 驻莫桑比克使馆经商处,2016年6月30日。(Macauhub, 2016 – 06 – 17)

⑤ 非洲商业观察,2016年4月26日。中非基金:《非洲动态》2016年4月。

源、创新发明、水资源保护、垃圾处理、金融、基础设施建设、人员培训和国防建设等。南非支持印度加入核供应国集团。南印两国计划在2018年双边贸易额达到180亿美元。①

第六，国防技术合作。在印度与非洲国家的国防合作中，海军合作是其中的重要方面。印度洋一直被印度战略家称为"命运之洋"，被认为与印度前途休戚相关。因此，与非洲环印度洋国家之间的海洋国防合作，成为印度长期以来的战略目标。如，印度近几年来积极发展同非洲之角国家、坦桑尼亚、莫桑比克、马达加斯加、塞舌尔、毛里求斯等国以及南非等印度洋沿岸国家的海军技术合作。②

第七，教育培训领域的科技合作。教育培训是印度对非科技合作中极为重要的一个领域。就教育文化而言，主要是提供奖学金，帮助非洲大学生完成其大学及研究生课程的学习，援助非洲研究人员，从而加强印度与非洲的科技联合研究。在印度外交部协助下，印度文化关系委员会根据一般文化奖学金、英联邦奖学金、研究生奖学金、非洲日奖学金等21项奖学金计划，每年提供2325份奖学金，其中有500份奖学金专门授予非洲。印度大学每年约招收1.5万名非洲留学生，在此基础上，印度总理辛格不断扩大对非教育援助规模，计划在三年里向非洲提供2.2万份奖学金，并在非洲建立超过80项加强能力建设的设施。③ 与此同时，印度还积极利用"泛非电信网络计划"这一平台促进双方远程教育合作。

在人力资源培训方面，自1964年开始实施的"印度经济技术合作计划"及配套的"特别英联邦非洲援助方案"发挥着基础性作用。现今"印度经济技术合作"计划主要涉及以下几个方面：民用及国防方面的项目培训，包括财政、信息技术、管理、英语、乡村发展、环境及清洁能源等课程；咨询服务，主要是对相关项目进行可行性研究并提供对策建议；派遣专家，向伙伴国家提供技术援助；考察学习，组织伙伴

---

① Macauhub, 2016 - 07 - 08。新华非洲, 2016年7月10日。
② 杨恕、张茂春:《印度加强对非关系》,《和平与发展》2009年第1期。
③ 徐国庆:《印度对非洲文化外交探析》,《南亚研究》2013年第3期。

国代表在印度进行为期两至三周的观光考察。① 该计划覆盖面广、针对性强,许多原属中下层的非洲青年通过在印度培训获得的专业知识找到体面的工作,有些还跻身非洲精英阶层,这就在一定程度上增加了印度在非洲的影响力。更值得一提的是,诸如钻石切割技术、皮革设计与制造等许多贴近民生的"小技术"培训在非洲大受欢迎。在印度政府的主导下,印度全国小型工业有限公司(The National Small-Scale Industries Ltd.)为非洲国家提供小型工业方面的咨询及技术培训服务。②

2. 印非科技合作的运行机制

目前来看,印非科技合作还没有诸如"中非科技伙伴计划"这种专门性的机制平台。印非双方的科技交往主要渗透在印度政府对非援助活动及跨国公司与非洲的经贸关系中。但是,印度已经形成了一个在政府统筹主导下,企业与非政府组织联动参与,双边与多边层面共同发展的对非科技合作机制网络。

首先,印度政府统筹主导。③ 发展援助是印度政府对非科技合作的一大平台。据统计,在印度对外援助中,人力资源培训占到了60%,项目可行性分析与专家派遣占到了10%,其余30%主要是为印度企业提供出口信贷优惠,使外国政府有能力购买印度的产品与服务。广义上看,印度对外援助项目有一半以上内容与科技交往相关。④ 印度技术经济合作项目(ITEC)、英联邦非洲国家特别援助项目(SCAAP)、科伦坡计划(Colombo Plan)作为最早期的资金、技术及教育培训项目一直延续至今。进入21世纪,印度政府进一步加大了对非经济技术援助的力度,先后发起了"聚焦非洲计划"(Focus Africa)、"印非技术经济协作运动"(简称"TEAM-9"计划)、"印度发展计划"(India Develop-

---

① "Indian Technical and Economic Cooperation (ITEC) Programme, MEA", 2015-04-06, http://www.itec.mea.gov.in/?1320?000.

② Dr. Akhilesh Chandra Prabhakar, "India's Technological co-operation with East Africa: Status & IssuesIntroduction", 2015-03-22, http://www.insouth.org/index.php.

③ 张永宏、赵孟清:《印度对非洲科技合作:重点领域、运行机制及战略取向分析》,《南亚研究季刊》2015年第4期。

④ Faisal Ahmed, Vipul Kumar Singh, "An Indian Model of Aid: Rethinking Policy Perspectives", *Procedia - Social and Behavioral Sciences*, Vol. 157, 2014, p. 197.

ment Initiative)、"泛非电信网络计划"等大型援非项目。

在以政府为主体的印非科技合作架构中,印度外交部发挥着高层统筹作用。外交部下辖的印度技术与经济合作部(ITEC)与印度文化委员会(ICCR)为具体执行机构,前者主要负责对非经济技术援助活动,后者主要管理对非文化交流项目。与此同时,ITEC、SCAAP 与 ICCR 还共同承担对非技术培训工作。2012 年 1 月,为加强对外援助工作,印度外交部建立了由助理秘书担任领导的发展援助局或称发展伙伴关系署(Development Partnership Administration,DPA),将外交部下属的对外援助和发展项目统归其下。发展伙伴关系署(DPA)下分三个部门,第一个部门专门负责东非、南非与西非地区的资助项目。①

与外交部的职能不同,印度财政部与其下辖的印度进出口银行(EMIN Bank)负责确定对非实际援助额及信贷额度。2003 年,印度政府在财政部下设立了针对南亚与非洲地区的"印度发展计划",并于 2007 年再次完善其职能,使其负责印度对外资金、科技援助和海外形象推广活动。同时,印度进出口银行还负责许多对非大型援助项目的信用贷款,"聚焦非洲计划""TEAM-9"计划便是其中的典型代表。印度进出口银行向对象国提供信用贷款,印度企业承担当地项目建设是其合作的主要模式。

此外,印度科技部专门负责国际科技合作的组织管理。其中,生物技术部、科学与工业研究部对外科技合作活动由印度科技部统筹领导,剩余其他部门可直接开展与各自领域有关的国际合作。在工业技术领域,隶属于科技部的印度科学与工业研究理事会与苏丹等非洲国家的一些科研组织、大型企业建立了合作关系,每年约有近百名来自非洲国家的科学家在该理事会实验室接受培训。

其次,双边合作与多边合作共同发展。② 受制于印度有限的经济、外交力量,在双边科技合作关系中,印度主要是选择非洲重点国家进行

---

① "Development Partnership Administration, MEA", 2015 – 04 – 06, http://mea.gov.in/development-partnership-administration.htm.

② 张永宏、赵孟清:《印度对非洲科技合作:重点领域、运行机制及战略取向分析》,《南亚研究季刊》2015 年第 4 期。

推进，以有影响力的地区大国为中心进而辐射整个印非关系网络。在印度与南部非洲的科技合作中，重点项目主要集中于南非；在与西非的科技关系中，相对偏重尼日利亚；在东北非地区，埃及、埃塞俄比亚、肯尼亚等则是重点。并且，印度更为重视与其战略利益密切相关的国家，如毛里求斯等与其有着传统友好关系的东南非国家，苏丹等石油资源丰富的国家，印度对非洲的经济技术援助以及奖学金计划主要集中于此。目前，印度已与埃及政府签订了经贸技术合作、医药卫生等多项优惠协议，与毛里求斯就《全面经济合作与伙伴关系协议》进行了多次谈判，并取得了突破性进展。

印度还十分重视通过多边机制发展与非洲的科技关系。印非论坛峰会是印度政府与非洲国家政府建立的国家最高层面的多边对话机制，涵盖政治、经济、科技、文化等多方面内容，自 2008 年成立以来，便成为推动印非科技合作关系发展的重要平台。2008 年首届印非论坛峰成果——《印度—非洲合作框架协议》将科技列为印非双方合作的重点领域，印度提供 54 亿美元的信贷，支持非洲国家在信息技术、通信和能源以及生物医药领域的发展，同时还大幅增加了对非技术人才的培训。在 2011 年举办的第二届印非峰会中，人才培养和能力建设依然是印非合作的支柱，双方在信息技术、卫生医疗、农业发展等领域的科技合作更加深入。与此同时，印度还积极加强与非洲区域性组织的联系。例如，印非论坛峰会得到了非洲联盟（African Union）的大力支持，"泛非电子网络工程"也是与非盟共同合作开展的。2005 年，印度成为非洲能力建设基金会（ACBF）的第一个亚洲成员国，并承诺为该基金会的可持续发展与减贫能力建设资助 100 万美元。[①] 近年来，"印度经济技术合作计划"也由国家间关系扩展至区域性层级，一些区域性组织及多边机构积极参与到该项目中，其中涉及非洲国家的组织主要有七十七国集团（G77）、非洲联盟（AU）、环印度洋地区合作联盟（IOR-ARC）、泛非洲议会（Pan African parliament）、亚非农村发展组织

[①] 王蕊：《解密印度对非洲的经贸攻略》，《经济》2012 年第 3 期。

(AARDO) 等。① 此外，印度还在国际范围内寻求更广泛的对非科技合作。不结盟国家科技中心、"印度、巴西、南非三边对话论坛"（IBSA）便是其中的典型代表。

再次，企业与非政府组织的联动参与。② 在市场层面，印非科技合作关系寓于印非经济关系中。因此，印度企业，特别是印度私营企业在对非科技合作中表现十分活跃，逐渐成为引进、推广先进技术及管理经验的先锋力量。塔塔集团（Tata Group）、马亨德拉集团（Mahindra Group）等大量大、中、小型私有企业很早——有些甚至在20世纪60年代——就进入非洲，并建立了自己的合作伙伴关系。塔塔集团还利用曾与南非共同被英国殖民化的历史缘由，在南非建立各种技校，以帮助南非黑人进行能力建设为突破口，提升企业形象，进而扩展其非洲市场。2003年，印度政府取消了企业对外直接投资额的限制，并出台了一系列鼓励措施推动企业对非投资，带动了大批企业走进非洲。以埃塞俄比亚为例，约有400个印度公司投资其采矿业、园艺业、建筑业、制造业、纺织业和皮革业，投资总额已达数十亿美元。③ 近年来，在高端技术合作领域，印度软件、医药企业，如信息系统技术公司、维普罗公司等利用高端技术带动对非投资，成为印非科技合作的亮点。

除企业自发的对非经贸活动外，印度政府还积极为企业搭建对非经贸及科技交往平台。例如，许多杰出的企业管理者在印度政府的组织下，每年赴非洲考察交流，并举办科技展来吸引非洲目光；2005年，在印度外交部与工商部的联合倡议下，"印度—非洲伙伴关系会议"创立，印度进出口银行与印度工业联合会负责具体实施，其主要目的是向非洲投资的印度企业提供政策、资金和信息支持；印度进出口银行协同印度工业联合会（CII）举办印非项目合作会议，推动印非双方签署合作项目。④

---

① "Indian Technical and Economic Cooperation（ITEC）Programme，MEA"，2015 – 04 – 06，http://www.itec.mea.gov.in/? 1320? 000.
② 张永宏、赵孟清：《印度对非洲科技合作：重点领域、运行机制及战略取向分析》，《南亚研究季刊》2015年第4期。
③ 王新影：《印非关系新发展及其中印在非洲的合作》，《和平与发展》2011年第6期。
④ 同上。

印度的非政府组织在对非科技合作架构中发挥着内外联动作用。在印度工商联合组织（FICCI）和印度工业联合会（CII）的牵头下，印度企业已经与部分非洲国家建立了经贸关系的常态联系机制，双方利用经济联合会和联合贸易委员会等平台进行定期会晤与研讨。部分公益性的非政府组织也十分活跃。印度"赤足学院"（Barefoot College）行走在非洲多国，为非洲农村及广大贫困地区提供知识技能培训；印度"关爱眼睛基金会"（IECF）为上万名尼日利亚病人进行免费手术。[①] 此外，一些由非政府组织发起的科技合作项目得到政府的支持，例如，"印度制造展"（"Made In India" Shows）便是印度工业联合会在印度工商部的支持下自1995年起在非洲推出的，它在向非洲推介印度产品、服务、咨询、技术与设备方面起到了窗口性的作用。[②]

（三）印度对非科技合作的战略取向

21世纪以来，印度对非外交战略日趋务实与活跃，以技术和项目援助为主的科技合作成为其加强对非政治经济影响力的重要手段。综合以上对印非科技合作的重点领域及运行机制的分析，不难看出，印度对非科技合作有着明显的战略取向。其中，能源与市场是其核心指向，增强地缘影响力是其战略诉求，强化与大国在非洲角逐的筹码是其基本目标。

第一，对能源与市场的现实需求。[③] 从印度国内层面看，积极开展对非科技合作主要是基于能源安全与经济利益方面的考量。近年来，印度经济发展迅速，国内能源匮乏的现状难以满足印度高耗能的发展需要。在印度对外能源依存度不断加深的情况下，过度依赖中东地区的能源供应无疑增加了其能源安全的脆弱性。因而，非洲丰富的矿产资源对印度形成了极强的吸引力，它不但能满足印度对能源的迫切需要，还能使其减少对海湾地区能源的过度依赖，进而维护国家能源安全。印度一

[①] "Indian NGO Conducts Free Eye-surgeries On 9,000 Nigerians"，2015-04-02，http://ngonewsafrica.org/archives/559.

[②] 张永宏、赵孟清：《印度对非洲科技合作：重点领域、运行机制及战略取向分析》，《南亚研究季刊》2015年第4期。

[③] 同上。

位学者明确表示:"印度需要非洲的石油和天然气,不进入这个能源市场,印度经济将可能陷入泥潭。"① 但是,发展能源工业需要大量的资金投入且回报周期长,而印度恰恰缺乏能源扩展资金,因此,印度利用多种方式积极开展对非能源外交。其中,资金、技术、人才等对非科技投入既能缓解印度资金缺乏所带来的投资压力,同时也是减少争议、消除非洲国家"疑虑"的一剂良药。在"以援助换石油"模式指导下,2004年,印度向塞内加尔、加纳、马里等西非八国提供5亿美元贷款,用于开展"TEAM-9"计划,其用意便是为了加强与西非地区产油国的联系,以经济技术援助推动能源合作关系。此外,尼日利亚作为印度进口石油的主要国家,为密切双边联系,印度着重发展与尼日利亚的经济技术关系,接收大量尼日利亚国家议会秘书处成员前来印度培训,对尼日利亚人力资源开发进行援助。② 从本质上看,印度的方式是互惠性的,它是希望通过技术与人力资源投资来换取通向非洲自然资源之路。

非洲作为目前全球经济增长最快的大陆,其消费市场潜力不容小觑,对印度企业来说,非洲是其迈进国际市场的重要跳板。近年来,印度企业充分利用高端技术带动对非投资,科技合作已经成为促进印非经贸关系发展的一种手段。印度把非洲视为其世界经贸大战略的重要组成部分,而印度的投资与技术也正是非洲发展所急需的。非洲对信息产业、医疗设备、制药技术、分子生物技术、电子技术等高端科技的需求极大,而这些高技术产业恰好是印度的技术优势所在,这也就成为印度对非洲投资的新动力。③ 据印度工业联合会(CII)和世界贸易组织(WTO)联合报告,2012年印度在非洲的投资超过500亿美元,2005年至2011年,印非双边贸易额每年增长将近32%。④ 之前,印度对非洲

---

① 殷蕾:《印度的非洲能源战略——基于石油资源利用的考量》,《江南社会学院学报》2013年第1期。
② 亢升:《印度扩展非洲石油市场份额的策略》,《亚太经济》2012年第3期。
③ 亢升:《印度扩展与非洲经贸关系的策略及对中国的启示》,《宏观经济研究》2012年第12期。
④ CII/WTO, "Indian-Africa: South-South Trade and Investment for Development", 2013, p. 4.

的投资主要集中在能源矿产领域。近年来,以能源合作为辐射点,印度加大了在医疗卫生、生物制药、信息通信等基础设施及高新技术产业上对非洲的投资力度,其对非洲的市场战略着眼点远远超出了单纯获取能源资源的范畴。以"泛非电信网络计划"等项目建设为契机,印度企业以网络信息技术为先导逐步抢占非洲电信市场。以印度最大的通信设备商巴蒂集团(Bharti Group)为例,它在2010年进入非洲电信市场并在15个非洲国家收购非洲电信运营商扎因电信。[1] 此外,印度的中低端小技术非常适合非洲的发展实际,由此,印度中小私人企业积极通过惠及民生的小技术合作带动对非洲的商品出口,这主要包括纺织服装、皮革制品、羊毛制品、加工食品、体育用品、珠宝首饰和手工制品等产业。

第二,增强地缘影响力的战略诉求。[2] 对大国地位的追求一直是印度国家发展进程中的精神动力,为实现"大国梦",印度积极拓展在印度洋区域的影响,试图成就在印度洋的"霸主"地位。早在20世纪三四十年代,印度历史学家潘尼迦便指出:"独立后的印度必须以本土为依托,打造一个环孟加拉湾、新加坡、毛里求斯、索科特拉岛和锡兰在内的海洋钢环。"2007年,印度政府在其官方文件中又正式提出:"控制从非洲之角延伸到好望角和马六甲海峡的咽喉要塞对阻止外来强国渗入印度洋极为关键。"[3] 由此,在基于地理优势与大国自信的基础上,印度突破了冷战时期仅囿于南亚地区的地缘战略,开始了"东进"马六甲、"西向"阿拉伯海的印度洋控制战略。为扩展更大的战略空间,非洲地区,特别是非洲东海岸地区必须纳入其考量范围。从印度的现有实践来看,"安全"与"反恐"已成为印度联合非洲拓展其地缘影响力的两大关注点。同时,从上文对印非科技合作机制的考察中也不难发现,印度正在着力发展与其地缘战略密切相关的非洲国家双边科技关系,向有关国家提供"能力建设援助",是其"硬实力"需求下的"软

---

[1] 《印度拓展非洲市场》,2015年1月,凤凰网(http://finance.ifeng.com/a/20130731/10306452_0.shtml)。

[2] 张永宏、赵孟清:《印度对非洲科技合作:重点领域、运行机制及战略取向分析》,《南亚研究季刊》2015年第4期。

[3] 葛汉文:《印度的地缘政治思想》,《世界经济与政治论坛》2013年第5期。

帮扶"手段。

在安全领域，印度积极发展与非洲群岛国家及东部海岸国家的关系，以此扩展印度海军的影响范围，进而强化印度在印度洋西南部的军事存在。早在1997年，印度、南非、毛里求斯、肯尼亚、坦桑尼亚等14个印度洋沿岸国家便成立了环印度洋地区合作联盟组织，以加强彼此在印度洋地区的军事与安全合作，然而就该组织的现实功效而言，它更多是在促进成员国之间的经贸合作，可以说，即便是在推进印非军事关系的层面，经济技术合作也是印度争取非洲不得不关注的一个方面。毛里求斯、马达加斯加与塞舌尔是印度极为重视的三个关键岛国。就毛里求斯而言，其因独特的地理位置被誉为"印度洋上的明珠"。毛里求斯印度移民的后裔大约占总人口的70%，[①] 鉴于此，印度一直与毛里求斯保持着亲密的联系。2007年，印度租借了毛里求斯的阿莱加群岛以备成为印度海军长远规划中的军事基地，作为回报，印度积极为毛里求斯提供军事技术支持，并帮助其培训飞行员。非洲之角、坦桑尼亚、莫桑比克、南非等非洲东海岸国家同样对印度有着极强的地缘吸引力。以莫桑比克为例，它控制着国际重要航道莫桑比克海峡。为加强与莫桑比克的军事关系，2003年7月非盟峰会期间，应主办国莫桑比克的请求，印度派出海军协助其维持海岸线安全。同时，以维护印度洋共同安全为由，印度与非洲国家通力合作，打击印度洋地区恐怖主义。并且，印度积极支持联合国在非洲地区的维和行动，联合国每次在非洲的维和行动，几乎都有印度军队的参与。此外，印度还大力帮助非洲国家进行军事人才培训。[②]

第三，与大国角逐非洲的务实选择。[③] 21世纪以来，世界大国积极强化在非洲的存在。目前来看，已经形成了一个以美中法为"第一梯队"，英德俄为"第二梯队"的竞逐非洲格局，这无疑点燃了印度进军非洲的热情。并且，从实用主义与功利主义的角度来看，印度"争常"

[①] 朱明忠:《印度与非洲（1947—2004）》,《南亚研究》2005年第1期。
[②] 沈德昌:《试析冷战后印度对非洲的外交政策》,《南亚研究季刊》2008年第3期。
[③] 张永宏、赵孟清:《印度对非洲科技合作：重点领域、运行机制及战略取向分析》,《南亚研究季刊》2015年第4期。

迫切需要得到非洲的支持。但对于印度来说，受自身国情所困，很难利用单纯的政治或军事手段加强在非洲的存在，通过人才培养、技术培训这些争议较少的领域进入非洲，是印度争取在非战略空间并走向大国之路的一条捷径。

争取成为联合国常任理事国是印度近年来的核心外交目标之一，早在20世纪90年代，印度就提出了该要求。2005年，印度与日本"争常"失败，其中一大原因便是未能获得非洲国家的充分支持。自此之后，两国均加大了对非洲的外交公关力度，扩大对非援助规模，但相较而言，二者的侧重点明显不同。日本主要打出了"经济牌"，对非洲进行大手笔的经济援助；而印度则打出了"科技牌"，以期通过向非洲输出教育、文化、技术等"软实力"的方式，经营印非关系，进而获得非洲国家的政治支持。而事实证明，虽然印度对非洲的援助规模远小于日本，且某些援助承诺未能兑现，但"印度模式"的效果要好于日本。[1] 相较于带有明显功利性的金钱外交，科技合作显然有助于建立更持久的国家间互信关系，并且也更易于被受援国接受。

扩展到世界层面来看，对非发展援助也是各大国争取非洲的主要途径。近年来，国际援助方式发生了显著的变化，技术合作占发展援助的比例越来越大，在国际官方发展援助中，科学技术合作形式的资金比例由1960年至1966年的4.1%上升到1997年至2005年的26.6%。[2] 作为"南南合作"的发起国之一，为了加强在非洲地区的话语权和影响力，印度一直在倡导对非合作的"新模式"，将科技合作与能力建设作为印非关系的持续增长点。自二战以来，印度给予非洲最有力的支持也正是在人力资源培训方面，印度在非洲的"培训师"的形象已深入人心。可以说，对非科技合作是印度"低投入"下的"高产出"之作，而印非之间的情感渊源与印度技术在非洲的适宜性是双方科技合作能够有效开展的两大基础。

---

[1] 杨恕、张茂春：《"争常"失败后日本与印度的非洲政策比较》，《西亚非洲》2008年第11期。

[2] 唐丽霞、周圣坤、李小云：《国际发展援助新格局与启示》，《国际经济合作》2012年第9期。

一方面，印度拥有的技术是非常适合非洲国家的。西方国家昂贵的技术需要改造后才能契合非洲本土的发展情况，而同为发展中国家，印度的纺织、农业、食品加工业、信息和传播技术、珠宝工业以及中小企业等都具有值得非洲借鉴的经验，这就为印度以技术赢得非洲提供了良好的条件。另一方面，在印非交往过程中，印度一直强调其与非洲的历史渊源及情感联系，自圣雄甘地起，印度就开始为印非关系建构一种道德基础。长期以来，印度一直以甘地思想的人本主义为价值理念，对非洲进行民生援助。在双方的科技关系中，以贴近民生的科技合作体现道义是印度的一大着力点。在援助的具体领域，印度更加重视非洲受援国的意愿和需求。根据上文对印非科技合作重点领域的分析可以看出，除能源领域的科技合作外，印度加大了对非洲民生领域的科技合作力度，这对提升印度在非洲的软实力，进而实现其在非洲的战略利益意义重大。[①]

应注意的是，2017年5月中国"一带一路"峰会期间，印度也在召开非洲开发银行（AfDB）峰会，印度总理莫迪开始谋划"亚非发展走廊"（AAGC，Asia-Africa Growth Corridor）。"亚非发展走廊"是印度与日本为整合南亚、东南亚、东亚、大洋洲、非洲地区经济而提出的战略，意欲通过重新发现古代航路，创造新的海上走廊，来促成一个"自由、开放的印太地区"。非洲无疑是下一轮世界经济发展的最前线，目前已有一批非洲国家经济增长率在7%—10%。[②] 在非洲，印度已经成为继中国之后比日本和美国更大的贸易伙伴。非洲东部和南部地区对印度具有非常重要的地缘政治利益，这次非洲开发银行峰会反映了印度对美国在非影响力下降、中国对非影响力上升的担心。"亚非发展走廊"计划有平衡中国区域影响力的意图，新德里和东京都打算借助该计划投资东部非洲的基础设施和能力建设项目，日本还将加入印度在伊朗重要战略港口恰巴哈港的扩建以及毗邻经济特区的开发。在斯里兰卡东部，两国

[①] 张永宏、赵孟清：《印度对非洲科技合作：重点领域、运行机制及战略取向分析》，《南亚研究季刊》2015年第4期。

[②] 《印度、日本联合抗中，欲打造另一条"丝绸之路"》，2018年6月，http://www.guancha.cn/global-news/2017_08_01_420923.shtml。

投入战略要地亭可马里港的扩建项目,同时还可能共同开发位于泰缅边界的达维深海港。① 这种趋势与特朗普的"印太战略"遥相呼应,势必加剧大国在东非的角逐强度。

---

① 《印日拟推"自由走廊"加强对非洲中东投资 外媒:抗衡"一带一路"》,2018年6月,http://www.cankaoxiaoxi.com/world/20170525/2038384.shtml;驻非盟使团合作交流处,2017年6月4日。

第三章

新时期中非科技合作的前景

一 中非科技合作面临的机遇和挑战

(一) 中非科技合作的可持续动力

2015年底,中国政府宣布将中非新型战略伙伴关系提升为全面战略合作伙伴关系,与非洲在工业化、农业现代化等领域共同实施"十大合作计划"。中非全面战略合作伙伴关系的确立,为中非合作论坛再树合作丰碑,为中非科技合作注入强劲的可持续动力。

2016年,中非高层互访频繁,不断增强合作动力。2016年1月,国家主席习近平访问埃及,双方签署了《中华人民共和国政府和阿拉伯埃及共和国政府关于共同推进丝绸之路经济带和21世纪海上丝绸之路建设的谅解备忘录》以及电力、基设、经贸、能源、航空航天、文化、科技、气候变化等领域多项双边的合作文件,推动中埃全面战略伙伴关系落实深化;[①] 2016年4月,尼日利亚布哈里总统访问中国,双方签署了基础设施、产能、投资、航空、科技、金融等领域合作文件。[②] 布哈里总统在北京结束与习近平主席的会谈后,随即指示成立一个技术委员会,以落实两国间铁路、电力、制造业、农业和固体矿产项目合作。国务院总理李克强表示,中尼将加强自贸区建设合作和产业对接,大力开展产能合作,以铁路、公路、水电站等基础设施建设为龙头,深化航

[①] 央视网,2016年1月22日。中非基金:《非洲动态》2016年1月。
[②] 新华非洲,2016年4月13日。

空、矿业、金融合作，扩大农业技术转让和农业投资；布哈里表示，尼政府愿同中方加强农业、矿业、制造业合作，推进沿海铁路以及公路、水电站等重要基础设施建设。① 2016年7月，刚果共和国总统萨苏访问中国，双方签署了外交、产能、经济技术、农业、文化、基础设施、金融及地方交流等领域双边合作文件。② 萨苏表示刚中关系牢不可破，两国多年来在基础设施、电信、水电、卫生等领域合作成果斐然，刚方愿以建立全面战略合作伙伴关系为契机，加强在经济特区建设、产能、贸易、人文等领域的合作。2016年9月，G20峰会在杭州召开，习近平在会见来华出席G20峰会的塞内加尔、南非、乍得、埃及四位非洲国家总统时指出，中国对非政策始终坚持真实亲诚的方针和正确义利观，同非洲国家团结合作是中国长期和坚定的战略选择；中非双方将着力实施中非"十大合作计划"，支持非洲加快工业化和农业现代化步伐；③ 为塞内加尔经济发展输送技术人才，助力塞内加尔加速实现工业化，提升农业现代化水平，提高自主发展能力；同南非加强双边合作、多边事务配合，推动中南关系、中非关系、金砖合作议程稳步发展；同乍方充分发挥能源合作的带动作用，中国政府鼓励中国企业扩大投资，帮助乍方增强自主可持续发展能力，帮助乍方加强国防、维和维稳等能力建设；同埃方加强产能、金融、民生、环保、基础设施领域合作，密切在国际和地区事务中的协调和配合。祖马表示，中方关注非洲发展，引领G20聚焦联动发展、联合国2030年可持续发展议程等发展议题，有力推动了在联合国、二十国集团、金砖国家、中非合作论坛等多边框架内的深入合作；④ 乍方表示愿加强同中方在可再生能源、矿产资源、贸易、民生、医疗卫生等领域的合作；⑤ 埃方表示愿加强同中方在工业、通信、技术、农业、水利、金融、地方管理、人力资源等领域的交流合作。⑥

---

① 《李克强会见尼日利亚总统布哈里》，2018年6月，http://www.gov.cn/guowuyuan/2016-04/13/content_5063764.htm。（新华非洲/驻尼日利亚使馆经商处，2016年4月14日）
② 新华非洲，2016年7月7日。
③ 杜尚泽、暨佩娟：《习近平会见乍得总统代比》，《人民日报》2016年9月4日。
④ 杜尚泽、黄发红：《习近平会见南非总统祖马》，《人民日报》2016年9月4日。
⑤ 杜尚泽、暨佩娟：《习近平会见乍得总统代比》，《人民日报》2016年9月4日。
⑥ 《人民日报》，新华社，2016年9月3日、4日。

非洲学者认为，G20 杭州峰会作为国际经济合作的主要论坛首次在中国召开，对于构建"创新、活力、联动、包容"的世界经济以及进一步促进中非关系意义重大，将对非洲产生深远影响。① 西方学者认为，中国在 G20 峰会上"发起支持非洲和最不发达国家工业化合作倡议"，将鼓励 G20 成员国帮助非洲和最不发达国家加速其工业化进程，通过能力建设、投资增长和基础设施建设，帮助减少这些国家的贫困并追求可持续发展；当前，非洲国家最急需的是基础设施投资、农业生产率的提高、城市化进程的快速发展、创新力增强以及人力资源提升，非洲严重依赖资源出口的经济发展模式需要改变，应实现工业结构多元化，在这些方面，中国的经验、技术、发展模式值得非洲学习。②

同时，中非政府间合作机制高效运行，中国与非洲多国召开多次重大会议并签署产能合作机制等，协调推动双边合作全面提速。2016 年 4 月，"中国—尼日利亚产能与投资合作论坛"在北京召开。论坛由国家发改委、外交部、国家开发银行与尼日利亚工业贸易投资部共同主办，中非发展基金、尼日利亚驻华使馆承办。中尼两国有关政府部门、地方政府、企业、金融机构代表共 500 余人参加了此次论坛。布哈里总统在致辞中表示，中尼建交 45 年以来，两国互信、互利、互进，双边贸易和投资合作取得重要成果，双方应加强在资源、交通、电力、农、林、渔、制造业、技术转移等领域的合作，尼日利亚欢迎中国企业投资兴业，尼方将提供税收等优惠政策，加强政府服务，提供有效法律保障。徐绍史表示，尼日利亚是非洲第一人口大国和第一大经济体，中尼开展产能和投资合作有利于尼加强基础设施建设，强化工业体系和制造能力，创造就业岗位和促进工业化进程，中方愿与尼方合作推进中尼重大产能与投资合作项目取得积极进展，深化中尼两国全面战略合作伙伴关系。③ 同月，中非产能合作研讨会在坦桑尼亚举行。该会由中国驻坦桑尼亚大使馆和坦外交部联合主办、达累斯萨拉姆大学中国研究中心承办，研讨会以非洲工业化为主题。中方表示，将加强中非发展战略对

---

① 中非合作论坛网，2016 年 9 月 5 日。
② 国际在线，2016 年 8 月 30 日。中非基金：《非洲动态》2016 年 8 月。
③ 新华网，2016 年 4 月 12 日。

接，通过实施"十大合作计划"，深化对非产业合作，推动非洲工业化、农业现代化进程。坦方表示，坦桑尼亚急需在资金、人才和技术上的支持，中国把坦作为产能合作的示范国恰逢其时，这将助力坦加快实现中等收入国家的目标。①

在中非全面战略合作伙伴关系的推动下，一方面，中非合作转型升级跨入快车道，机电产品成为拉动对非出口的重要引擎，不少对非投资重大项目取得积极进展，如启动中资非洲重卡项目、加纳燃气电厂项目，推进埃塞俄比亚轻工业园项目、埃及苏伊士经贸合作区拓展项目，打破仅参与工程建设的单一合作模式，整合多种方式，贸易、投资、工程等齐头并进，在非洲轨道交通、港口、电站等项目中嵌入规划、设计、管理、维护、运营等。② 另一方面，非洲多国争做中国"一带一路"支点。例如，多哥总统福雷已将自己的国家推荐为中国在西非地区发展"一带一路"的支点。福雷表示："多哥今天有这个决心，通过发展陆地和海洋基础设施的互联互通合作，成为中国在西非地区发展'一带一路'的支点。"过去十年，中国帮多哥修建了公路、铁路和港口等基础设施，在国际上备受关注。多哥希望发展物流走廊，将自身打造成西非物流枢纽、提升贸易便利化水平。③ 与此同时，很多非洲国家正在努力成为"一带一路"计划的"支点"。摩洛哥国王穆罕默德六世表示："摩洛哥不仅能使海上丝绸之路扩展至欧洲，还能使其扩展至与我方有多层次关系的西非国家。"④

国际科技合作是国家间关系的重要内容。长期以来，发达国家间的科技合作十分广泛，但发达国家与发展中国家间的科技合作则受到多重限制。第一，发达国家为了维护其在技术领域里的绝对优势，广泛运用知识产权工具不断抬高技术转移的门槛，制造技术壁垒，限制发展中国

---

① 《中非产能合作恰逢其时》，《国际商报》2016年7月11日（驻加纳使馆经商处，2016年7月12日）。
② 步欣：《扬帆破浪 中非经贸合作再启新征程》，《国际商报》2016年2月1日（商务部网站，2016年1月22日）。
③ 笔畅：《多哥愿做"一带一路"的西非支点》，《中国联合商报》2016年6月13日。
④ 《非洲各国争做中国"一带一路"支点》，2018年6月，http://china.cankaoxiaoxi.com/bd/20160601/1178298.shtml。

家掌握先进技术特别是重要的尖端科技。第二，发展中国家普遍缺乏对先进技术的消费能力和消化能力，严重影响国际科技合作的平衡发展。第三，全球知识创新的发动机主要在欧美，发展中国家创新能力不足制约着南南科技合作深入展开。然而，科技是第一生产力，发展中国家要生存、要实现现代化，就必须跟上科技的步伐，绝不能坐以待毙。随着新兴经济体的崛起，尤其是中国综合国力的不断增强，南南科技合作展现出广阔的生机，这将给全球发展带来新的格局和动力，具有深远的意义。

当前，在国际关系正处调整转型的时期，中国面临重新定位国际角色、形象、地位和影响力的挑战。发挥中非科技合作的基础性作用，巩固、深化中非关系，为南南合作提供示范，推动南北关系健康发展，是中国继经济因素之后，推动世界和平、发展的新动力，战略意义突出。

1. 中非科技合作是提升南南合作竞争力、建构新型南北关系的一个支点①

近年来，随着知识经济的不断发展，全球科技与经济联动的步伐不断加快，与之相适应，国际科技合作更加紧密、更加深入，出现了一些新的趋势。例如，合作重点以新兴产业、高技术产业为主，新能源产业、新材料产业、信息产业、生物产业、环保产业、海洋产业、空间产业、标准化集成管理产业等成为国际科技合作的重点领域；合作主体以企业合作为主，跨国公司不仅把大量 R&D 业务外包给大学、科研机构，而且在全球范围内设立 R&D 机构，逐渐成为推动国际科技合作的主角；合作形式更趋于科技合作与经济合作融为一体，多以市场为目标，基础研究、应用研究、工艺整合、市场营销一体化；合作走向更加关注学科交叉、学科综合，更加关注全球问题以及投资巨大、技术复杂、涉及面广的"大科学"，气候变化、能源危机、金融危机、环境污染、粮食安全、疾病防控、灾害预防、空间开发、海洋资源利用、人类基因组研究越来越成为国际科技合作的主要内容。

由于国际科技合作大量牵涉到重大的安全、发展主题，日益成为应

---

① 张永宏、王涛、李洪香：《论中非科技合作：战略意义、政策导向和机制架构》，《国际展望》2012 年第 5 期。

对全球问题、推动科技发展必不可少的路径，发达国家高度重视把国际科技合作纳入国家安全战略、外交战略、发展战略。仅在最近的三五年里，美国、欧盟及其主要成员国、日本就相继出台了一系列措施，大力提升国际科技合作的地位。2006年，英国全球科学创新论坛发布了"研究开发的国际合作战略"，对其国际科技合作进行了整体规划；2007年，德国政府设立了"国际研究基金奖"，支持其研发机构、高校建设顶级国际联盟；2008年，美国科学促进会成立了科学外交中心，国家科学理事会出台了一份题为"国际科学与工程伙伴关系——美国外交政策与国家创新体系的优先领域"的报告，以协调外交与研发的关系；欧盟委员会出台了《欧盟国际科学技术合作战略框架》，积极推动欧盟研发区内部与外部的联合；英国在《国家创新白皮书》中，进一步强调国际科技合作的重要性；日本推出《加强科学技术外交战略》报告书，强调要围绕全球性问题，加强与发展中国家的合作，夯实科技外交的基础。2009年，美国众议院通过了《国际科学技术合作法》，法国成立了"全球化、开发与合作总局"，日本设立了科学技术外交战略工作组，英国表示"在制定国际政策和外交上要发挥科学的新作用"。[①]2009年、2010年，美国两度任命科学特使，实质性地加强科技外交。[②]当前，高技术经济、知识经济快速成长，全球性问题影响突出，金融危机促使发达国家高度重视实体经济的发展，几股力量的汇聚，给国际科技合作注入了强劲的动力。

但是，从发展中国家的角度看，一方面，迫切需要通过国际科技合作解决现实问题，提升发展能力，寻求应对经济全球化挑战、实现跨越式发展的有效途径；另一方面，南北科技发展极不平衡，南北间存在的知识、技术壁垒抬高了发展中国家与发达国家开展科技合作的门槛和成本，严重制约着南方国家的发展。在这样的背景下，南南合作中的科技合作扮演着越来越突出的角色，逐渐成为南方国家间建立互惠互利、合作共赢伙伴关系的重要支撑。

[①] 王挺：《美、欧、日科技外交动向及启示》，《科技导报》2010年第5期。
[②] 樊春良：《科技外交的新发展与中国的战略对策》，《中国科学院学报》2010年第6期。

南北关系在矛盾、对话、合作中曲折演进，总体上看，在南北之间制度差异、观念冲突的背后，更为根本的是科技发展水平的差距，知识产权保护向来是南北矛盾的焦点就是一个明证。因此，南南合作中的科技合作不仅是南方国家跨越技术门槛、应对全球性问题的便捷途径，而且也是南方国家开展与北方国家对话、合作的实力条件，在提升南南合作竞争力、建构新型南北关系方面起着支点性的作用。

2. 中非科技合作是新时期深化中非关系的一方舞台[①]

非洲是全球科技最不发达的地区，但非洲拥有资源优势和发展潜力，非洲的许多问题往往是全球性问题的关键部分，牵动着世界的神经。因此，发达国家、主要发展中国家如印度，十分重视与非洲开展科技合作。2000年，欧盟—非洲第一次首脑峰会在埃及开罗召开，双方确立了整体对话机制。此后，欧盟与非洲的合作紧锣密鼓地展开，节奏不断加快。2005年，欧盟通过了一项"长期、全面和综合性"的对非政策框架；2006年，欧盟又提出"欧盟—非洲共同战略"。2007年12月，欧盟—非洲第二届首脑会议在葡萄牙里斯本举行，来自欧盟27个成员国和非洲53个国家的领导人通过了《非洲—欧盟战略伙伴关系——非欧联合战略》以及实施这一战略的《行动计划》，双方的科技合作与交流相应地得到实质性的推进。21世纪伊始，美国先后通过了《非洲增长与机遇法案》及其修正案，不断加大对非洲的援助力度，美对非洲的援助在过去几年里成倍增长，其中，技术援助的比重不断上升。2009年，美国政府又出台了"全球健康行动计划"，继承、拓展了原有的"总统艾滋病紧急援助计划"，非洲即是主要的对象国。日本2008年、2010年两度在东京召开了日本—非洲科学技术部长会议，确立了日本将组织政府部门、科技振兴会和对外援助机构全面开展对非科技合作的路线，并发布了《日本与非洲国家间科学技术创新合作倡议》，在战略、机制上对日非科技合作进行了整体规划。印度一向重视对非开展科技合作，2002年以来，先后发起了"印度与非洲开展技术和经济合作计划""聚焦非洲计划"（Focus Africa）、"印非技术经济协

[①] 张永宏、王涛、李洪香：《论中非科技合作：战略意义、政策导向和机制架构》，《国际展望》2012年第5期。

作运动""泛非洲电子网络连接计划""印非伙伴合作项目"等,支持"非洲发展新伙伴计划""非洲科技整体行动计划"的实施。近年里,印度与布基纳法索、多哥、加纳、肯尼亚、毛里求斯、莫桑比克、纳米比亚、尼日利亚、贝宁、喀麦隆、乍得、塞舌尔、坦桑尼亚、赞比亚、马拉维、博茨瓦纳、南非等非洲国家开展了广泛而深入的科技合作,成效显著。①

与之相比,中非科技合作历史悠久、基础牢固、优势明显、特点突出。早在20世纪50年代,中非之间就开始了技术交流与合作。中非双方政治互信的基础稳固、经济联系广泛、发展差距不大,明显具有依存度高、相互需求密切、利益共同点多、互补性强、对接条件适合的特点。特别是中非合作论坛开启以来,中非双方互为贸易进出口大市场,中国在非投资快速增长,广泛、深入的经济联系,给非洲创造了广阔的发展空间,也给中非科技合作提供了肥沃的土壤。目前,中非科技合作已从政府间合作为主向多层次、多领域、全方位合作发展,涉及农业、医药、卫生、环境、能源、信息、通信、交通、生物技术、新材料、空间开发等领域,逐渐成为双方摆脱贫困、提高自主发展能力、保持经济持续增长的有力手段和新时期深化中非关系的实质性内涵。经过半个多世纪的努力、磨合,中非科技合作积累了丰富的经验,形成了较为完备的政策体系和运行机制,处在一个提质增效的快速发展期,前景广阔,正在成为新时期深化中非关系的一方舞台。同时,中非科技合作与发达国家对非科技合作具有较强的互补性。中非双方应抓住这个有利的时机,做好科技合作这篇大文章,使之成为继政治合作、经济合作之后,切实提升中非关系竞争力的新平台。

3. 中非科技合作是助推中非双方共同发展的一股动力②

科学技术是第一生产力。非洲问题,归根结底是发展不足。要发展,必须依靠科技进步。非洲大陆各项事业亟待振兴,需要大规模的技

---

① 张永宏:《非洲发展视域中的本土知识》,中国社会科学出版社2010年版,第15、16页。

② 张永宏、王涛、李洪香:《论中非科技合作:战略意义、政策导向和机制架构》,《国际展望》2012年第5期。

术支持。中国科研体系完备，成果丰富，且与非洲有较强的可对接条件，符合非洲的需要，也是非洲建构自主发展能力的可行选择。

从中方的角度看，经过四十年的改革开放，中国取得了巨大的发展成就，已成为增长速度最快的第二大经济体，正在步入从引进来过渡到走出去的转型阶段。在知识经济时代，产品走出去、资金走出去的背后，如果没有科技的支撑，必然行而不远。在大国在非纷纷展开角逐的国际背景下，中国在拥有资金、市场等传统优势要素的基础上，应重视并善于打技术牌，充分发挥经济大国、文化大国、技术大国三位一体的组合效应，打造中国在非新形象。同时，随着中国科研实力的增强，积累了大量的技术，这些技术除满足本国需求之外，需要寻找海外市场加以有效利用，以实现利益最大化，拉动国内的创新，非洲即是中国技术最大的潜在市场。

（二）深化中非科技合作的战略机遇和外部挑战

1. 非洲进入发展转型关键期

（1）信息产业崛起

国际电信联盟发布报告指出，非洲手机用户近年来增长迅速，撒哈拉以南非洲地区增长尤甚，2015 年总数已接近 7 亿，比 2000 年时高出近 8 倍。尼日利亚是非洲最大电信市场，手机用户超过 1.5 亿，而 2000 年时，该数字仅为 40 万。[①] GSMA 统计数据显示，截至 2016 年中，非洲共有 32 个国家/地区推出了 72 个 4G 网络，其中一半在过去两年内相继启动。预计非洲地区的智能手机连接数量将在未来五年内增长超过 300%。[②] 世界银行发布的《2016 年世界发展报告》（WDR2016）显示，全球互联网用户数在过去十年内增长了 2 倍，从 2005 年的 10 亿增长到 2015 年的 32 亿；在尼日利亚和部分发展中国家地区，虽然电力和水供应面临困难，但很多人却拥有手机，很多发展中国家最低收入的 20% 民众当中有 70% 以上的人每人拥有一部手机；数字革命为人们沟通和

---

① 《非洲手机用户接近 7 亿》，2018 年 6 月，http://intl.ce.cn/sjjj/qy/201602/19/t20160219_8945681.shtml；驻尼日利亚使馆经商处，2016 年 2 月 19 日。

② 《非洲商业观察》2016 年 8 月 16 日。

交流带来了便利，提供了更多免费的数码产品和休闲方式，对社会产生了深远影响。①

非洲信息通信业逐渐成为支柱产业。非洲开发银行发布的《2016年非洲基础设施发展指数》显示，过去三年里，肯尼亚在信息通信和交通运输行业表现突出，整体排名上升了5名，在54国中位列第13名。该指数调查了非洲各国在交通、电力、信息通信、水资源和卫生等方面的发展情况。其中，肯尼亚表现最佳的部门是信息通信技术，整体评分为26.69，位列第10。② 据喀麦隆通讯与邮电部统计，从1998年到2014年，信息与通信技术产业（ICT）为喀麦隆创造了6000个直接就业岗位，50万个间接就业岗位，已经成为第三产业当中能够创造半数就业机会的最大推动力，为全国提供了5.8%的就业岗位，位列第6大就业行业。得益于移动电话技术，非洲国家跨越了有线固话通信阶段。③ 几内亚电信部发布的报告显示，以通信、互联网为代表的通信和信息产业已经发展成为几内亚的支柱产业；电信业对几内亚的GDP贡献率达22%。从创造就业角度看，几内亚第一大创造就业岗位的行业是矿业，其次是电信业。据几内亚电信部统计，目前，该国共有970万手机用户，月通话次数达4400万次，电信渗透率由2011年的20%提高到目前的80%，互联网渗透率由2011年的0提高到目前的20%。目前，手机和互联网信号覆盖全国60%—70%的国土面积。为了进一步提升电信业的基础设施，几内亚政府正计划投资建设海底高速宽带光缆，总投资需2.38亿美元，几家电信运营商投资900万美元，几内亚政府财政拨款2300万美元，剩余的资金缺口尚需融资。④

非洲移动金融服务方兴未艾。知名咨询机构波士顿咨询公司（BCG）的研究显示，随着移动终端用户数量快速增长，非洲的移动金融服务将迎来重要发展机遇期。BCG估计，未来三年内，在未享有传统金融服务的非洲人口中将会有2.5亿人拥有手机，且人均月收入将超

---

① 驻尼日利亚使馆经商处，2016年3月25日。
② 驻肯尼亚使馆经商处，2016年6月17日。
③ 驻喀麦隆经商代表处，2016年1月5日。
④ 驻几内亚使馆经商处，2016年7月28日。

500美元。这预示着移动金融服务领域蕴含着巨大的市场需求,预计产生的经济效益将达15亿美元。目前,商业银行在非发展普遍面临着运营成本高、收益率低等问题,导致非洲金融服务体系发展整体滞后,只有25%的非洲居民有银行账户。但拥有移动银行账户的人口比例,全球平均水平为2%,而撒哈拉以南非洲国家则高达12%,而且随着手机用户的急剧增长,未来这一比例还会更高。调查显示,手机银行用户除了进行现金转账外,越来越多的人开始进行在线支付。[①] 肯尼亚、乌干达和坦桑尼亚等国的手机银行服务非常普遍,科特迪瓦、津巴布韦、博茨瓦纳、卢旺达和南非等国移动支付普及率较高。[②] 受尼日利亚央行无现金政策实施、网络用户增加、移动网络状况改善等因素影响,尼电子商务市场规模迅速扩大,2016年尼日利亚每天的网上订单已达到30万个。[③]

同时,非洲3D打印市场潜力巨大。国际数据公司发布报告指出,中东和非洲3D打印市场销售总额有望从2015年的4.7亿美元增长到2019年的13亿美元。该公司新发布的半年3D打印消费指南表明,2015—2019年,该地区的3D打印市场销售额的年复合增长率将为30.8%,远高于全球26.9%的年复合增长率。[④]

Disrupt Africa数据显示,2017年非洲科技类创业公司共159家,获投资总额达1.95亿美元,同比增长51%。其中,金融科技类公司吸引投资最多,45家公司所吸引投资约占总量的1/3。南非、尼日利亚和肯尼亚仍为吸引投资最多的三个国家,加纳、埃及和乌干达则为新兴的投资热点国。[⑤]

(2)制造业发展迅速

南非着力提高制造业增加值加快向产业链上游转移,南非贸工部表示,政府将为外国投资者提供相应的支持和优惠政策,南非有实力成为

---

① 驻拉各斯总领馆经商室,2016年6月27日。
② 驻尼日利亚使馆经商处,2016年3月25日。
③ 驻尼日利亚使馆经商处,2015年1月29日。
④ 《非洲商业观察》2016年3月11日。
⑤ 驻肯尼亚使馆经商处,2018年1月24日。

世界级制造业基地。① 坦桑尼亚政府大力支持工业化进程，鼓励外商对加工和制造业投资。坦桑尼亚业已成为东非地区经济增长最快的国家，为外商投资提供了广阔的市场空间，坦政府特别支持利用本地丰富原材料、同时促进提高农民收入的加工制造业项目。② 埃塞俄比亚进口药物所占的比重高达85%，虽然国土面积很大，但是其国内只有21家本土制药企业，药品产能极其有限。针对这一情况，埃塞政府计划引进阿联酋的一家大型制药公司 Julphar Pharmaceutical 在埃塞俄比亚建立首家胰岛素制药厂，这将使得国产药品供应稀缺的埃塞俄比亚成为非洲首个制造胰岛素的国家。③

2014年，在国际油价下跌的大背景下，尼日利亚制造业表现突出，有力助推尼经济发展、促进经济多元化转型。其中，尤以汽车制造、水泥生产和快速消费品领域的发展最为迅速。在汽车制造领域，受政府颁布刺激政策鼓励，21家本土企业与外商签约，合作进行轿车、皮卡、公共汽车、卡车等组装和生产，其中包括法国标致、法国雷诺等国际大厂。在水泥生产领域，尼本土水泥巨头丹格特集团年生产量再创新高，达到2900万吨；尼日利亚与南非合资的拉法基集团以850万吨的年生产能力位居尼水泥行业次席；此外，Bua 集团宣布在埃多州投资5亿美元扩大水泥生产。在快速消费品领域，制糖业吸引投资达26亿美元，其中丹格特集团在尼6个州投资超过20亿美元，Honey Gold 集团在阿达玛瓦州投资3亿美元；2014年，联合利华在尼投资额达2亿美元，宝洁在奥贡州投资3000万美元。④ 自2015年四季度以来，尼日利亚本币奈拉兑美元汇率已下跌近20%，加之国际油价下跌超过70%，作为油气占出口收入95%、占前三季度政府财政收入及国内生产总值（GDP）35%的富油国，尼日利亚必须转而投向发展本土制造业。⑤ 为应对国际油价下跌，尼日利亚政府积极推行经济多元化。尼政府认为，政府推行的转型议程本质上就是多元化议程。目前尼日利亚不仅是非洲最大的经

---

① 驻南非使馆经商处，2016年1月13日。
② 驻桑给巴尔总领馆经商室，2016年1月22日。
③ 驻迪拜总领馆经商室，2016年1月19日。中非基金：《非洲动态》2016年1月。
④ 驻尼日利亚使馆经商处，2015年1月5日。
⑤ 驻尼日利亚使馆经商处，2016年2月15日。

济体，也是非洲最多元化的经济体，尼日利亚GDP中，服务业占51%，农业占22%，电信行业占8%，创意行业占1.1%，油气行业仅占15%。① 目前，加快推动非石油产品出口已成为政府的重要议题，政府为此审定了三大行业13种重点出口产品。农业领域的产品包括棕榈油、可可、腰果、糖、稻米；工矿业领域的产品包括水泥、铁矿/金属、汽车配件/汽车、铝制品；油气化工领域的产品包括石油制品、化肥/尿素、石油炼化产品和甲烷等。②

近年来，为快速提升制造业水平，加快工业化步伐，非洲许多国家纷纷效仿中国，建设工业园区。例如，布隆迪经济特区委员会计划在靠近刚果（金）的卡通巴（GATUMBA）和齐阳盖（KIYANGE）建立用于工业生产的经济特区，同时还可以建立进行科研和示范生产的科技园区。布隆迪拟通过法令建立特区，然后通过特区法管理特区。布隆迪政府强调建立特区的迫切性，认为，建立经济特区可促进工业化发展、增加出口和外汇收入。③ 几内亚建设太阳能发电园。几内亚康康地区（Kankan）太阳能发电园项目第一期主要内容为建设一座0.8万千瓦的太阳能发电园，发电园占地24公顷，为整个康康市供电；第二期扩大到1.2万千瓦，建成后将为Mandiana，Kouroussa，Kérouané3座城市供电，此外，还将为罗斯群岛供电。整个项目投资4300万美元，由韩国一家企业总承包。④ 莫桑比克在太特省勒沃布厄地区（REVOBUE）设立工业自由区，旨在吸引结构性投资，增强本国出口，促进本国出口产品多元化，促进技术进步，创造更多就业。太特省的采矿业项目多，为工业支柱产业的发展创造了条件。新的自由区位于太特省希乌塔地区和莫阿迪兹地区之间，标志性项目为钢铁厂，预计投资金额7.7亿美元。太特省具有钢铁工业必备的两个条件，一是铁矿石，二是焦煤。因国际市场价格低迷，太特省的煤矿业正处于苦苦支撑之中，迫切需要升级、

---

① 驻尼日利亚使馆经商处，2015年1月29日。
② 驻尼日利亚使馆经商处，2015年1月21日。
③ 驻布隆迪使馆经商处，2016年6月10日。
④ 《几内亚重新启动太阳能发电园项目》，2019年1月，http://www.jixiezb.com.cn/news/ybyq/107849.html。

转型。①

(3) 农业发展能力显著增强

摩洛哥自2008年推出绿色计划以来，农业总投资960亿迪拉姆（约合261.4亿美元），农业经济年均增长7.7%，2015年农业产出1180亿迪拉姆，农业产值翻番的计划有望在2020年之前提前完成。农业占经济比重为12%，加上农产品加工业，则占16%。出口方面，2014年农业出口210亿迪拉姆，占出口比重为11%，加上渔业，比重为19%。此外，农业人口共900万，是摩就业的第一大产业。经认证的种子使用量从2007—2008年64万公担提高到2014—2015年的140万公担。每千公顷拖拉机数量从2008年的5.3辆提高到7.08辆。滴灌面积自2008年增加1倍，达到58万公顷。②

尼日利亚致力于粮食生产自给自足。20世纪60年代和70年代，农业曾是尼外汇收入主要来源。随着国际油价下跌和奈拉贬值，尼联邦政府重新开始重视粮食生产，预计在2017年能实现粮食自给自足。2015年，联邦政府出台了农业转型发展支持计划，该计划为两期，第一期为三年，通过试点方式进行。尼食品生产发展很快，食物进口从2019年的1.1万亿奈拉降到2013年的6070亿奈拉。尼日利亚是世界上最大的木薯生产国，政府的目标是建设世界上最大的木薯加工地。一家大型美国食品加工企业将在科吉州投资2000亿奈拉建设64000吨淀粉厂、4300吨甜味剂厂，将木薯制成淀粉和甜味剂。政府也在和可口可乐、尼日利亚啤酒公司、联合利华以及尼4个面粉厂合作，用木薯生产糖浆。尼本地生产的大米数量正逐年增长，有望三年内实现出口。③ 尼日利亚发布未来5年农业发展愿景，确定2016—2020年农业经济实现的总体目标是保障国内粮食安全，实现粮食产品自给自足，扩大出口，带动国民收入、就业岗位持续增长。分解目标包括：2016—2020年农业年均增长水平达到GDP总水平的1—2倍，2011—2015年尼农业年均增长水平达到3%—6%；整合农产品价值链，使之融合到全国农产品供

---

① 驻莫桑比克使馆经商处，2016年9月8日。
② 驻摩洛哥使馆经商处，2016年1月27日。
③ 驻格拉斯哥使馆经商处，2015年1月20日。

应链及全球工业体系中，发挥农业在出口创汇、推动就业增长、提高收入和对总体经济的贡献率；提高水、土地和其他自然资源利用率，改善民生，提高农业集约化发展水平；加大政府对农业发展的支持力度；提高农业机械化水平，提高农产品质量检测管理水平等。① 为此，尼日利亚农业与农村发展部发布 2016—2020 年农业促进政策指出，尼农业发展存在两大关键性问题：一是因基础投入不足，经营方式落后造成生产效率低下，稻米、小麦、玉米、大豆等农产品产量仍不能满足国内基本需要；二是农产品质量管理体系不健全，无法确保农产品品质符合国际出口标准。针对以上问题，2016—2020 年尼农业政策的重点是：首先，在提高生产效率满足国内需求方面，优先支持稻米、小麦、玉米、水产养殖、奶制品、豆类、家禽、热带水果蔬菜和糖等农产品的发展，将鼓励私营部门投资，构建上述产品价值链体系，政府采取各类措施保障化肥供应，提高种子生产，完善物流运输与市场体系等。其次，在提高品质增加出口方面，优先支持豇豆、可可、腰果、木薯（淀粉、干、酒精）、姜、芝麻、棕榈油、山药、热带水果与蔬菜、牛肉制品和棉花等农产品。将构建以投资商、农场主、加工制造商一体化的产品价值体系，制定农产品标准、增加检测试验室、提高产品的可追溯与跟踪管理、提供市场与出口教育培训等。尼联邦政府还将加强与州政府的合作，农业部加强与其他各部委协调，确保电力、交通、贸易通关等相关基础配套设施的完善，促进农产品产量提高，出口增加。② 尼政府还成立特别工作小组，大力协调推进全国稻米、小麦生产，力争短时期内实现主要粮食品种自给自足这一重要战略目标。工作小组将敦促稻米、小麦主产州设立产量目标；确定政府对既定产量目标给予定向的支持内容；考虑对农户、加工厂给予何种市场激励机制；对稻米、小麦价值链中的薄弱环节，提出解决方案；协调央行，给予产区内农户与加工商优惠的信贷与金融支持；制定工作进度表，确保目标的实现等。③ 尼日利亚农业占 GDP 的比重已从 2014 年第四季度的 23.86% 升至 2016 年第一

---

① 驻尼日利亚使馆经商处，2016 年 8 月 8 日。
② 驻尼日利亚使馆经商处，2016 年 8 月 11 日。
③ 驻尼日利亚使馆经商处，2016 年 6 月 16 日。

季度的 24.18%，超过了制造业和油气产业的比重。70% 以上的非正规部门的就业都跟农业相关，尼央行将致力于提升农业占 GDP 比重，减少农产品进口，降低失业率。①

2016 年 9 月，非洲绿色革命论坛在肯尼亚内罗毕召开，非洲绿色革命联盟在会议上发表《2016 非洲农业现状报告》。报告指出，从 2003 年部分非洲国家加入"综合非洲粮食发展项目"以来，非洲农业产量至 2005 年后开始保持稳定，加纳、卢旺达、埃塞俄比亚和布基纳法索等国家每年农耕土地保持 5.9%—6.7% 的增长速度。而没有参加此项目的国家，年均 GDP 增幅仅为 2.2%，农业产量年均增长低于 3%。报告强调，农业投入在非洲减贫中十分有效，因为非洲 60% 人口从事农业生产，在未来几十年内也不会发生太大改变，同时对增加人口营养供应具有十分重要的贡献。报告分析，非洲农业目前面临的挑战包括没有使用改良的种子、化肥，没有灌溉系统，自然环境灾害严重等。2014 年《世界银行调查报告》显示，在被调查的非洲小农户中，2/3 不使用化肥，仅有 1%—3% 的农户使用灌溉，另外，小农户无法使用贷款、土地租赁系统等也是农民面临的问题。② 在此形势下，非洲多国针对存在的问题，大力破解农业发展问题，有效推动农业生产能力不断提高。例如，莫桑比克总统要求莫农业生产要有所突破，要通过使用新技术和扩大融资及市场准入来提高生产率。目前，在莫全国 420 万农场中，98.8% 属于小型农场，从业人员达 570 万人，但农业技术的使用非常少，使用化肥的农场不到 4%，使用农药的农场不到 5%，使用改良种子的农场不到 10%，6% 的农场得不到信贷支持，9% 的农场得不到农业技术服务。大多数农场属于自给自足。③ 东非各国加大对化肥生产厂的投资建设，以削减农业成本，减少化肥进口。如坦桑尼亚接受丹麦、德国、巴基斯坦等国公司投资 30 亿美元，建设非洲最大的化肥生产厂，日产化肥 3800 吨，创造 5000 个就业岗位，预计 2020 年投产；乌干达接受中国广州能源集团投资 6.24 亿美元，建设钢铁、肥料生产基地，

---

① 驻尼日利亚使馆经商处，2016 年 4 月 15 日。
② 驻肯尼亚使馆经商处，2016 年 9 月 8 日。
③ 驻莫桑比克使馆经商处，2016 年 9 月 13 日。

年净利润预计 8100 万美元，提供 1200 个就业岗位；TOYOTA 公司在肯尼亚埃尔多雷特投资 12 亿美元建设化肥生产厂，预计年产化肥 15 万吨；东非化肥公司在肯尼亚纳库鲁投资 3 亿美元设厂，年产量为 10 万吨，生产的化肥除供肯尼亚需求外，还将出口卢旺达、乌干达和坦桑尼亚。① 尼日利亚联邦政府认识到在农业振兴计划中推动育种行业革命的重要性。据估算，2016 年尼农业生产对水稻、玉米、高粱良种的需求为 35 万吨，总值大约为 1120 亿奈拉（合 7.06 亿美元）。2015 年尼种业产量只有 12.2 万吨，因此种子供应缺口巨大，目前用来填充这一庞大缺口的只能是农民自己留存下来的或者从非正规渠道购买的劣质种子。这也预示着育种业有着不错的发展前景和市场潜力。②

（4）局部基础设施条件快速改善

2015 年的《非洲基础设施趋势报告》对 2015 年 6 月以来开工的 5000 万美元以上的基础设施项目进行了统计，结果显示，东非地区总共有 61 个项目，价值 575 亿美元；其中，肯尼亚拥有 20 个项目，位列东非第一；第二位为埃塞俄比亚，占 12 个项目。购物中心、商业办公室和铁路是目前非洲实施最多的工程建筑领域。该报告将近年来东非地区基础设施项目增多归功于城市扩大化、增长的中产阶级、零售业地产的高出租率、科技创新、增长的外国直接投资和高品质地产的短缺等因素。③ 喀麦隆 2016 年的公共投资预算金额为 15258 亿非郎（约合 23.26 亿欧元），比上一年度增长了 22.5%，占 2016 年政府预算总额的 36%，超过 74% 的公共投资预算用于基础设施建设和促进工农业生产，还涉及建设经济适用房、扩建国家骨干网，以及在供电供水、教育医疗、国防与治安、加强行政管理和司法建设等项目。④ 2018 年东南非共同市场启动非洲首个数字自贸区，通过电子清关、电子证书等措施，节省费用或达 4.5 亿美元，先行成员国包括 19 个 Comesa 成员国中的 14 个：肯尼亚、乌干达、卢旺达、布隆迪、刚果金、苏丹、埃塞俄比亚、埃及、

---

① 驻肯尼亚使馆经商处，2016 年 6 月 16 日。
② 驻拉各斯总领馆经商室，2016 年 4 月 21 日。
③ 驻肯尼亚使馆经商处，2016 年 2 月 19 日。
④ 驻喀麦隆使馆经商处，2016 年 1 月 7 日。

塞舌尔、马拉维、马达加斯加、斯威士兰、赞比亚、津巴布韦。同时，结构转型、差异化发展取得明显进步，软硬基础条件在逐步改善。①

(5) 新能源开发风起云涌

新能源是全球发展转型的标志性领域。非洲新能源资源丰富，新能源领域热火朝天的开发浪潮正席卷非洲大地。例如，肯尼亚地热能源开发领域居世界前列。最新可再生能源全球情况报告（Renewables Global Status Report）显示，肯尼亚为全球第四大地热能源开发国，标志着肯在绿色能源开发方面走在世界前沿。截至 2015 年底，肯地热能源发电量为 600 兆瓦，占全部功率容量近 1/4。肯尼亚能源部门表示将继续加大对绿色能源开发的投资力度，并与各经济体合作发展肯国内绿色能源。② 尼日利亚可再生能源投资持续保持增长。尼日利亚可再生能源发展计划（REMP）将使尼可再生能源电力供应从 2015 年的 13% 上升到 2025 年的 23%，到 2030 年将达到 36%。一些外国投资者继续加大了对尼可再生能源的投资。韩国 HQMC 公司和尼联邦政府合作投资 300 亿美元建设一个 10000 兆瓦的太阳能发电站，吉加瓦州政府和 NOVA Scotia 能源发展有限公司合作投资 340 亿奈拉建设 50 兆瓦的太阳能发电站，加拿大天空能源投资 50 亿美元在三角洲建设 3000 兆瓦的太阳能发电站；还有 Mambilla 水电项目、Gurara 二期水电项目等六个大约 7000 兆瓦的水电项目。这些建设项目将使尼的新能源供应达 21648 兆瓦。通过可再生能源发展计划（REMP），到 2025 年，清洁能源将占尼总能源消耗的 10%。联合国发展计划署认为，全球可再生能源投资大约为 2600 亿美元，非洲大约为 4.3 亿美元；2014 年非洲撒哈拉地区新能源投资达 59 亿美元，2016 年将达到 77 亿美元，主要投向了南非、肯尼亚和埃塞俄比亚三国。③ 在 2016 年非洲能源论坛上公布的斯通非洲可再生能源指数（Fieldstone Africa Renewables Index）排名中，乌干达位列南非和摩洛哥之后，排名非洲第 3 位。斯通非洲是一家能源和基础设施领

---

① 《非洲 2018 年将走向差异化》，2019 年 1 月，http://www.mofcom.gov.cn/article/i/jyjl/k/201801/20180102694954.shtml。
② 驻肯尼亚使馆经商处，2016 年 6 月 10 日。
③ 驻拉各斯总领馆经商室，2015 年 1 月 7 日。

域的独立咨询机构，其可再生能源指数主要依据政治环境、商业环境、金融环境、法律制度结构和实际项目经验五方面因素确定。稳定的政局、便利的投资环境和初步成型的输送网络，是乌干达取得较高排名的主要原因。乌电力管理局表示，近年来乌可再生能源投资项目不断增加，该排名表示国际投资者对参与乌可再生能源领域投资充满了信心。① 非洲开发发展银行推动使用清洁能源。非洲开发银行第51次年会提出加强清洁能源使用，应对气候变化。非发行计划投资5.49亿美元，支持非洲各国应对干旱和其他气候变化的影响。②

（6）消费潜力逐渐得到释放

非洲经济发展为全球提供更多机遇。世界银行预计2014—2019年，次撒哈拉非洲地区经济平均增速为5.7%，该地区将成为世界上发展最快的地区之一。获利于稳定的政治环境、生产部门发展和新能源的发现，非洲未来发展潜力巨大，或将取代亚洲。非洲快速崛起的中产阶级、快速发展的内部市场，向全球提供了更多机遇。一是拥有全球40%的自然资源；二是拥有全球60%的未开垦土地；三是拥有近10亿人口的需求；四是劳动力充沛；五是快速发展的经济和中产阶级；六是巨大的国内零售业市场；七是文化和习俗正在发生变化；八是非洲也是创新的源泉。③

2016年普华永道发布《撒哈拉以南非洲地区零售业及消费品行业展望》报告指出，肯尼亚、坦桑尼亚、安哥拉、南非等十个非洲国家零售业发展潜力巨大；这些国家的消费在接下来3年有望翻番，将为包括超市、电子产品、食品和酒水贸易商在内的零售部门创造更多商业机会；虽然，由于基础设施较差和偏远地区经营的小商贩较多等原因，目前除了南非和安哥拉，其他8个国家90%的销售是通过售卖亭、路边摊及街头小贩等非正式渠道进行，同时，制造业所需的原材料缺乏、大宗商品价格下跌及各国货币汇率波动也将影响零售业的发展，但是，城

---

① 《可再生能源投资将继续保持增长》，2019年1月，http://www.china5e.com/news/news-894378-1.html。

② 驻肯尼亚使馆经商处，2016年5月30日。

③ 驻肯尼亚使馆经商处，2016年2月6日。

市化及科技带来的消费者群体增加,将促进这些国家正式零售部门的发展。①

非洲及中东地区可穿戴设备市场在个人电脑市场整体下滑的区域大环境下,2016年仍呈现喜人增势。数据显示,2016年一季度,该地区可穿戴设备发货量同比上涨65.3%。专家认为,增长受益于诸多因素,包括平均售价降低、新产品发布、低成本可穿戴设备的引入及设计的改良。无法运行第三方软件的基础款可穿戴设备占据中东非洲地区可穿戴设备市场的71%,其中运动手环是最受消费者欢迎的产品。可运行第三方软件的智能款可穿戴设备仅占市场份额的29%,其中智能手表的流行是带动智能可穿戴设备增长的主力。②

(7)本土化改革提速

随着非洲国家发展能力逐步增强,加强本土化改革,保护、促进自主发展能力,越来越成为朝野共识。虽然,一些本土化政策未必合乎国际规制的发展方向,但体现了非洲摆脱外部依赖的信心和探索。

津巴布韦修订本土化和经济授权法案。津巴布韦发布财政法案,该法案对所得税法、增值税法和关税法等经济相关法案进行了修订,自2015年1月1日开始实施,其中对本土化和经济授权法案的修订最为引人注目。本土化和经济授权法案修订的主要内容是将权力分散,即把过去集中在津本土化部长手中的权力如本土化计划、本土化合规性、本土化证书的审核、审查、颁布权,下放给各行业的主管部长。例如,今后矿业企业的本土化将由矿业部长审批,农业企业的本土化将由农业部长审批,而此前所有行业的本土化均由津青年、本土化与经济授权部长审批。修订案还对部长颁发本土化证书做了时限要求,对评估后符合本土化和经济授权法案要求的企业,部长在收到企业申请本土化证书的书面请求后,应该在14个工作日内向该企业颁布本土化证书。③ 修订案特别指出,2010年颁布的本土化和经济授权(总)条例仍然有效,本修订案的修订内容亦适用于该条例。2007年,津巴布韦颁布本土化和经

---

① 驻肯尼亚使馆经商处,2016年4月1日。
② 驻迪拜总领馆经商室,2016年7月7日。
③ 佟文立:《"一带一路"失败国家的商业风险》,《商业观察》2016年第5期。

济授权法案,要求在津所有企业中,津本地人所占股份不少于51%。2010年颁布本土化和经济授权(总)条例,之后陆续出台矿业、制造业、金融业和旅游业等行业的实施细则。① 津巴布韦一直要求外企将至少51%股份交予津公民。津内阁通过决议,要求外国企业将至少51%的企业股份交予津巴布韦公民,未能达到本土化要求的外国企业必须在规定时间内提交本土化实施计划。津巴布韦此举意味着其本土化政策进入强力实施阶段。津巴布韦历史上曾推出激进的土地改革,此次贯彻本土化进程引发投资者担忧。② 为此,津巴布韦总统穆加贝声明,将有区别地实施本土化,分别对待资源采掘行业、非资源行业。对新入市的矿产采掘企业,必须严格执行本地企业持股51%比例进行本土化;对已在津运营多年的采掘企业,只需保证所采掘资源价值的75%留存本地(以工资、福利、税收、原料采购、物流中转等多种形式);对非资源行业,包括建筑、能源、旅游、金融等,股权转移的比例和方式可以协商。在保留领域,如零售和批发贸易、美容美发、房地产中介、面包店、广告公司等,仅能由当地企业或个人经营。③ 另外,本土化政策涉及领域在不断扩大,尤其注重新技术产业本土规则的制定。例如,2018年津巴布韦国家信息通信技术(ICT)政策和津巴布韦创新驱动器正式启动。津巴布韦国家 ICT 政策的主要目标是推动转型、增长,助力津巴布韦成为非洲领先的 ICT 中心。津巴布韦创新驱动器是津政府为 ICT 项目提供的基金,用于促进津巴布韦"电子社会"的建设。④

尼日利亚标准局(SON)为了支持"尼日利亚制造",利用信息技术不断加强对进口产品的监控与管理。尼日利亚是一个长期依赖进口的"货物经济体",为进口支付的外汇达数十亿美元,终端消费者对外国产品的高消费率使得"尼日利亚制造"的产品无法在本土市场存续。尼标准局希望通过监控并执行相关标准来提高进口产品质量遵从度,防止不合格产品和劣质产品涌入国内,以免本国沦为进口产品倾销地进而

---

① 《津巴布韦总统对本土化政策进行重大调整稳定外资信心》,2018年6月,http://blog.sina.com.cn/s/blog_a26530ba0102wvey.html;驻津巴布韦使馆经商处,2015年1月18日。
② 环球网,2016年3月26日。中非基金:《非洲动态》2016年1月。
③ 新华非洲,2016年4月13日。中非基金:《非洲动态》2016年4月。
④ 中非贸易研究中心,2018年3月15日。

扼杀本土制造业。为对进口产品进行源头管理，尼标准局启动了"尼日利亚综合海关信息系统"（NICIS），把电子证书与服务整合到该系统中。该系统可以对海外流入的全部产品进行有效监控，使贸易更为便利，并从源头堵塞监管漏洞。① 尼日利亚农业部认为，尼每年花费4.8亿美元进口乙醇制品，实则是尼经济形态中不健康的一面，因尼拥有产量居全球第一的木薯这一显著优势资源，其中含有10%的黏性淀粉物质，可借此加工提炼乙醇和淀粉等物质，有能力替代进口；木薯加工业发展潜力巨大，行业发展可带动解决大量就业难题，为尼创造外汇收入等；包括中国在内的国际市场对木薯片需求旺盛，但苦于尼加工能力不能跟上；中方对自泰国进口木薯实行免税政策，尼政府也希望与中方协商免除自尼进口木薯5%的关税，推动尼木薯对中国出口。尼政府应以奥贡州等地为基地大力开发利用木薯这一丰富的农业资源。② 尼日利亚科技部表示，乐见 Innoson 公司生产的汽车本土化成分已达60%，待联邦政府预算落定，科技部将指派下属的17个派出机构与部门购买本土产汽车，通过此举引导民众支持本土汽车工业的发展。Innoson 公司表示，该公司目前正与尼日利亚陆军部、空军部合作生产装甲车及其他军用硬件，若联邦政府能提供有利于制造业发展的营商环境，公司未来五年可望生产出包括发动机在内的所有零部件和完全自产的本土汽车。③ 尼日利亚矿商协会敦促政府出台政策推动本地矿业发展。尼矿商协会表示，尼矿商可以生产具有国际品质矿产品，满足尼本土工业发展所需30%的矿产品，如重晶石、高岭土、石膏、滑石等本地产品的产量，品质均有一定的保证，完全可以实现国内供应，尼本土工业可自本地采购30%的矿原料，另外70%品种矿原料可以进口，政府应将上述尼优势矿产品列入海关禁止进口商品名单中，以保护和推动本地矿业的发展。④ 关税是抑制投资的最大障碍，尼联邦政府应当考虑修订现行关税体制，对进口成品药征收关税，以保护超过150家本土制药企业。⑤

---

① 驻尼日利亚使馆经商处，2016年3月30日。
② 驻尼日利亚使馆经商处，2016年5月24日。
③ 驻尼日利亚使馆经商处，2016年4月6日。
④ 驻尼日利亚使馆经商处，2016年4月8日。
⑤ 新浪财经，2016年6月29日。中非基金：《非洲动态》2016年6月。

2018年，尼日利亚计划推出政策支持自主生产草药，支持本地商业化种植、加工草药，研发药品，用以根除、管理尼国内流行的疟疾、艾滋、糖尿病等。尼科学与技术部表示，政府将积极参与到研究团队工作中去，强调自主研制开发治疗疟疾、艾滋、糖尿病等尼国家几大顽疾的重要性，并承诺要支持药物开发项目在本地的落地，且最终获得国际认可。①

莱索托矿业部实施新政策，规定莱矿产企业在交通物流、员工住宿、废弃物处理方面必须与莱本地企业合作，以此促进莱国内消费，带动相关产业链发展。该政策规定不允许莱矿产企业为员工提供在莱境外的住宿，莱矿产企业的废弃物处理、交通运输业务必须与莱当地企业合作。莱矿业大臣表示，希望通过这一政策的实施，推动矿产企业本土化，为本地供应商创造更多机会，为巴索托人民创造更多就业机会，让更多人从矿产业发展中受益，帮助巴索托人民摆脱贫困。此前，莱矿业部已规定矿产承包、钻探和爆破仅限莱本地企业。莱矿业大臣同时也表示，这一政策不会对矿产企业的发展造成影响，如本地企业确实不能满足一些特殊的项目需求，矿产企业可获批寻找国外企业合作。②

2. 中国优势凸显

后金融危机时代，中国在技术创新、先进制造业、金融科技等方面不断取得突破，优势越来越突出，中国模式逐渐得到广泛认可。

2016年，国务院实施《装备制造业标准化和质量提升规划》，对接《中国制造2025》，进一步推进中国制造提质升级，聚焦工业智能制造、绿色制造、先进轨道交通装备、农业机械、高性能医疗器械等重点领域的标准化，到2020年，着力把重点领域国际标准转化率从目前的70%以上提高到90%以上。③ 同时，实施"互联网+流通"行动，推动流通革命，拉动消费和就业。着力打造物联网，破解信息基础设施和冷链运输滞后等"硬瓶颈"；着力打造公共服务云平台，破解营商环境"软制

---

① 东非经贸在线，2018年2月5日。
② 驻莱索托使馆经商处，2016年4月6日。
③ 《李克强主持召开国务院常务会议》，2016年12月，http://www.gov.cn/guowuyuan/2016-04/06/content_ 5061745. htm。

约";着力打造开展线上线下融合发展,促进分享经济成长。推动传统商业网络化、智能化、信息化改造,支持企业依托互联网优化资源配置、开拓市场,引导降低实体店铺租金。① G20峰会是十多年前开始的中国"走出去"战略的高潮。习近平在峰会期间指出,从现在起中国要参与决定国际秩序规则,"我们应该让二十国集团成为行动队,而不是清谈馆";要坚决反对贸易保护主义;要制订创新政策行动计划,为运转不畅的世界经济发动机提供动力。金融危机八年后,全球经济再次走到一个"关键当口",全球寄望于"中国方案"。当前许多国家面临老龄化,世界经济越来越显疲弱,迫切需要寻求新的增长途径。德国总理默克尔积极响应习近平主席的要求,认为,中国担任G20的轮值主席国,特别致力于结构性改革,有力提振了低迷的世界经济。英国国际商会秘书长克里斯·索思沃思表示,随着美国领导力的衰退,中国成为领头抗击反全球化的唯一国家。②

近年来,"中国制造"在强势崛起。德国专家认为,中国企业已经发生了重大变化,电信巨头华为公司证明了这一点。苹果公司销售业绩下降,相反,华为、小米等中国品牌却劲头十足,预示着中国制造的廉价形象已经过时,中国品牌正在赢得国际影响力。③ 中国的互联网企业在国际上也变得更加出名。阿里巴巴把它的支付服务系统支付宝带到了德国商店的付款台。该集团首先瞄准的是在旅途中想通过智能手机随心购物的中国游客。从长远来看,这家电子商务企业也将给欧洲人提供服务。互联网企业腾讯公司试图通过聊天软件微信提高自己的全球威望。搜索服务商百度公司也通过广告攻势推进自己的全球扩张。专家分析,中国企业的崛起有三个原因:第一,质量好。中国生产商如今有能力制造出高质量的产品,既有国际品牌的优势在缩小。第二,资金充足。在过去几年中,这些公司在中国国内赚足了钱,能够负担得起耗资巨大的

---

① 《国务院:今年推进医保全国联网和异地就医结算》,《经济参考报》2016年4月5日, http://mp.weixin.qq.com/s?__biz=MjM5NzU5NjM4MA==&mid=402493565&idx=1&sn=8ba12726aab69810b0833e09aaea6fab#rd;中非基金:《非洲动态》2016年1月。

② 《G20杭州峰会"中国方案"获广泛认可》,2018年6月, http://www.cankaoxiaoxi.com/china/20160906/1294587.shtml。

③ 宦佳:《"中国式创新"具有"前瞻性"》,《人民日报》(海外版)2016年8月3日。

广告攻势。第三，国内市场疲软，企业开始扭转方向更多地着眼于全球市场。在电子产品和电子商务公司的引领下，从廉价商标变为优质品牌，"中国制造"开始破茧起飞，消费品生产商将大规模崛起。[1] 同时，中国知识产权保护取得长足进步。很多西方客户都涉足巨大的中国市场，并且乐于在中国进行专利投资。中国加入世贸组织《与贸易有关的知识产权协定》之后，中国社会逐渐变成了一个"以创新为导向"的社会，创造了充满活力的高技术生态系统，中国专利局为技术创新提供强有力的支持。[2] 近年来，中国公司在世界各地大举建立实验室和研发中心。英国《金融时报》旗下负责绿地投资（又称创建投资）监控的外国直接投资市场研究公司的数据显示，2016 年，中国首次成为全球最大的国际绿地对外投资国，投资额为 532 亿美元，略高于美国公司所投资的 524 亿美元，作为崛起中的国际投资大国，中国的对外投资研发活动不断增长，中国公司投资 2.24 亿美元建立了 9 家海外研发中心。例如，华为电信集团围绕中东和北非业务需求在迪拜开设研发中心，围绕欧洲业务在法国开设 4 家研发中心；制药和生物技术类公司更加活跃，2015 年、2016 年两年里，中资建立了 16 家新海外研发中心。[3] 其他主要新兴经济体望尘莫及，只有印度公司有个别的投资活动，如印度国家信息技术学院在中国开设了一家数据人才中心，巴西、俄罗斯和南非公司远远落后于中国。[4]

韩国专家指出，中国制造业大规模赶超韩国，十年内或可超过德日；用尖端技术武装的中国将成为韩国企业的致命威胁。[5] 在"国际消费类电子产品展览会 2016"（CES）上，截至 2010 年还被韩国企业占领

---

[1]《从廉价迈向优质，德媒称中国制造强势崛起》，2016 年 12 月，http://www.cankaoxiaoxi.com/finance/20160731/1251592.shtml。

[2]《外媒称中国已非山寨大国：乐于保护知识产权》，2016 年 12 月，http://www.cankaoxiaoxi.com/finance/20160415/1128648.shtml。

[3] 胡雪：《中企在全球建研发中心活跃程度仅次美德》，《中国贸易报》2016 年 9 月 8 日。

[4]《中企迅速在全球建研发中心活跃程度仅次美德》，2016 年 12 月，http://www.cankaoxiaoxi.com/finance/20160902/1290056.shtml。

[5]《中国制造业大规模赶超韩国 10 年内或超德日》，2016 年 12 月，http://www.gjjxzb.com/news/detail.aspx?id=898756&&cid=13。

的舞台挤满了中国企业,海尔、海信、TCL、长虹、华为等已抢占了三星电子和LG电子的光芒;中国曾是韩国石油产品的最大进口国,但最近3—4年间接连建设了大规模精炼设施,原油炼制能力(每天)1048万桶,是韩国的3.4倍;2015年,现代汽车在中国市场的销量萎缩了5.1%,韩国蔚山工厂生产一辆车耗时26.8小时,中国工厂仅需17.7小时;中国无人车计划2018年实现高量产。①

美国一直认为自己是科技领域的世界领袖,但是,中美中间的科技能力差距正在快速缩小,一些决定未来的关键领域如隐形战机、无人机、电动汽车、数据挖掘、智能手机等,更是如此。特斯拉收购SolarCity之后,围绕电动汽车的需求以及创始人埃隆·马斯克的公司治理问题,投资者意识到问题重重。此时,中国电动汽车生产商比亚迪(BYD)正开足马力迎头赶上。电动汽车并非中国企业正在开疆拓土的唯一领域。与美国的数据挖掘公司Palantir比肩,红杉中国(Sequoia Capital China)投资了北京的第四范式(Fourth Paradigm)。第四范式创始人认为,中国拥有更多数据,这是发展人工智能的基础,拥有资源的中国,起码可以做得跟美国同样好。中国隐形战机、无人机等领域,已经超越了美国。此外,在金融科技领域,许多中国公司的业务比美国同行开发的业务更加多元化。虽然,中美之间的差距仍很大,比如,中国的搜索引擎百度(Baidu)被认为太平庸了,跟谷歌相比,该公司就成了中国的竞争劣势,但是,在中国,科技领域正在发生天翻地覆的变革,发展势头强劲。摩根大通(JP Morgan)的最新数据显示,经过2015年的收缩之后,中国经济整体开始抬头,尤其是高新技术经济领域,如计算机、通信和电子设备制造业,利润增长近20%,② 智能手机增长率更高。互联网企业之间的整合,也将大大提高中国科技行业的赢利能力。③

目前,中国正在成为全球金融科技创新领导者。咨询公司毕马威与

---

① 《中国制造业大规模赶超韩国 10年内或超德日》,2016年12月,http://www.cankaoxiaoxi.com/finance/20160419/1133148.shtml。

② 黄培昭:《中国与西方在科技领域"创新互鉴"》,《人民日报》2016年8月9日。

③ 《中国在科技领域追赶美国 投资者看好中企潜力》,2016年12月,http://www.cankaoxiaoxi.com/world/20160804/1256311.shtml。

投资公司 H2 Ventures 的年度研究表明，全球排名前五的金融科技创新企业中有四家都来自中国，名列榜首的是总部位于杭州的互联网支付服务提供商蚂蚁金服。这份报告显示英国正在丧失自己的阵地，2015 年有 18 家英国公司进入前 100 名，而现在为 13 家，且只有 Atom 跻身前十。近年来，伦敦被认为是金融科技重地，它提供了获取资本、技术以及享受注重该行业的监管的有效途径。但毕马威金融科技业务全球联合主管沃伦—米德表示，中国成为"市场领导者"以及金融科技的日益全球化意味着英国政策制定者和监管机构将"必须继续努力维持地位"。金融科技的融资越来越高，自 2015 年以来前 50 大公司吸引到了 146 亿美元资本，短短一年就实现同比增长逾 40%。但继英国退欧公投和来自其他地区尤其是中国的竞争加剧之后，英国的融资已出现不确定性。英国金融科技行业机构 Innovate Finance 最近报告称，英国金融科技公司的风投资金出现下降，2016 年上半年下降了 1/3。① 事实上，中国经济逐渐国际化和多元化，并变得更具创新性，2015 年，中国创新企业向世界知识产权组织递交的专利申请超过 100 万项，占全球总数的 1/3。②

西方学者指出，西方跨国公司急需向中国企业学习管理和发展经验，认为，第一，几个世纪前，世界曾经向中国学习；过去几百年间，中国耐心地向世界学习；现在，又到了世界重新学习中国的时候；向东方中国学习概念，正在西方兴起。麦肯锡全球研究所发布的《中国创新的全球效应》研究报告指出，中国已具备成长为全球创新领导者的潜能。小米创始人雷军登上了英国版《连线》杂志的封面。该杂志认为，创立仅六年、估值已达 450 亿美元的小米，代表着中国科技企业的互联网思维，它的故事值得欧美同行借鉴。第二，"中国式创新"最大的推动力来自三大要素的合力，这三大要素是成熟的生产制造能力、规模庞大的本土市场和迅速崛起的科研水平；中国企业

---

① 《中国或取代英国成全球金融科技创新领导者》，中非基金：《非洲动态》2016 年 10 月。参考消息网，2018 年 10 月 25 日。
② 《法媒：中企在欧专利申请增长加速，数量几乎与法国持平》，2018 年 12 月，http://www.cankaoxiaoxi.com/finance/20170309/1750964.shtml。

善于改进工艺流程、降低材料成本、消除产品特性，提供品质有保障、但更具"适用性"的产品。与之相比，西方公司设计的产品品质高但价格昂贵，往往令消费者难以承受。受品牌质量和声誉的束缚，西方公司的产品更新换代慢，速度上不敌中国同行。中国企业的发展理念则不同，中企普遍认为，新产品没有必要完美，新产品是在基于客户反馈的改进过程中走向成熟的，因此，中国企业推出新产品的速度常常令外企望洋兴叹。第三，随着中国企业开始大量收购西方公司，特别是西方的技术型公司，中国企业开始真正影响和改变西方企业，并有可能创生出中西嫁接的技术、运营模式，由此观之，超越西方的中国式管理模式正在形成。①

伦敦政治经济学院教授尼古拉斯·斯特恩在英国《金融时报》网站刊登题为"中国绿色革命走向全球"的文章指出，中国的"十三五"规划有五大发展理念：创新、协调、绿色、开放、共享，这表明，中国正阔步走上清洁经济、可持续发展的正确轨道上。过去中国摆脱贫困的主要手段是推动制造业出口，这种旧增长模式使中国成为一个超级经济大国，但中国政策制定者清晰地认识到，以煤炭为主导、对健康有害的能源构成是不可持续的，并果断向全球表明，气候举措和经济增长是并行不悖的；中国"十三五"规划的一个显著特征，是提升中国在经济价值链上的位置，转向不太依赖资源的消费拉动型增长模式。绿色中国正在崭露头角，第一，中国已经有望超过承诺的目标，到 2020 年单位 GDP 二氧化碳排放比 2005 年下降减排幅度将高达 50%；第二，为了实现在巴黎气候大会上宣布的可再生能源目标，中国的可再生能源投资和风电装机容量的大幅增长，成功削减煤炭使用量，二氧化碳排放量不断下降；第三，中国正在大力推动低碳化转型，创新融资机制，运用结构合理的低成本债务为可再生能源项目融资，并已形成必要的市场框架，如中国是首个发布绿色债券的国家，中国人民银行在银行间债券市场推出绿色金融债券，走上为更优质的增长提供融资的道路。中国今天的成

---

① 《"中国式创新"走红西方》，《中国外资》2018 年第 15 期；《中国式创新走红 西方外企纷纷向中国学习》，2016 年 12 月，http://www.cankaoxiaoxi.com/finance/20160713/1228823.shtml。

功经验，值得其他许多国家效仿。①

随着中国优势的不断显现，非洲民众对中国的积极认知也不断提升。"非洲晴雨表"民意调查显示，中国在非洲的影响力赢得广泛积极评价。"非洲晴雨表"民调组织是非洲地区独立无党派的调查机构，在超过35个非洲国家进行关于政治、经济、社会等领域的民意调查。"非洲晴雨表"发布的《中国在非洲影响力持续加强赢得广泛积极评价》调查报告显示，中国对非洲的基础设施投资、中国在非洲的商业贸易活动及中国制造的产品得到了公众的积极评价；大部分非洲人认为中国在非的经济和政治活动为各自国家的发展做出了贡献。5.4万名来自36个非洲国家的受访者参与了此次调查。56%的受访者认为中国的援助"较好"或"非常好"地满足了本国发展的需求。另外，多数受访者将本国的前宗主国视为对其施加外部影响最大的国家，中国排名第二，美国排名第三。在津巴布韦、莫桑比克、苏丹、赞比亚、南非、坦桑尼亚，中国的影响力位居第一。报告还显示，中国是受访者心中第二受欢迎的国家发展样板，仅次于美国。在中部非洲，中国超越美国，是当地人心中最受欢迎的国家发展样板；在南部和北部非洲，中国和美国的受欢迎程度相同。报告还指出，自2000年中非合作论坛成立之后，中非交往不断加深，中非合作论坛已经成为中非战略发展的重要基础。②

3. 中非合作从互助共赢走向协同崛起③

中国和非洲同属发展中快速成长的新兴力量，正在从互助共赢阶段步入面向未来的协同崛起新阶段，即在平等互助、互利共赢的基础上，互动交融、互为支撑、整体增强，共同成为推动全球和平与发展的新动力。中非协同崛起主要包括发展转型协同、产业连接协同、资源安全协同、技术转移协同、文化驱动协同、全球治理协同等，是突破合作瓶颈、拓展合作空间、推动合作转型升级、重构全球发展秩序的必然选

---

① 斯特恩：《中国绿色革命走向全球》，《企业家日报》2016年7月22日；《中国绿色革命走向全球：许多国家或效仿》，2018年6月，http://www.cankaoxiaoxi.com/finance/20160718/1234601.shtml。

② 新华非洲，2016年10月26日。

③ 张永宏：《中非合作：从互助共赢走向协同崛起》，《人民论坛·学术前沿》2014年第7期（下）。

择。回顾历史，中非合作大致经历了两个三十年，20世纪50年代至80年代，中国和非洲在民族解放运动中携手互助，谱写了一曲曲争独立、争自由的华章，结下了患难与共的深厚友谊；80年代以来，中国和非洲在调整、改革发展进程中努力探索共赢之道，实施了一轮轮实实在在的合作计划，建立了论坛机制，结出了丰硕的成果。两个三十年的实践，为中非合作奠定了坚实的基础。今天，中非合作不仅成效显著，而且蕴藏着丰富的动力源，大力提升合作层次，将进一步释放双方的潜能。仅从中非贸易额来看，1950年至1980年从1200万美元增长到10亿美元，三十年增长不到十倍；1980年至2000年增长到106亿美元，二十年增长了近10倍；中非合作论坛开启后，2010年达到1269亿美元，十年就增长了近11倍，2000年至2012年中非贸易占中国对外贸易总额的比重从2.23%增加到5.13%，占非洲对外贸易总额的比重从3.82%增加到16.13%，[①] 2013年中非贸易额突破2000亿美元，速度、权重、体量都在快速、持续扩增。与之相适应，中非合作面临提质增效、转型升级的任务和挑战。2014年上半年，李克强总理适时提出"三个一极"的非洲观、"461"合作框架和中国助力非洲崛起的宏伟构想，展现出基于非洲意愿、立足历史和现实、放眼全球、面向未来的战略新思维，为中非合作转型升级确立了新的定位和新的高度，预示着中非合作正在从互助共赢阶段迈向协同崛起的新阶段。当前，中非协同崛起的关键领域包括发展转型协同、产业连接协同、资源安全协同、技术转移协同、文化驱动协同、全球治理协同等。

（1）发展转型协同[②]

2008年以来，受金融危机的当头棒喝，世界主要发达国家和新兴经济体纷纷觉醒，积极探索"低碳"这一新的发展方式，为破解虚体经济困局、清理两百多年来工业化集聚的发展障碍建构新的基础。于是，在短短的几年里，低碳发展转型在全球范围内展开。与此同时，

---

① 中华人民共和国国务院新闻办公室：《中国与非洲的经贸合作（2013）》，2013年8月。

② 张永宏：《中非合作：从互助共赢走向协同崛起》，《人民论坛·学术前沿》2014年第7期（下）。

低碳发展的全球合作与治理问题成为国家政府、政府间组织的主要议题，国际谈判与决策机制、国际碳排放权交易体系、国际低碳技术扩散系统等相应的合作与治理框架在逐步建立和完善，其实质是新技术革命背景下全球政治和经济利益的再分配，决定着未来全球发展空间、能源与环境可持续体系的重新创立。[1] 这一趋势表明，低碳发展转型不仅需要对现有的经济体系进行"减碳"改造和转型，构建起一个全方位以低能耗、低污染为基础的社会经济发展新体系，而且代表着全球发展要素配置、新兴产业标准形成以及全球治理变革的方向，其中孕育着丰富的政治意义和经济增长点，是新一轮国际竞争的战略高点。

全球低碳发展转型大潮来袭，给广大发展中国家带来了严峻的挑战，发展中国家普遍被置于工业化与低碳化双线作战的艰难境地。中国和非洲都处在工业化、信息化、城镇化、市场化、国际化深入发展的关键时期，能源、资源、环境瓶颈制约日益明显，发展不平衡、不协调、不可持续的问题越来越突出。非洲工业化刚刚起步，虽然减排责任轻，但贫困面广，生产、生活对传统能源的依存度高，碳汇保护、建设难度大、任务重，随着非洲经济的持续增长，对传统化石能源的需求压力也将越来越大。低碳发展转型的一个核心内容是新能源的开发和利用。非洲基础设施建设缺口大、环境退化趋势严峻，大力发展新能源，可缓解路网、电网对发展的制约，减轻经济快速增长对环境造成的压力，同时，可提高能源安全的保障能力，获取更多参与全球发展转型的主动性。[2] 近两年来，可持续发展明显成为非洲的主导思维，逐渐被广泛接纳并开始实施。但是，新能源开发和利用投资大、见效慢、技术门槛高，非洲离不开外部管理、资金、技术的注入。中国是新能源增长速度最快的国家。目前，中国的水电装机容量、核电在建规模、太阳能热水器集热面积和光伏发电容量均居世界第一位，在太阳能、风能、地热能、水能等研发和应用方面都具有比较优势。但中国是碳排放大国，减排任务非常沉重。总体上，全球发展转型给中国和非洲带来的挑战虽然

---

[1] 倪外：《低碳经济发展的全球治理与合作研究》，《世界经济研究》2012 年第 12 期。
[2] 张永宏：《非洲新能源发展的动力及制约因素》，《西亚非洲》2013 年第 5 期。

不尽相同，但积极转型的主题是一致的，深化合作具有较强的互补性。事实上，发达国家已先行抢占了低碳发展的制高点，在国际低碳发展合作领域掌控着核心技术、左右着发展方向，如欧盟是"碳市场"规制的主要推动者，美国力推"碳关税"，欧美呈"挟碳以令天下"之势，制造出强大的竞争压力，中国和非洲如果不携手变革，取长补短，着力改变总体仍处于传统发展模式框架下的状态，将难以摆脱被再度边缘化的命运。

低碳发展转型是中国和非洲快速成长进程中遇到的重大挑战、重大的战略机遇，因而也是中非深化合作的重要舞台所在。第四届中非合作论坛倡议建立中非应对气候变化伙伴关系以来，中非双方加强在应对气候变化领域的政策对话与务实合作，共同维护发展中国家利益。为提高非洲国家适应气候变化的能力，中方在非洲国家实施了百余个清洁能源项目，并在卫星气象监测、新能源开发利用、沙漠化防治、城市环境保护等领域不断加强合作。① 中国政府认为："生态环境保护和应对气候变化是全球发展面临的共同课题，非洲在这一领域尤其需要国际社会的帮助。"② 2012年第五届中非合作论坛发布的《中非合作论坛——北京行动计划（2013—2015年）》进一步表示，双方将根据互利互惠和可持续发展原则，积极推进清洁能源和可再生资源项目合作。③ 在此基础上，中非双方应着眼长远，充分整合双方的资源，携手应对挑战，从战略高度抓住、用好这一机遇，才能在全球发展转型的变局中真正站得起来、走得更远。

（2）产业连接协同④

随着全球发展转型的深入展开，世界经济格局将随之演变。相应

---

① 中华人民共和国外交部：《中非合作论坛第四届部长级会议文件汇编》，世界知识出版社2010年版，第28页。

② 中华人民共和国国务院新闻办公室：《中国与非洲的经贸合作（2013）》，2013年8月。

③ 中华人民共和国外交部：《中非合作论坛第五届部长级会议文件汇编》，世界知识出版社2012年版，第260、264页。

④ 张永宏：《中非合作：从互助共赢走向协同崛起》，《人民论坛·学术前沿》2014年第7期（下）。

地，传统的国际分工模式将发生改变。1980年至2010年的三十年里，发达国家以技术创新和国际直接投资为载体，主导完成了一轮全球范围内大规模的结构重组和产业升级，这轮国际产业调整、转移直接推动了中国、印度、巴西等新兴国家的工业化。但随着发达国家出现国际支付危机、生产和消费失衡等问题，使得欧美发达国家和中国等新兴国家都必须调整产业结构。发达国家需要改变过度消费的模式，重新部署技术创新和应用的路线，重构增长机制和产业标准，新兴国家需要在全球价值链的转变和生成中努力提高创新发展能力，获得更具优势的地位。因此，下一轮国际产业结构调整将不再为发达国家一方主导，取而代之的是，发达国家和新兴国家在发展新兴产业上的竞争与合作将成为国际产业转移的主要驱动力量。在这一进程中，南北技术差距会相对缩小，欧美等发达国家在资本上的比较优势将会逐步丧失，新兴国家也将丧失土地和劳动力的低成本优势，传统产业的升级和转移是发展的必然趋势，一些依赖土地和劳动力因素的产业将会逐渐转移到非洲等发展中地区。这一背景，给中非间产业转移创造了机遇。一些在中国不再具有比较优势的产业转移到非洲，既可以推动非洲国家的工业化进程，也可以促进中国的产业升级，总体趋势是互利共赢的。

近年来，中国工业产能过剩问题凸显。2013年国务院发文指出，截至2012年底，中国钢铁、水泥、电解铝、平板玻璃、船舶产能利用率分别仅为72%、73.7%、71.9%、73.1%和75%，明显低于国际通常水平。[①] 2013年上半年，中国规模以上工业企业将近22%的产能闲置。[②] 新能源产业也出现结构性过剩的问题，且过度依赖欧美市场，难以有效管控风险，急需摆脱反复遭遇欧美"双反"的被动局面，大力开拓发展中市场。可见，中国无论传统产业还是新兴产业，都需要在全球范围内不断更新布局。

非洲工业部门的发展是非洲经济增长的关键，但非洲大陆的工业化

[①] 国务院：《国务院关于化解产能严重过剩矛盾的指导意见》，2014年2月5日，http://www.gov.cn/zwgk/2013-10/15/content_2507143.htm。

[②] 徐兴堂、郭信峰、程静：《中国化解产能过剩的可能选择》，2014年2月5日，http://news.xinhuanet.com/fortune/2013-09/17/c_117404689.htm。

才刚刚拉开序幕。非洲大部分国家的经济长期依赖初级产品出口，产业结构较为单一，国民经济比较脆弱，严重制约着非洲经济的健康、持续发展，调整产业结构，实行经济多样化、多元化，大力推进工业化，是非洲发展的当务之急。因此，非洲具有适当承接中国产业转移的现实需求。过去，是中国的发展拉动了非洲原材料价格的上涨，① 金融危机期间欧美国家大幅减少对非投资，但中国对非投资仍持续、快速增长；面向未来，中非产业转移将进一步打通中国与非洲的连接，使两大发展中市场逐渐融为一体，从而有效增强非洲应对国际市场变化的抵抗力和自主发展能力。

但是，目前非洲吸纳中国产业转移的能力还有限，一是基础设施条件差导致物流成本比较高，二是技术人才匮乏不利于非洲消化中国的技术和管理，三是非洲区域经济一体化程度低制约着非洲整合能力的提高。从中方来看，部分地方政府还存在着较强的地方保护主义，阻碍了产业的移出；一些企业国际运营能力不足，在非洲难以有效实现国际化和本土化，影响中国在非整体形象。但只要中非双方认清形势、克服劣势、发挥优势，协同应对，在中非产业转移规划、经贸合作区建设、区域性投融资管理机制建设、产业集群发展等方面深化战略合作，中非之间的产业转移将大有可为。试想，如果非洲走传统工业化的老路，未来的发展成本将更高，可持续发展的前景将暗淡无光，全球的减排努力也必将被抵消；如果中国的产业转型升级在全球产业链的调整中不得其位，中国的发展空间将受到限制，世界经济也必将失去强劲的一极。相反，如果中国和非洲紧密联合起来，闯出一条协同转移产业的新路子，不仅可满足双方的现实诉求，而且将为全球的可持续发展奠定关键性的基础。

(3) 资源安全协同②

地球上的自然资源和人口分布、财富分布并不均衡。越靠近赤道，资源多样性越丰富，相反，越接近地球两极，资源多样性越贫乏；发达

---

① ［加蓬］让·平：《非洲：一个充满希望的大陆》，《全球化》2013 年第 7 期。
② 张永宏：《中非合作：从互助共赢走向协同崛起》，《人民论坛·学术前沿》2014 年第 7 期（下）。

国家主要分布在资源多样性相对贫乏的北方，而发展中国家大多分布在资源多样性丰富的热带地区；发展中地区人口占全球的八成左右，其中包含全球贫困人口的97%；而且，发达地区与发展中地区之间人均收入差距一直呈扩大的趋势，估计到2030年，发展中国家的收入只及发达国家的1/4。① 因此，资源富集、贫困集中是发展中地区的主要特征，造成发展中国家资源保护与减贫、发展的矛盾普遍存在，且十分尖锐。非洲的情况尤为突出。第一，全球气候变暖加剧，物种消亡速度加快，森林覆盖面积萎缩，海洋鱼类被过度捕捞，这些变化趋势对非洲的影响是灾难性的。非洲国家在环境质量恶化不断加剧的情况下，不仅经济增长的速度和质量难以得到保障，而且将为寻找替代途径支付更高的发展成本。第二，非洲十多亿人口约1/2生活在贫困之中，约1/3处于绝对贫困状态；三千多万平方公里土地1/3是沙漠，2/3荒漠化，3/4处在阳光直射之下，统筹减贫与资源保护、环境治理的任务非常艰巨。② 第三，非洲由于缺乏现代开发技术或无力支付高技术成本，在全球资源利用中明显处于劣势，需要在可持续发展的前提下采取以资源换发展的方式，吸引外部资金、技术的大规模流入，这就需要尽快克服建国历史短、政府治理能力普遍较弱的短板，大力提升国家调控能力。另外，自然资源虽然分布不均、分属不同的国度，但却是人类共有的公共资源，公共资源通常具有经济外部性，保护责任与利用权利往往容易失衡。历史上，殖民掠夺就给非洲自然资源保护留下了难以愈合的创伤，至今仍然是非洲环境危机的主要根源之一。殖民模式的自然资源开发利用机制本质上具有掠夺性，一方面，当地民众的权利被剥夺，造成贫穷与环境破坏的恶性循环；另一方面，殖民统治打破了非洲传统的资源共有、共管制度，致使环境问题长期失控。

因此，适应气候变化、减贫、发展，是非洲的发展主题，也是非洲发展进程中的难题，国际社会有责任理解非洲、帮助非洲。非洲是后发展地区，尽管历史上遭受掠夺，但相对而言，仍然是地球上资源最为丰

---

① 世界银行：《全球经济展望：驾驭新一轮全球化的浪潮》，中国财政经济出版社2007年版，第37、59、67—70页。

② 张永宏：《非洲发展视域中的本土知识》，中国社会科学出版社2010年版，第182页。

富的地区。如何保护好非洲资源，利用好非洲资源，不仅是非洲的事，而且是全人类的事。环境退化是人类共同的敌人，无论贫富，无论黑人还是白人，都生存在同一片天空之下，都面临着同样的生态威胁。长期以来，中国在力所能及的范围内不断向非提供各种发展援助，并逐步扩大援助规模。中国向发展中国家提供的援助，近一半是给非洲国家的。[①] 2000年"中非合作论坛"建立以来，中国连续免除非洲重债穷国和最不发达国家到期的政府无息贷款债务，给予非洲国家输华商品零关税待遇，受惠商品税目不断扩大，几乎覆盖了所有产品。中国政府长期坚持通过援建农业技术示范中心，派遣大量农业专家和农业技术人员，传授推广农业生产管理经验和实用技术等方式，帮助非洲国家提高农业自主发展能力，把资源优势转化为发展优势，实现农业可持续发展。但比较而言，中国占非洲接受外国援助总额的比例并不高，与欧美发达国家还有大的差距，也不及中国在非收益的1/10，[②] 应不断创新援助方法、拓展援助空间。

长远来看，中国是非洲最大的投资来源国、最大的贸易伙伴国，中国的发展与非洲的资源安全、减贫休戚相关；中国是农业大国，是减贫成效最为显著的国家，有条件、有能力帮助非洲加快减贫的步伐；改革开放以来，中国走过了一条先发展后治理之路，教训深刻，也积累了丰富的治理经验，可资非洲借鉴。未来，围绕减贫合作工程、生态环保合作工程的深入实施，探索以援助带合作、以资源换项目的方式，进一步加大中国对非环境保护、资源安全的援助力度，前景广阔；非洲地处热带地区，土地资源、生物多样性资源、热量资源优势突出，粮食生产潜力巨大，是全球未来粮食生产的主要增长点，将中国的农业技术、资源保护与开发经验与非洲的资源优势相结合，提高非洲农业生产率、资源利用率，促进非洲的减贫进程，增加非洲地区的碳汇，是维护非洲资源安全的有效途径。总体上，中非合作基础扎实、利益汇通点多，关键是

[①] 国新办：《中国对外援助》（白皮书），2014年6月18日，新华网（http://news.xinhuanet.com/2011-04/21/c_121332527.htm）。

[②] 吴晓芸：《不要再像曾低估中国一样低估非洲——专访中国政府非洲事务特别代表钟建华》，《世界知识》2013年第8期。

中非双方应深度融合，实施包括技术、资本、管理和知识等的"一揽子"援助、合作计划，才是不断夯实基础、加快发展之道。

（4）文化驱动协同①

文化驱动涉及内容比较广泛，包括价值认同、文化传播、文化事业和文化产业发展、知识传承与创新、文明间交流互鉴等。从知识社会和全球化的角度来理解，有两个方面的内涵尚未得到充分的重视，一是把本土知识整合进入国家知识生产、创新体系；二是把教育置于多元文化背景之中，培养大量技能型劳动者。

文化是知识生产、创新的土壤，本土知识就蕴藏在传统文化之中。过去，南方国家的发展政策主要集中在对西方理论和实践的采用方面，把知识作为发展的武器，基于本土实践推动发展进程则很少被系统考虑。20世纪90年代以来，国际本土知识运动的成长已影响到主流多边协议，并在世界可持续发展约翰内斯堡峰会上通过了生物多样性保护公约和行动计划，本土知识被不断从民俗的王国里移入发展领域，保护、运用本土知识已取得了丰富的成果。② 联合国教科文组织2005年发布的一份题为"走向知识社会"（Towards Knowledge Societies）的报告指出，知识社会的兴起给南方国家带来新的机遇，本土知识正在成为发展的新起点；对南方国家而言，应推进丰富的本土知识向前发展，并与国际知识相连接，成为知识的生产者，而不只是消费者。③

一方面，本土知识是一种包含了语言、命名和分类系统，管理、利用资源的方式，礼仪、精神和世界观的文化复合体，是传统文化之中具有功用性的部分。在现代社会，超复杂性问题越来越多，如贫困、人口、环境、能源、安全和社会管理等，仅靠科学知识单枪匹马作战是行不通的，而众多的实践表明，科学与本土知识相联之处，往往是知识创

---

① 张永宏：《中非合作：从互助共赢走向协同崛起》，《人民论坛·学术前沿》2014年第7期（下）。

② H. S. Bhola, "Reclaiming Old Heritage for Proclaiming Future History: The Knowledge-for-development Debate in African Contexts", *Africa Today*, Bloomington, Vol. 3, No. 49, 2002.

③ 张永宏：《非洲建构自主发展动力体系的新探索——南非本土知识国家战略述评》，《全球科技经济瞭望》2009年第4期；张永宏：《本土知识在当代的兴起——知识、权力与发展的相互关联》，云南大学出版社2011年版，第180页。

新的生长点、产品和服务研发的机会点。但是，本土知识赖以存在的文化多样性基础正在遭受全球化的侵蚀，非洲面临的冲击尤其严重。全球有5000—7000种语言，每年消失约100种，约2500种正在使用的语言处于萎缩状态，其中32%在非洲，[①] 因此，非洲复兴计划和非洲发展新伙伴计划认为，本土知识是非洲大陆重要的紧急事项。近年来，把本土知识看作是进入知识经济时代的国家资本，把本土知识整合进入国家知识创新体系，在现代和本土之间发展一种辩证的、建设性的联系，为自主知识创新系统的形成提供广阔的土壤，这一点已逐渐被越来越多的非洲国家所认识。

另一方面，经济全球化把西方的强势文化挟带到世界的每一个角落，同时，也激起了地方文化的反抗和自我强化，文化的同质化和多样化两种趋势并行不悖，跨文化教育成为理解、实现知识传承、创造的重要途径。同时，经济全球化推动生产力要素在全球范围内流动，但发展中国家囿于大量人口挣扎在生存线上的境况，技能型劳动力的生产和再生产严重不足。据世界银行统计，进入新千年的2001年全球有劳动者30.77亿，发展中国家占84%，但其中的技能型劳动者只有10%。[②] 这种状况影响发展中国家在全球劳动力市场上收入份额的增长，最终难以遏制发展中地区的人才涌往发达地区的趋势。因此，把教育置于多元文化背景之中，大力发展本土教育，造就大量适应本土文化的技能型劳动者，是广大发展中国家的希望所在。

非洲是文化多样性最为丰富的地区之一，蕴藏着大量的本土知识资源，同时，非洲又是人口基数大、人力资源潜力巨大的地区。但是，由于教育落后、殖民教育遗产的影响，严重制约着非洲把文化资源和人力资源转化为发展优势。中国是文明古国、文化资源大国，有传统知识传承、保护、运用的历史传统，有较为完备的、庞大的教育体系，正在建设创新驱动型国家，但随着劳动力价格的上升，中国的人口红利正在消

---

① Department: Science and Technology, Republic of South Africa, "Indigenous Knowledge Systems", 2010 - 01 - 11, http://www.dst.gov.za/publications-policies/strategies-reports/reports/IKS_ Policy%20PDF. pdf /view? searchterm = "indigenous%20knowledge%20systems".

② 世界银行：《全球经济展望：驾驭新一轮全球化的浪潮》，中国财政经济出版社2007年版，第145、154—158页。

失。因此，中非之间在跨文化交流、传统文化保护利用、人力资源开发领域合作内涵丰富、空间广阔。一直以来，中国政府本着相互借鉴的原则，把人文交流视为中非新型战略伙伴关系的重要支柱和驱动轮，坚持在非洲开办文化中心、孔子学院、职业技术学院，先后启动了"中非高校20+20合作计划""中非联合研究交流计划""中非智库10+10伙伴计划"等项目，并将进一步实施"人文交流合作工程"，支持非洲青年来华留学、开展联合研究、交流治国理政经验等，由此带来的碰撞、互鉴、创新，是推动中非共同崛起的根本性动力源泉。

(5) 全球治理协同①

20世纪90年代以来，经济全球化在互联网技术的推动下不断提速，与此同时，全球性问题不断加剧，全球治理观念应运而生。但是，全球治理观由欧洲首先发起，带有明显的西方中心主义色彩。从当前美欧推动全球治理的两个主要行动框架——跨太平洋伙伴关系协议（TTP）、跨大西洋贸易与投资伙伴关系协定（TTIP）来看，西方在不断设置新的挑战和更高的发展门槛。加强全球治理符合客观需要，但是治理的主体应包含广大的发展中国家，治理议程的设置应包括平等发展、平衡发展、包容发展等主题，而不是借机把自身利益置于全球之上，或简单地用良治、人权的说辞再度剥夺南方国家的发展权。当然，南南合作力量过于薄弱，也是全球治理步履缓慢的主要原因。中国作为发展中大国，非洲作为发展中国家最为集中的地区，代表着国际社会的大多数，是全球治理的重要主体，双方的紧密合作，不仅符合双方发展、全球发展的需要，而且承担着为全球治理提供公共资源和产品、发展新型南北关系的历史责任，理应在推动世界多极化、建构新型发展秩序、助推全球经济稳健发展方面有所作为。

近代以来，西方一直是全球事务的主导力量，在长达数百年的时间里大肆实施殖民掠夺，导致国际关系严重失衡，形成明显的"中心—外围"格局。二战结束，联合国宪章在二战的惨痛教训中诞生，万隆会议开启了发展中世界平等合作的新篇章，发展中国家开始登上世界舞台。

---

① 张永宏：《中非合作：从互助共赢走向协同崛起》，《人民论坛·学术前沿》2014年第7期（下）。

90年代以来，以可持续理念和互联网为基础的新型现代化、全球化推动了南北关系从主从关系向依存关系转变，世界逐渐向多极化方向演进。但是，西方的保守势力并不愿意放弃霸权主义、强权政治的传统思维模式，始终不相信中国会以和平的方式崛起。中非合作一贯奉行平等互助、互利共赢原则，是全球多极化格局的重要推动力量。无论全球治理多么困难，首要的是多极化的出现，没有多极化的世界，国际关系的民主化就缺乏前提，全球治理就失去基础。

冷战结束后，南北之间的发展差距上升为全球的主要矛盾。南北差距不断扩大，不仅不利于人类的整体进步，而且，严重的两极分化还威胁着世界的和平与安全。从发展的角度来看，化解南北矛盾，关键是需要兼顾发展中国家实际，变革现有不合理的国际规制。例如，科技是第一生产力，然而，与科技日益商业化有关的制度环境、技术环境和地缘政治环境，却制约着先进技术在全球的传播。就知识产权保护而言，技术发达的国家赞成强保护，而技术落后的国家赞成较低程度的保护。在19世纪，这种差别主要存在于欧洲和北美之间，当代，主要存在于发达国家与发展中国家之间。与贸易相关的知识产权协定（TRIPs）并没有充分考虑发展中国家的处境和需求。在国际贸易中，南南协议一般只涉及商品贸易，而南北协议不仅包括商品贸易，而且包括服务贸易、保护投资的原则以及知识产权保护。这样，在知识产权协定的保驾护航之下，由专利引动的资金流大量流入发达国家。总体上看，加强知识产权保护必将激发创新能力、增强投资环境潜力，但是，高昂的技术价格往往令南方国家力不从心。再如，自然资源是稀缺资源，但生物多样性保护公约（CBD）从古典经济理论出发，把私有经济体制作为环境保护的基础，并没有充分顾及传统社会网络在资源保护与利用方面至关重要的作用，导致私人财产权利常常凌驾于公共资源之上。早在1980年，国际发展事务独立委员会就在《南方和北方，一个生存计划》(*North-South: A Program for Survival*) 一书中深入分析了人类发展的制约因素，指出，发展没有统一的模式，而是存在多种多样的路径，与历史和文化遗产、宗教传统、人力资源和经济资源、气候和地理条件、国家的政治体制等密切相关，应反对一昧遵循、拷贝发达国家模式的思想。① 因此，推动全球依靠科技进步创新发展、维护全球资源安全需要新的实践、新的理论、新的制度。中国和非洲不断增强道路自信，不断加强治国理政经验交流，将是全球发展制度变革不可或缺的力量。

2000年以来，非洲逐渐进入稳定的发展期。虽然局部动荡，但总体走势趋好。2009年非洲人均国内生产总值达1413美元，已经进入国际直接投资增速的阶段，2013年已有1/3的非洲国家经济增速达到了6%，非洲已是今后很长一段时期内资金需求与投资空间最大的地区之一。② 未来，随着非洲土地资源、人力资源、城市化潜力等方面的优势不断呈现，③ 非洲大陆将很快成为全球经济格局中举足轻重的一极。如果中非两个快速发展的经济体能够有机连接，中非合作的效应将显著放大，名副其实成为全球经济的稳定器、助推器。

综上所述，中国作为文明古国、成长中的大国，非洲作为正在崛起中的一极，中非双方协同崛起，是中非合作从自发性到自为性的转型升级，不仅符合中非发展的实际需要，符合中非双方应对全球局势变化的需要，而且是突破发展瓶颈、开拓发展空间、重构全球发展秩序的必然趋势。因此，中非双方应在战略规划和设计、基础领域、长时段领域更加紧密地开展深层次合作，包括立场、理念、目标、资金、技术、人力、自然和人文资源的统筹与整合，以造福中非二十几亿民众，造福全人类。④

---

① Willy Brandt, *North-South: The Report of the Independent Commission on International Development Issues*, MIT Press, Mit Press Paper, 1990, p.23.
② 非盟官方网站/驻埃塞俄比亚经商参处，2013年10月31日。
③ 普华永道（PwC）发布的2013年非洲商业计划报告认为，非洲吸引巨大投资具有五大优势：一是非洲年轻、具有活力的人口将在未来充分释放人口红利；二是全球经济力量逐渐向新兴经济体转变；三是城市化进程加速，2050年前非洲将涌现440个新城；四是非洲资源储量巨大，且拥有全球可耕地的60%，在应对气候变化、能源短缺和粮食安全等领域或有所作为；五是科技发展将为非提供重要机遇。中非基金：《非洲动态》2013年10月（驻肯尼亚使馆经商处，2013年10月17日）。
④ 张永宏：《中非合作：从互助共赢走向协同崛起》，《人民论坛·学术前沿》2014年第7期（下）。

4. 来自美欧日印的挑战

（1）来自美国的挑战①

首先，美国与非洲科技合作的发展历程具有不平衡性。美非间的合作大体上分为两个阶段，即冷战时期和20世纪90年代以来的新时期。冷战时期是美国与非洲科技合作的初始阶段，意识形态占据主导地位。20世纪90年代以来，在克林顿政府第二任期内、布什政府、奥巴马政府时期，美非之间的科技合作尤为广泛。其次，美非之间科技合作平台具有多层次性。美国对非的援助平台和合作平台主要包括政府间与非政府间两个平台。政府间的平台主要有：美国国际开发署（USAID）、千年挑战公司（MCC）、《非洲发展与机遇法案》（AGOA）及其论坛机制。非政府组织的合作平台主要有：个人或企业基金会，如比尔和梅琳达·盖茨基金会、克林顿基金会、埃克森—美孚公司及其基金会、可口可乐非洲基金会等，以及诸如学术研究机构、志愿者组织、教会组织、妇女组织、绿色和平组织、扶贫组织、美国红十字会等民间组织。政府间与非政府间对非合作平台的组合，使美国对非科技合作具有多层次、全方位的合作形式，促进了美非在上层、下层之间科技合作的快速发展。再次，美国对非政策具有多样性与体系性。从克林顿政府推出《非洲增长与机遇法案》（AGOA）开始，特别是布什政府对非的一系列政策，可以看到美国对非政策逐渐涉及各领域，包括经济、医疗、教育、农业、军事等各个方面，而且逐渐形成体系性。例如经贸方面的"非洲增长与机遇法案"（AGOA），艾滋病防治方面的"总统艾滋病紧急援助计划"（PEPFAR），贫困国援助方面的"千年挑战账户"计划（MCA），教育领域的"非洲教育行动计划"（AEI），能源领域的"电力非洲"计划，贸易领域的"贸易非洲"计划等，在各方面的援助与合作上已经形成了体系化、制度化的项目组合，有助于双方合作的持续深化。最后，美国与非洲国家科技合作内容具有广泛性、多元性。如前

---

① 武涛、张永宏：《美国对非科技合作的特点：法制化、援助化与市场化》，《亚非纵横》2012年第6期；武涛：《美国国际开发署对非洲的科技合作》，《国际资料信息》2012年第11期；武涛、张永宏：《美非科技交往关系的依托机制》，《国际展望》2013年第1期；武涛：《美国贸易发展署对非洲科技合作及其特点》，《国际研究参考》2013年第5期；武涛、张永宏：《美国对非科技合作的历程、途径及趋势》，《国际经济合作》2014年第6期。

所述，美非科技合作涵盖农业、医疗卫生、能源与矿产、新能源与生物科技、基础设施、经贸、教育、信息通信、军事、生态环境与自然灾害防治等若干领域，涉及广泛，呈现出多元化特征。

总体上看，美国对非科技合作法制化、援助化、市场化的特点比较突出。① 美国对非科技合作建立在国会立法基础之上，如《对外援助法》《和平队法》《非洲增长机遇法》《千年挑战法》等，能够提供持久有效的保障。美国对非科技合作主要以援助的方式进行。长期以来，美国国际开发署、美国贸易发展署、美国千年挑战公司以及政府基金会、企业基金会、民间基金会持续对非提供技术援助，使美非科技合作具备坚实的基础。另外，由市场提供动力，也是美非科技合作的一大优势所在。如美国的跨国公司大举进入非洲，大大拓展了美非科技合作的广度和深度。美非科技合作内容丰富且卓有成效，相较而言，中国对非科技援助能力、市场化能力不及美国。

（2）来自欧洲的挑战②

英非科技关系虽有四百多年的历史，但英非科技合作具有历时长、成果少的特点。殖民统治时期，英国利用自身优势主宰和剥削非洲，广大非洲殖民地完全变成了英国的原料产地和商品销售市场，阻碍了非洲科技的发展，同时，英国不仅不愿意推动和发展非洲传统的科学与技术，还窃取其中一些思想用于自身的科技发展。③ 通常情况下，科技发达的国家对科技相对落后的国家应有更大的帮助，但英非科技交往的历史并非如此。殖民统治时期，尤其是在奴隶贸易时期，"以奴隶贸易为核心的大西洋贸易极大地刺激了英国工商业的发展"④。对非殖民期间，刺激了英国造船业、航运业、纺织业、兵器工业、金属业、制糖业、酿酒业等的发展。1701—1787 年，英国外贸船舶增加 4 倍，其中贩奴船

---

① 武涛、张永宏：《美国对非科技合作的特点：法制化、援助化、市场化》，《亚非纵横》2012 年第 6 期。

② 李洪香、张永宏：《英非科技合作的历程和特点》，《全球科技经济瞭望》2012 年第 9 期。

③ ［肯尼亚］A. A. 马兹鲁伊主编：《非洲通史（第八卷）》，屠尔康等译，中国对外翻译出版公司 2003 年版，第 467 页。

④ 高晋元：《英国—非洲关系史略》，中国社会科学出版社 2008 年版，第 11 页。

增加12倍，吨位增加11倍。利物浦的造船业获得了空前巨大的发展，并带动了一系列相关产业的发展。① 在1750—1807年，英国投入巨资建造、修理和装备贩奴船只。② 造船业是综合工业，它的发展对五金、煤炭等其他工业产生连锁效应，无疑有利于促进英国的科技进步。英国利用纺织品、金属制品、武器、弹药换取非洲的奴隶，刺激了本土纺织业、兵器工业和制造业的发展。1750—1776年，英国运往西非的棉纺织品价值占其棉纺织品出口总值的30%—58%，且这些用于出口的棉布，几乎完全是英国在"新世界"的种植园和矿山剥削非洲奴隶的结果。③ 英国《航海条例》规定，海外殖民地种植园生产的蔗糖只能以粗糖的形式运回英国，并在英国加工，制作成精糖和朗姆酒后才能外销。据统计，1758年时，英国的布里斯托尔已有制糖厂20家，伦敦则有80家，利物浦也有8家。④ 总之，18世纪60年代英国的"工业革命"得益于殖民地的拉动，因为广大殖民地不仅是英国积累原始资本的场所，也是英国商品的原料产地和销售市场。

20世纪60年代"去殖民化"运动以来，英国为了维护自身的大国地位而努力促成了"英联邦"机制，这是英非交往与合作的一个重要平台，当然也有利于促进英非间的科技交往，2007年英国为英联邦非洲国家启动的"乡村电信连接计划"⑤ 就是一个例证。然而，到目前为止，"英联邦"机制所发挥的效用还十分有限。在国际层面上，虽然英国也积极推动建立一些有利于非洲国家的合作平台，如国际运用生物科

---

① 郑家馨：《殖民主义史（非洲卷）》，北京大学出版社2000年版，第186—187页。

② 联合国教科文组织文件：《15—19世纪非洲的奴隶贸易》，中国对外翻译出版公司1984年版，第63页。

③ J. E. Lnikori, "Slavery and the Revolution in Cotton Textile Industry in England", in J. E. Lnikori and Stanley L. Engeman, eds, *The Atlantic Slave Trade*, Duke University Press, 1992, pp. 157 – 173.

④ 李新、文宇、张岳霖：《浅谈英国奴隶贸易对非洲的影响》，《学理论》2011年第7期；[苏联] 斯·尤·阿勃拉莫娃：《非洲——四百年的奴隶贸易》，商务印书馆1983年版，第73—76页。

⑤ 刘颖、田野：《英联邦为非洲成员国启动乡村电信连接计划》，2007年11月23日，http://news.xinhuanet.com/newscenter/2007-11/23/content_7131719.htm。

学中心（Cabi）[①]的生物科学工程和艾滋病防控等研究课题的开展，有助于非洲国家学习、掌握和应用相关资料、技术；在区域层面，欧盟和非盟也是两个十分重要的合作平台。但除南非以外，英国与非洲国家之间缺乏双边科技合作协定。英非科技交往主要是由英国和非洲国家的企业、大学及研究机构等签订专项科技合作协议或建立专项科技合作关系，且涉及的非洲国家很少，再加上这些机构的人力、物力和财力资源等十分有限，严重阻滞了英非科技交往关系的开展。迄今为止，英非科技交往关系还没有形成像"中非科技伙伴计划"[②]那样的专门科技交往与合作机制。因此，无论是早期由英国资助建立的东非农林研究组织、东非兽医研究组织、东非医药卫生研究所、东非病毒研究站、西非锥虫病研究所和西非渔业研究所等研究机构，还是二战后由英国和非洲的政府、企业、大学和研究机构等签订的合作协议或开展的研究项目，如南非CSIR与英国的坎普登和查莱伍德食品研究协会的协议，英国牛津大学与肯尼亚内罗毕大学共同开展艾滋病疫苗研究等，以及当前多边框架下的英非科技交往与合作项目的实施，如欧盟科技研究框架计划的持续推行等，都没有给非洲大陆带来实质性的、积极的"外部经济效应"。英国的现代科技并未在非洲生根发芽，究其原因，一方面，英国开展对非科技交往关系的目的不是要帮助非洲提高科技发展能力，建立现代科技体系，而是出于实用主义的目的。另一方面，非洲国家自身的发展能力有限，科研水平低，科技人才队伍建设和科研投入不足，致使其难以有效内化先进的现代科技。由此造成的结果是英国先进的现代科技与非洲贫穷落后的现实之间产生了巨大的"鸿沟"，英国的现代科技并不适用于非洲的现实，非洲国家也很难将先进的现代科技"本土化"。因此，非洲国家应更多地从"南南合作"中寻找出路，因为南方国家之间的总体科技实力差距相对较小，便于相互学习与利用。例如，中国的"星火科技"成果等具有物美价廉的特点，符合非洲的实情，对非洲来

[①] 国际运用生物科学中心的数据库可供马拉维、莫桑比克、坦桑尼亚、乌干达、赞比亚和加纳等国家的有关机构使用。

[②] 详情参见科技部《中非科技伙伴计划正式启动》，2009年11月25日，http://www.fmprc.gov.cn/chn/gxh/tyb/ywcf/t629481.htm。

说更加适用。

但是，值得高度关注的是，欧盟、法、德对非科技合作却非常广泛、深入，最大的特点是围绕低碳转型和欧洲未来能源基地的建构与非洲开展全面合作，如地中海计划、沙漠技术计划等，具有突出的战略性。与之相较，中非科技合作主要内容还处于较低的层次，科技合作支撑中非关系，中非发展的战略作用、地位还未形成。

（3）来自日本的挑战

日本期望通过日非科技部长会议机制深化日本与非洲国家间关系，夯实日本对外关系的基础，扩大日本在非洲的影响力，最终树立日本的政治大国形象。目前来看，日非科技合作项目少、整体规模不大、合作效果有限。[①] 从绝大多数非洲国家依旧未能在"入常"投票上给予日本有力支持这一点来看，日本推行的外交与科技融合发展战略，只是日方的一厢情愿。近年来，日本常把中国看作在非角逐的对手，虽多属自不量力之举，但也会给中非关系制造出负面影响，这是需要加以重视的。

（4）来自印度的挑战[②]

科技合作是印度加强对非关系，延续并扩大对非政治、经济影响力的有力手段。印非之间的历史情感渊源和印度技术的适宜性，为印非科技合作提供了独特的有利条件。从双方合作的重点领域来看，印度正以能源合作为辐射点，向非洲的基础设施及民生领域渗透，并充分利用自身的技术优势，提高对非洲国家在医疗卫生、农业生产、信息通信等领域的技术援助水平，同时印度也十分强调教育与人力资源以及小技术对非洲的重要作用，积极帮助非洲进行能力建设；从运行机制来看，印度已逐步建构起了一个突出重点、兼顾全局的对非科技合作网络机制，其中，政府的统筹主导作用不断加强，企业与非政府组织自发参与的程度不断加深，针对重点国家的双边科技合作仍然是主要渠道，多边科技合作关系也得到相应的重视与发展。由此可看

---

① 参见町末男、『科学技術とODAの連携による効果的アフリカ科学技術協力に向けて』、アフリカ科学技術協力シンポジウムの講演，2016 年 12 月，日本科学技术网站，www8.cao.go.jp/cstp/gaiyo/sisatu/machi_ advisortomext.pdf。

② 张永宏、赵孟清：《印度对非洲科技合作：重点领域、运行机制及战略取向分析》，《南亚研究季刊》2015 年第 4 期。

出，印度潜藏着对非科技合作背后的深层战略取向：在能源层面，印度正企图以技术援助换取非洲丰富的矿产资源；在市场层面，印度试图利用民生、基础设施领域的科技投入打入非洲市场；在地缘战略层面，印度为发展与其密切相关的非洲国家关系，将经济技术援助作为军事安全合作之外的补充手段；在与世界大国角逐非洲的层面，科技合作是印度提升在非形象，输出软实力，进而获取非洲认同的长远战略安排。总体上，印度对非科技合作内容丰富且卓有成效。作为一种争议性小、涉及面广、渗透性强的对非合作"新模式"，科技合作正在印度争取非洲战略空间的过程中扮演着重要的角色，长远来讲，它也是印非关系更根本的驱动力量。

因此，印非科技合作与中非科技合作具有较大的同构性，印度是中国对非科技合作的主要竞争对手。[1]

事实上，近年来，许多发展中国家积极开展与非洲的科技合作，中非科技合作深入拓展的压力因素会不断增多。例如，（1）中东国家。沙特阿拉伯与埃及建立埃及—沙特合作委员会，合作领域涉及沙农业和能源等；[2] 阿联酋已成为非洲第四大投资来源国；[3] 土耳其 HAKAN 公司和卢旺达开展基础设施建设合作，由土耳其公司提供资金、技术并修建、经营 Gisagara 泥煤发电站；[4] 坦桑尼亚药品匮乏，约80%的药品需从肯尼亚、德国、印度和其他亚洲国家进口，土耳其投资者积极投资坦制药领域，土政府为配合企业进入坦桑尼亚，大力促进土耳其医学院校与坦穆希比利医学院加强合作，加大专家交流和医学专业学生的培养；[5] 以色列抓住非洲发展的机遇，与肯尼亚开展深层次合作，内容涉及人员培训、科技、反恐情报、农业灌溉、水处理、医疗、移民等领域。[6]（2）东亚、东南亚国家。2016年，韩国总统朴槿惠访问埃塞俄比

---

[1] 张永宏、赵孟清：《印度对非洲科技合作：重点领域、运行机制及战略取向分析》，《南亚研究季刊》2015年第4期。
[2] 驻埃及使馆经商室，2016年1月7日。
[3] 驻迪拜总领馆经商处，2016年1月19日。
[4] 驻卢旺达使馆经商处，2016年2月25日。
[5] 驻坦桑尼亚使馆经商处，2016年7月13日。
[6] 新华非洲，2016年7月7日。

亚、乌干达、肯尼亚三国，成果丰硕，韩国和非洲三国共签署了76项谅解备忘录，并为韩国企业承包28亿美元的施工项目铺平了道路；① 韩国—非洲部长级经济合作会议（KOAFEC）通过"韩国—非洲联合宣言"和"2017—2018行动计划"，韩国将在未来的两年向非洲61个项目提供50亿美元的资助，选定韩非重点合作五大领域，包括农业改革、能源发展、促进工业化、实现地区经济一体化、改善生活质量，韩国政府提出100亿美元的经济合作一揽子计划，包括信托基金合作、埃塞俄比亚农业园区建设项目、乌干达农户增收项目、肯尼亚灌溉设施发展项目以及坦桑尼亚输电网建设项目等；② 越南电信布隆迪公司（LUMI-TEL）通过新建网络开始向布隆迪6个省（Bujumbura，Gitega，Ngozi，Rumonge，Makamba et Muyinga）提供通信4G服务。2014年LUMITEL获得运营许可，头一个月用户数就达到60万人。它计划铺设5000公里的光纤电缆，目标是通过市场竞争和提供高质量的通信服务，达到市场领先地位，并助力布隆迪政府管理实现数字化。③（3）新兴经济体俄罗斯。在"2016俄罗斯与非洲论坛"上，俄罗斯表示，要加大俄罗斯企业开发坦桑尼亚市场的力度，双方在农业、矿业、油气资源、经济基础设施、加工制造、渔业、金融保险、教育卫生等领域有着巨大的合作潜力和商机；④ 在2016年莫斯科原子能博览会上，多个非洲国家与俄罗斯原子能机构签署合作协议，推动核能产业合作，尼日利亚、赞比亚和肯尼亚还分别与俄罗斯签署了单独合作协议，俄罗斯原子能机构表示，目前在非洲的阿尔及利亚、尼日利亚、摩洛哥、埃及等国家都有核反应堆，但只有南非真正将核电并入国家电网，未来俄罗斯将凭借自身在该行业多年来的丰富经验，帮助非洲更好地发展核能；⑤ 在"军队—2016"国际军事技术大会上，俄罗斯与坦桑尼亚开展军事合作，合作内容包括俄国防部军校为坦桑尼亚培训军人，推动两国在军事和军事技术

---

① 新华社/中新网，2016年6月1日。
② 中国新闻网，2016年10月25日。中非基金：《非洲动态》2016年10月。
③ 驻布隆迪使馆经商处，2016年3月3日。
④ 驻桑给巴尔总领馆经商室，2016年4月26日。
⑤ 驻肯尼亚使馆经商处，2016年6月22日。

领域的关系继续发展;① 刚果（布）于 1964 年同俄罗斯建交，布拉柴维尔得到莫斯科多个领域的援助，包括经济、科技、培训、文化、商业和工业等，经过一段时期的缓慢发展，近年来，俄刚两国深化双边合作，扩大合作领域，在 2014 年俄罗斯—刚果（布）混委会会议上，确定由一家俄罗斯公司参与刚果（布）卫星通信项目建设;② 俄罗斯在苏丹开采天然气，由俄罗斯 GTL 公司执行，该公司迅速完成法律程序、工程设计、技术研究、设备采购等前期工作，推动苏丹 Niem 地区的气田进入生产阶段。③

二　走向未来的中非科技合作④

自 16 世纪科学革命以来的近五百年里，人类知识生产、知识创新的中心主要集中在西方国家，全球知识流动的主流方向是单向的，即从北方流向南方。进入 21 世纪以来，新兴经济体迅速崛起，逐渐成为南北知识流动链上重要的一环，有如知识加工厂和知识泵站，给由北向南的知识流动增加推力，同时，拉动南方知识向北方流动。《中非合作论坛——北京行动计划（2019—2021 年）》专列"科技合作与知识共享"一节，指出"中方将继续推进实施'一带一路'科技创新行动计划和'中非科技伙伴计划 2.0'，重点围绕改善民生和推动国家经济社会发展的科技创新领域，并与非方合作推进实施'非洲科技和创新战略'，帮助非方加强科技创新能力建设"。从南北、南南技术转移、知识流动的链环结构看，中非科技合作与知识共享不仅能增强非洲的造血能力，而且也能促进中国的知识生产与创新，拉动人类知识在南北、南南间双向流动；在步入"共筑更加紧密的中非命运共同体，为推动构建人类命运

---

① 《坦桑尼亚和俄罗斯有望加强在油气资源等领域的合作》，2018 年 6 月，http://gas.in-en.com/html/gas-2431782.shtml. 新华网，2016 年 9 月 6 日。
② 驻刚果（布）经商参处，2015 年 1 月 13 日。
③ 驻苏丹使馆经商处，2016 年 3 月 9 日。
④ 张永宏、洪薇、赵冬：《中非知识生产与创新共同体的双向建构——基于南北、南南技术转移、知识流动链环结构的视角》，《当代世界》2018 年第 10 期。

共同体树立典范"① 的时代背景下,中非携手打造知识生产与创新共同体具有战略价值。

(一) 中非知识生产与创新共同体的双向建构

1. 基于势位差的南北、南南技术转移正向链环

技术转移概念的出现,从一开始就与南北问题相联系。1964年,第一届联合国贸发会议发布了《国际技术转移行动守则草案》,首次提出技术转移,初衷是为了推动技术从北方流向南方,以促进南方国家的发展。但是,实际情况并非如此。"发达国家之间技术贸易额占世界技术贸易总额的80%以上,发达国家与发展中国家之间的技术贸易额仅占世界技术贸易总额的10%,而发展中国家之间的技术贸易量则不足10%。"② 原因何在?

技术转移是技术从供方有偿流向受方的过程。③ 持有技术的供方是技术优势方,接收技术的受方是技术落后方。供方与受方有一个技术势位差,这个势位差的存在,是技术转移发生的前提。一般情况下,当某项技术在供方与受方间的势位差很大时,供方并不会考虑把技术卖掉,而是在其本国把技术转化为产品,通过出口产品获取收益。当产品出口的优势不明显时,供方可能选择对外直接投资的方式,利用他国的有利条件,继续把技术转化为产品,延长技术的生命力。只有在这两种方式都获利不充分的情况下,供方才会考虑直接把技术卖掉。这就是狭义的技术转移三部曲:产品出口阶段—对外投资生产阶段—技术转移阶段。④ 也就是说,技术转移主要发生在技术势位差较小的阶段。这就是为什么技术转移主要发生在北—北之间的原因。北—南之间技术势位差

---

① 习近平:《携手共命运 同心促发展——在2018年中非合作论坛北京峰会开幕式上的主旨讲话》,2019年1月,https://www.fmprc.gov.cn/web/ziliao_674904/zyjh_674906/t1591271.shtml。

② 李志军:《当代国际技术转移的新特点及对策建议》,《中国科技财富》2011年第11期,第36页。

③ 技术转移通常被分为两种:技术转化为产品和技术在空间上的流动,本书仅指后者。

④ 广义技术转移包括产品出口、投资生产所传递的影响、知识,狭义技术转移仅指技术本身的转让。

较大,北方的技术尚处在产品出口阶段,或者可以通过到南方直接投资生产,继续保持其优势,转移的必要性不足。南—南之间虽然技术势位差小,但因知识生产与创新能力普遍较低,缺乏技术储备,技术转移的条件不充分。

不过,这种局面正在发生改变。推动改变的力量主要来自两个方面:一是新兴经济体研发能力不断增强,二是全球性问题拉动研发在南北间流动。

新兴经济体的成长、壮大,填补了南北之间巨大的技术势位差,在南北之间搭建起桥梁,使由北向南技术转移的条件越来越好。同时,新兴经济体创新能力的提升,在南方国家内部又形成了新的势位差,为南南技术转移提供了新的动力源。于是,新兴经济体在南北技术转移链的中间形成承上启下的关键一环(见图3—1)。

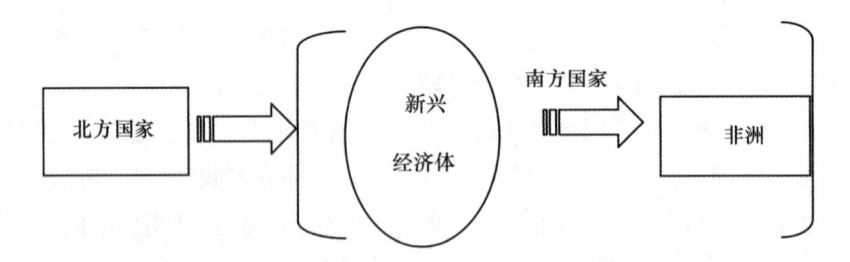

图3—1 基于技术势位差的南北、南南技术转移正向链环结构

全球性问题非一国单方面所能应对,国际科技合作日益成为应对全球性问题、推动科技创新的重要路径,北方国家纷纷把国际科技合作纳入国家安全战略、外交战略、创新战略。美国、欧盟及其主要成员国、日本相继出台了一系列措施,大力提升国际科技合作的地位。例如,美国奥巴马政府曾任命科学特使,探求与中东、东南亚、非洲国家开展科技合作的机会和前景;① 众议院通过《国际科学技术合作法》,科学促进会成立科学外交中心,国家科学理事会出台《国际科学与工程伙伴关

---

① 樊春良:《科技外交的新发展与中国的战略对策》,《中国科学院院刊》2010年第6期,第624页。

系——美国外交政策与国家创新体系的优先领域》的报告，以协调外交与研发的关系，实质性地加强科技外交，推进"转型外交"和"软实力"提升；英国在《国家创新白皮书》中强调国际科技合作的重要性，发布"研究开发的国际合作战略"，对其国际科技合作进行整体规划，要求在制定国际政策和外交战略上要发挥科学的新作用；德国政府设立"国际研究基金奖"，支持其研发机构、高校建设顶级国际联盟；法国成立"全球化、开发与合作总局"；欧盟委员会出台"欧盟国际科学技术合作战略框架"，积极推动欧盟研发区域内部与外部的联合；日本设立科学技术外交战略工作组，推出"加强科学技术外交战略"，强调要围绕全球性问题，加强与发展中国家的合作，夯实科技外交的基础；等等。① 加强科技与外交的结合以应对全球性问题，有力促进研发在全球范围内的流动，成为国际技术转移正向链环的又一推动力。

2. 基于发展合作的南北、南南知识流动反向链环

技术的传播和迁移，在近代西方的殖民过程中即有发生。但是，殖民过程所附带的技术迁移，并不是当代所说的国际技术转移。当代国际技术转移有两个前提：一是互利互惠，二是对接条件适合。互利互惠是技术转移的动因，对接条件适合是技术转移的必要条件。在殖民时代，技术不过是殖民的工具，技术流动的目的是服务于殖民者的利益。殖民者把技术带到殖民地，其实只是其本国技术的异地使用，技术转移并没有发生。这种伴随殖民过程的技术迁移现象，客观上给殖民地送去了一些技术，但其效应不过是技术自身的一种外溢，这种外溢的影响是有限的。主要原因是殖民地普遍缺乏接收技术的内化能力。例如，在非洲，历史上无国家社会范围广、历时长，在被殖民时期国家机器普遍缺失，造成技术接收主体的缺位，到国家获得独立时，知识生产、科技创新能力大多依然处于零起点状态。

南南合作始于1955年的亚非会议。20世纪90年代以前，南南合作主要以建立区域经贸合作关系为主，谋求团结自救、合作自强。冷战结束后，经济全球化快速展开，面对不平等的南北经济关系，南北

---

① 王挺：《美、欧、日科技外交动向及启示》，《科技导报》2010年第5期，第19—24页。

矛盾凸显出来，南南合作不断深化。进入21世纪，在"千年发展目标"的推动下，南南合作步入综合、全面的发展阶段。发展合作不是单纯的经贸合作，而是全面、协调、可持续的合作。中非关系亦大致与此同步，20世纪80年代以前侧重政治关系，20世纪八九十年代侧重经济关系，2000年以来进入全面合作时代。与此相对应，中非关系经历了援助—经贸合作—发展合作三个阶段。目前，中国是非洲第一大贸易伙伴国、重要投资来源地和主要援助提供国，中非关系集援助、贸易、合作于一身，从民生问题到人文交流、政党交往，全面涵盖政治、经济、文化各领域，涉及发展的方方面面，逐步形成综合、全面的发展合作格局。

发展合作是追求综合性强、依存度高的合作。在发展合作阶段，供方把技术移给受方的过程，不是一个单纯的逐利过程，而是供方接收反馈的过程，供方更加关注受方的条件和需求，更加关注通过技术转移促进自身的技术改造、升级和创新。受方接受技术的过程，也不是一个单纯的填补空白的过程，而是一个消化、吸收、再创造的过程。因此，在技术从供方流向受方的背后，同时存在另一股知识流，其流向与传统的由北向南的技术流向相反，形成技术转移、知识共享的另一个链环（见图3—2）。

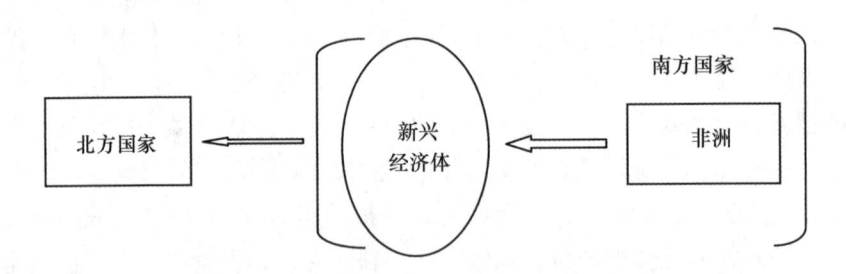

图3—2　基于发展合作的南北、南南知识流动反向链环结构

20世纪60年代以来，经过几十年的发展探索，国际社会形成了许多发展理论，诸如现代化理论、依附论、世界体系论、可持续发展理论、低碳发展论等，解读、引导南方国家的发展。这些理论或被追捧，或被批评，有助益的一面，也有误导的一面。但无论认同、采用何种理

论，变自外向内的外力主导型发展模式为自下而上的内源型发展模式，是南方国家经过实践而普遍认可的一条经验。南北、南南知识流动的反向链环，其基础正是南方国家的内源发展、草根创新。例如，中国科学家成功研发出抗疟药，就是中国传统知识与解决非洲问题相结合而做出的知识创新，是知识生产与创新反向流动的典型例证。

冷战结束解除了发展和全球联系的主要政治障碍，北方主导的经济全球化在互联网技术的推动之下信马由缰；南方国家逐渐步入工业化、城市化的快车道，新兴经济体快速成长。在过去的二十多年里，全球化与全球性问题结伴同行，把国际科技合作推上了各国政治、经济、文化事项的前台，技术转移的总量不断攀升，"20 世纪 90 年代以来，国际技术贸易额平均每十年翻两番，已接近世界贸易总额的二分之一，其增长速度之快为一般商品贸易所望尘莫及"①。但是，北方国家从自身利益出发，在北—南技术转移的推动和限制两个方面，都采取了更加强硬的政策，高筑技术壁垒，不断抬高南方国家发展的社会条件和知识门槛，例如，奥巴马政府盘算通过跨太平洋伙伴关系协定（TPP）提升绿色发展标准，特朗普政府盘算针对中国技术产品加征关税。北方国家向南方国家转移技术的主要渠道是通过工业制成品和中间产品的贸易或直接投资，南北贸易协议不仅包括商品贸易，而且包括服务贸易、保护投资的原则以及知识产权保护。这样，在《与贸易相关的知识产权协定的附加协定》（TRIPs-Plus）保驾护航之下，由专利引动的资金大量流入北方国家。② 北方国家凭借技术与资本的雄厚实力，开发甚至大肆盗窃南方地区的本土知识资源，例如，涉及非洲的"生物剽窃"到了泛滥的程度，美国专利网和商标局的数据库中源自非洲案例的专利数目惊人。③ 这一形势促使南方国家广泛认识到基于本土知识的知识生产与创新、南南技术合作与知识共享的重要性和必要性。2008 年金融危机以

---

① 李志军：《当代国际技术转移的新特点及对策建议》，《中国科技财富》2011 年第 11 期，第 36 页。

② 张永宏：《本土知识在当代的兴起——知识、权力与发展的相互关联》，云南大学出版社 2011 年版，第 181 页。

③ 薛达元等：《遗传资源、传统知识与知识产权》，中国环境科学出版社 2009 年版，第 160—167 页。

来，世界经济在大调整中挣扎，全球性问题交织其中，新兴经济体的作用越来越突出，在由南向北的知识流动链上起着推拉兼具的作用，是全球知识生产与创新双向互动的关键一环。

3. 正反链环的双向建构

南北、南南知识流动的反向链环，揭示了通过技术转移营建造血机制的另一种本质，即供方的研发始于受方的需求，受方的需求增益供方的研发。这一认识角度表明，正反链环的双向构建，既是拉动受方向前发展的一种力量，又是促动供方创新的一种源泉。例如，南南技术转移的显著特征是转移适用技术，问题的关键在于，"适用"并不是现成的，需要供方和受方共同努力。于是，选择适用技术的过程，既是受方向供方学习、反馈的过程，又是供方根据受方需求而创新的过程。这一反向的知识流动力量，是发展合作的必要匹配，因为发展合作的本质特征是一盘棋的共同发展，与其说是技术的有偿迁移，不如说是知识的共同分享。因此，新兴经济体与其他发展中国家之间需要建立起互利共赢的技术转移、知识共享模式，使之既符合技术接受国的能力和需要，拉动其造血机能的建设，同时也有助于促进技术提供方的研发调整和创新能力的提高。同样，在南北关系中，南方国家的巨大需求构成北方国家的创新土壤，南方国家的创新能力为全球知识生产与创新注入活力和动力（见图3—3）。

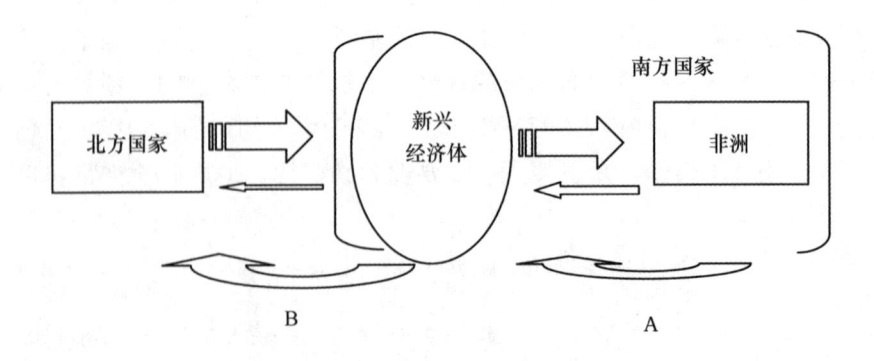

图3—3 南北、南南知识生产与创新双向链环结构

中国处在南北、南南技术转移链的中间环上，充当着"媒介""桥梁""新动能"的角色。从正向看，在"发达国家—中国—非洲国家"的技术转移链上，中国是连接发达国家和广大发展中国家的"二传手"。从反向看，中国正处在大国转型的关键时期，从引进来转向走出去的对外开放转型，需要在引进、消化的基础上，具备集成创新、整合输出的能力；从开放劳动密集型产业到融入全球资本密集型产业的发展转型，需要树立技术品牌，变中国制造为中国创造；从经济大国转向文化强国的软实力转型，需要积极参与全球技术创新、产业标准制定，不断提高技术—制度—文化一体化的知识生产与创新能力，等等。创新立国是根本。因而作为发展合作反向链环中的新兴"动力源"，中国肩负着独特的使命，需要在综合利用国内国际两个市场、两种资源的过程中，整合发展中国家和地区的知识创新要素，努力为全球知识生产与创新提供支持，做出贡献。

非洲国家工业化、农业现代化刚起步，信息化、网络化、低碳化、智能化等全球性转型接踵而至，适应与创新的准备和能力都不足。非洲自然资源丰富，但贫困人口众多，生存与发展、开发与保护的双重压力巨大。但是，非洲又是地球上生物多样性、文化多样性最为丰富的地区之一，非洲的发展问题和资源多样性，是全球知识创新的重要问题库和资源库。因此，对非洲而言，需要把发展挑战和丰富的本土资源结合起来，借助国际科技合作提高知识生产与创新能力。中国在对非技术转移时，需要明确自己有什么，非洲需要什么，转移的对接条件是否支持等，更需要借助对非技术转移吸纳、整合双方的本土创新，既服务于双方的发展，又造福全人类。

因此，中非知识生产与创新共同体需要双向构建，正向上紧扣非方的需求加强中国对非技术转移，反向上统筹中非科技合作、知识共享与国家创新体系的建设、创新驱动战略的实施，加强基于非洲问题的研发投入，拓展中国的知识生产空间，增强中国的创新实力，为全球知识共享做出新的贡献。

（二）中国在南南技术转移链环中的角色和使命

南南技术转移并不单单是技术的交易行为，涉及技术和社会两个方面，内容牵连广，支撑条件相对不充分，需要政府、企业和社会三者互为支撑，充分运用政府主导的作用，依托公共服务体系支持运行，使企业成为转移的主体。

第一，南南技术转移需要政府强有力的规划、引导、扶持和管理。南方国家需求广泛，但技术存量有限，技术转移能力薄弱，离开政府的规划，效率难以提高。南南合作总体上以建立自主发展、可持续发展能力为目的，侧重以现实需要为主、以可对接条件为主，可行性、可接受性尤为关键，客观上离不开政府的引导。由于科技主要针对普遍性问题，而发展问题千差万别，往往具有差异性、多样性、特殊性，因此，技术与发展二者的有机结合，完全交给市场是行不通的，需要政府有针对性地扶持。随着南南合作向纵深发展，合作主体多元化是一个突出的特点，有国家政府、地方政府、企业、高校、医疗机构、科研机构、非政府组织等。同时，南南合作涉及领域十分宽广，科技渗透在各个方面，涉及民生领域、产业领域、资源领域。不同的主体，利益诉求不同；不同的领域，共享利益的机制不同，需要政府对合作主体、合作领域进行分类管理。通过对合作主体、合作领域进行细分管理，有利于开发互利共赢的结合点。事实上，政府规划、引导、扶持和管理的需求空间是非常广泛的，以中非科技合作为例，一是创造双方合作筛选、推广实用技术的平台；二是建立联合管理机构，如中埃科技合作联委会；三是设立示范项目，如中肯"疟疾病防治技术推广"项目、中津"太阳能发电"示范项目；四是举办战略研讨会，如中国科学技术发展战略研究院主办"中非科技政策交流会"，共享经验、共同提高，知己知彼、找准需求、切磋碰撞、促进创新；五是选择重要领域，如粮食安全、医疗卫生、减贫、城市化管理、资源开发、环境保护、低碳发展等。

第二，南南技术转移应以企业为主体。随着全球经济增长方式的不断转变，南南合作要保持强劲的活力，需要不断降低初级商品的市场比重，依靠科技合作提升双方主要贸易商品的技术含量，提高科技产品的市场份额。其中，企业是技术创新的主力，也是国际技术转移的核心力量。鼓励双方的科技型企业开展合作，鼓励合作企业投资 R&D，增强合作企业的创新能力，是实现互利共赢的重要路径。

第三，推动南南技术转移的关键，是建构公共服务支撑体系。南南技术转移势弱、难推动，根本原因是南南技术转移具有技术与社会联动的复杂性，但公共服务体系不健全，也是一个关键的薄弱环节。从中非交往关系的发展来看，中国企业大量走入非洲，中国政府部门的动员也全面展开，如依托现有的优势合作项目、合作基地、合作领域对实用技术进行专项推广，扩大双方的受益面；依托国家技术创新基金、中非发展基金鼓励 R&D 投资，推动合作企业进行技术改造、升级和创新；依托中非应对气候变化伙伴关系的建立引导中非开展低碳发展合作，促进双方在经济结构调整、产业转型中开拓利益连接点；依托联合研究交流计划加强智库建设，对出现的问题展开系统研究等，在多条路径上都得到实质性的推进。

但是，由于公共服务体系薄弱，形成一个"U"字形结构（见图3—4），政府、企业处在两个顶端，相互的高效连接缺失，导致政府推动乏力、低效，企业缺乏有效的依托、支撑。因此，依托中非科技合作伙伴计划的统筹，完善政策体系、公共服务体系是关键。

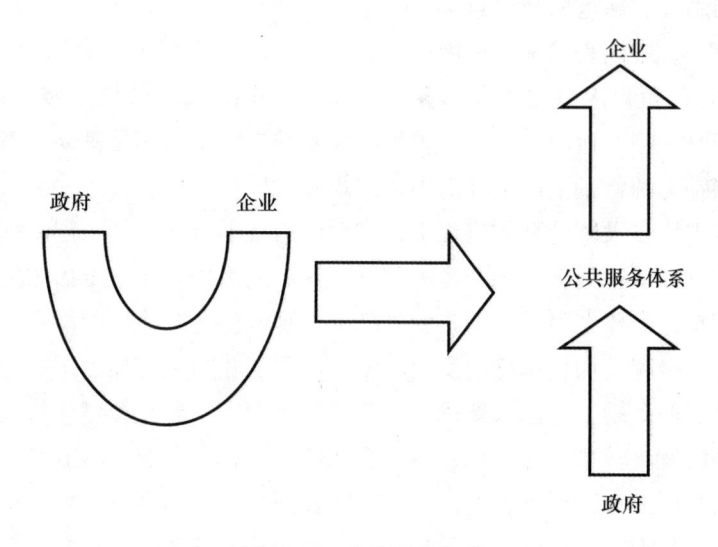

图3—4 公共服务体系

总体上看，当前，北方以低碳技术为核心的新一轮技术封锁使广大发展中国家有可能再次被置于边缘化的境地。面对来自北方的压力，南南技术转移势在必行，但由于技术存量有限、研发投入有限、转移能力有限，步履维艰，把转型上升到国家战略，借助国家的行为能力加以推动，同时，努力培育本土跨国企业与北方的跨国公司同台竞技，打造完备的公共服务体系与国际接轨，三者均不可偏废，以形成一个垂直链环，高效推动南南技术转移。①

综上，在全球从北到南的技术转移链上，新兴经济体是承上启下的关键环节，起着集成、转化、传递的桥梁作用。南方国家研发投入能力有限，但支持创新的本土知识资源丰富。南方国家基于发展诉求和自下而上的知识生产与创新，是拉动南北、南南技术转移的新动力。中非科技合作、知识共享互补性强、可对接条件好，既是增强非洲自主发展能力的动力，又是中国知识生产与创新的一方舞台，也是深化南南合作、撬动南北关系的一个战略支点。从引进消化与本土自主创新两个方向打造中非知识生产与创新共同体，推动技术、知识由北向南和由南向北双向流动，将改变近代以来人类知识由北向南单向流动的格局，具有基础性、前瞻性和深远的战略意义。

第一，中国是北南、南南技术转移链上的关键环节，充当"媒介""桥梁"的角色。在"发达国家—中国—非洲国家"的技术转移链上，中国既是连接发达国家和广大发展中国家的二传手，又是带动二者发展的新兴动力源，是正向链环上不可或缺的主导性力量。

第二，在大国转型的进程中，推动南南技术转移，是中国的一项重要使命。中国正处在大国转型的关键时期。从引进来转向走出去的对外开放转型，需要在引进、消化的基础上，具备整合、输出的能力；从市场牌、资金牌转向技术牌的实力转型，需要在互为大市场、国有公司资本实力强的基础上，注入新动力、凸显技术牌；从高碳型增展转向低碳型增展的发展转型，需要积极参与全球技术创新、产业标准制定；以弱国转向强国的大国形象转型，需要不断提高技术—制度—文化一体化的硬实力和软实力。因此，在基于发展合作的反向链环中，中国肩负着独特的使命，需要在综合利用国内国际两个市场、两块资源的过程中，整

---

① 张永宏、王涛、李洪香：《论中非科技合作：战略意义、政策导向和机制架构》，《国际展望》2012 年第 5 期。

合发展中地区的知识创新要素，努力与北方国家站在标准制定的同一台阶之上。

第三，中国具有独特的比较优势。当前，南方国家开始步入发展的快车道，南南技术转移需求增长。从亚洲四小龙到新兴经济体，东盟、非盟、阿盟都在快速成长。同时，全球经济结构大调整浪潮正在打破旧格局，南南技术转移潜力将得以释放。随着中国国力的快速提升，中国政府所具有的制度优势将得到更有力的彰显。改革开放四十年来，中国主要依靠自己的力量，建构起完备的工业体系和科研体系，制造能力和研发能力不断增强，进入世界五百强的中国公司数量不断增加、实力不断增强，在新一轮全球经济结构转型中，已具备参与竞争的能力。[①] 在国际交往当中，中国形成了被广泛接受的立场和政策体系，机制架构基本成型。以中非关系为例，中国以增强非洲国家科技能力建设为要旨，以务实合作、互利共赢为原则，以现实需求、可对接条件为出发点，以政府引导为保障，大力推进中非关系向前发展。中非合作论坛开启以来，中国宏观政策机制架构已基本成型，有多边机制，如中非合作论坛、中阿合作论坛、南南合作框架；有双边机制，也有专门机制如中非科技伙伴计划、中非农业合作论坛。操作层面，联委会机制，示范中心机制，合作园区机制，基金会机制，市场中介机制，科技产品展洽机制，人力资源交流机制。另外，国家拥有完备的科研体系，只要抓住机遇打造好国际合作的公共支持体系，政策体系、机制体系、服务体系齐头并进，就会使中国技术大放异彩。综合起来看，中国在南南技术转移链环上，起着集成、创新、传递的关键作用，需要继续做强政府机制和市场机制，充分挖掘互补性，处理好援助与互利共赢的关系，把双边、多边科技合作与国内科技发展战略、创新体系建设有机地连接起来，努力发挥自身优势，为全球的发展不断做出新的贡献。

《国际技术转移行动守则草案》将"技术转移"定义为："关于制造一项产品，应用一项工艺或提供一项服务的系统知识的转让，但不包括只涉及货物出售或只涉及出租的交易。"但当今的技术转移，内涵已

[①] 张永宏：《中非合作：从互助共赢走向协同崛起》，《人民论坛·学术前沿》2014年第7期（下）。

有很大的拓展，不仅包括转让，而且包括正向、反向多环节的知识嵌入与合作。从基于技术势位差的南北、南南技术转移正向链环结构和基于发展合作的南北、南南知识流动反向链环结构看，中非科技合作和知识共享推动技术由北向南传递，拉动知识由南向北流动。开拓这样的双向建构模式，打造中非知识生产与创新共同体，可以起到一石三鸟的作用：一是增强非洲的自主发展能力，二是拓展中国技术的市场和中国创新的土壤，三是推动技术、知识由北向南和由南向北双向流动，改变近代以来人类知识由北向南单向流动的格局，构建起深化南南合作、撬动南北关系的战略支点。当前，中非关系进入"携手共命运　同心促发展"的新时代，中非合作面临共建"一带一路"带来的重大机遇，从技术转移、知识流动正反两个方向上大力加强中非知识生产与创新共同体建设，是激发企业、社会创新活力，全方位、宽领域、深层次开拓新的合作空间、发掘新的合作潜力的基础，同时也是中非携手打造"责任共担""合作共赢""幸福共享""文化共兴""安全共筑""和谐共生"的中非命运共同体之基础。

参考文献

一 著作

艾周昌、沐涛编：《中非关系史》，华东师范大学出版社1996年版。

高晋元：《英国—非洲关系史略》，中国社会科学出版社2008年版。

何芳川、宁骚：《非洲通史（古代卷）》，华东师范大学出版社1995年版。

[肯尼亚]A.A.马兹鲁伊主编：《非洲通史（第八卷）》，屠尔康等译，中国对外翻译出版公司2003年版。

联合国教科文组织文件：《15—19世纪非洲的奴隶贸易》，中国对外翻译出版公司1984年版。

陆庭恩、彭坤元：《非洲通史（现代卷）》，华东师范大学出版社1995年版。

[美]斯塔夫里阿诺斯：《全球通史（上）》，吴象婴等译，北京大学出版社2006年版。

[苏联]斯·尤·阿勃拉莫娃：《非洲——四百年的奴隶贸易》，商务印书馆1983年版。

[塞内加尔]D.T.尼昂主编：《非洲通史：十二至十六世纪的非洲》，中国对外翻译出版公司1992年版。

世界银行：《全球经济展望：驾驭新一轮全球化的浪潮》，中国财政经济出版社2007年版。

谢益显：《中国当代外交史（1949—2001）》，中国青年出版社2002年版。

薛达元等：《遗传资源、传统知识与知识产权》，中国环境科学出版社

2009 年版。

杨人楩：《非洲通史简编》，人民出版社 1984 年版。

［英］巴兹尔·戴维逊：《古老非洲的再发现》，屠佶译，生活·读书·新知三联书店 1973 年版。

［英］杰·德·费奇：《西非简史》，上海人民出版社 1977 年版。

张永宏：《非洲发展视域中的本土知识》，中国社会科学出版社 2010 年版。

张永宏、梁益坚、王涛、杨广生：《中非低碳发展合作的战略背景研究》，世界知识出版 2014 年版。

张永宏：《本土知识在当代的兴起——知识、权力与发展的相互关联》，云南大学出版社 2011 年版。

郑家馨：《殖民主义史（非洲卷）》，北京大学出版社 2000 年版。

二　论文

安春英：《南南合作框架下的中国对非援助》，《国际瞭望》2009 年第 2 期。

樊春良：《科技外交的新发展与中国的战略对策》，《中国科学院学报》2010 年第 6 期。

李安山：《全球化视野中的非洲：发展、援助与合作》，《西亚非洲》2007 年第 7 期。

李安山：《中国援外医疗队的历史、规模及其影响》，《外交评论》2009 年第 1 期。

李志军：《当代国际技术转移的新特点及对策建议》，《中国科技财富》2011 年第 11 期。

刘鸿武、张永宏：《面向 21 世纪的非洲科学技术发展》，《西亚非洲》2006 年第 2 期。

刘青海、刘鸿武：《中非技术合作的回顾与反思》，《浙江师范大学学报》（社会科学版）2011 年第 1 期。

倪外：《低碳经济发展的全球治理与合作研究》，《世界经济研究》2012 年第 12 期。

让·平：《非洲：一个充满希望的大陆》，《全球化》2013 年第 7 期。

王涛:《论中非科技合作的发展历程及特点》,《国际展望》2011年第2期。

王涛、张伊川:《论中非关系新的增长点——"中非科技伙伴计划"述评》,《西南石油大学学报》(社会科学版)2012年第2期。

王晓:《科技合作的形势分析与政策建议》,《中国科技论坛》2013年第8期。

王晓:《中非科技合作的形势分析与政策建议》,《中国科技论坛》2013年第8期。

王挺:《美、欧、日科技外交动向及启示》,《科技导报》2010年第5期。

王新影:《印非关系新发展及其中印在非洲的合作》,《和平与发展》2011年第6期。

武涛、张永宏:《美国对非科技合作的特点:法制化、援助化与市场化》,《亚非纵横》2012年第6期。

武涛:《美国国际开发署对非洲的科技合作》,《国际资料信息》2012年第11期。

武涛、张永宏:《美非科技交往关系的依托机制》,《国际展望》2013年第1期。

武涛:《美国贸易发展署对非洲科技合作及其特点》,《国际研究参考》2013年第5期。

武涛、张永宏:《美国对非科技合作的历程、途径及趋势》,《国际经济合作》2014年第6期。

徐国庆:《印度对非洲文化外交探析》,《南亚研究》2013年第3期。

张永宏、王涛、李洪香:《论中非科技合作:战略意义、政策导向和机制架构》,《国际展望》2012年第5期。

张永宏:《非洲科技发展面临的严峻挑战》,《全球科技经济瞭望》2009年第7期。

张永宏、赵孟清:《印度对非洲科技合作:重点领域、运行机制及战略取向分析》,《南亚研究季刊》2015年第4期。

张永宏:《中非合作:从互助共赢走向协同崛起》,《人民论坛·学术前沿》2014年第7期下。

张永宏：《非洲新能源发展的动力及制约因素》，《西亚非洲》2013年第5期。

赵刚：《新形势下中非科技合作展望》，《高科技与产业化》2010年第4期。

三　网站

中国外交部网站
中国科技部网站
新华网
人民网
中非合作论坛网站
中非基金网站
中国驻非使领馆网站
美国政府网站
欧盟及其主要成员国官方网站
日本政府网站
印度政府网站
世界银行网站
联合国教科文组织网站

后　记

本书获国家社科基金西部项目"中非科技合作的现状、问题及对策研究"（项目批准号：10XGJ006）和云南大学边疆治理与地缘政治学科（群）特区高端科研成果培育项目（Y2018-30）资助。陕西中医药大学武涛博士、云南省社科院赵姝岚研究员、云南大学非洲研究中心杨惠博士、安徽大学西亚北非研究中心方伟博士、浙江师范大学非洲研究院王严博士、云南国土资源职业学院李洪香助理研究员等参与调研和部分章节撰写，云南大学国际关系研究院博士研究生洪薇、硕士研究生许莹、赵孟清、郭元飞等参与资料整理工作。

作　者

2019 年 3 月